被讨厌的勇气

"自我启发之父"阿德勒的哲学课 *1*

所谓的自由，
就是被别人讨厌

[日] 岸见一郎 古贺史健 —— 著

渠海霞 —————— 译

机械工业出版社
CHINA MACHINE PRESS

"勇气"两部曲是一个上下两篇的故事。

如果说《被讨厌的勇气》是地图,《幸福的勇气》就是行动指南。

《被讨厌的勇气》探究"该怎么做,人才能获得自由"。

《幸福的勇气》探究"该怎么做,人才能变得幸福"。

这个故事发端于一个晚上。

一名深陷自卑、感到无能与不幸福的青年,听到了一名哲人主张的"世界无比单纯,人人都能幸福",便去拜访哲人,展开了你来我往的思考和辩论。一夜一夜过去,青年开始思考,为什么"所谓的自由,就是被别人讨厌"?

"猛药"级的哲学对谈,于此开始⋯⋯

KIRAWARERU YUKI

by ICHIRO KISHIMI; FUMITAKE KOGA

Copyright © 2013 ICHIRO KISHIMI; FUMITAKE KOGA

Simplified Chinese translation copyright ©2020 by China Machine Press All rights reserved.

Original Japanese language edition published by Diamond, Inc.

Simplified Chinese translation rights arranged with Diamond, Inc.

through Shanghai To-Asia Culture Co., Ltd

北京市版权局著作权合同登记　图字:01-2014-6302 号。

图书在版编目(CIP)数据

"勇气"两部曲精装纪念套装:"自我启发之父"阿德勒的哲学课.1,被讨厌的勇气 /(日)岸见一郎,(日)古贺史健著;渠海霞译. —北京:机械工业出版社,2022.5

ISBN 978-7-111-70470-6

Ⅰ.①勇⋯　Ⅱ.①岸⋯　②古⋯　③渠⋯　Ⅲ.①人生哲学—通俗读物　Ⅳ.①B821-49

中国版本图书馆 CIP 数据核字(2022)第 051679 号

机械工业出版社(北京市百万庄大街 22 号　邮政编码　100037)
策划编辑:廖　岩　责任编辑:廖　岩　李佳贝
责任校对:李　伟　责任印制:单爱军
北京尚唐印刷包装有限公司印刷
2022 年 6 月第 1 版第 1 次印刷
145mm×210mm · 7.875 印张 · 3 插页 · 150 千字
标准书号:978-7-111-70470-6
定价:199.00 元

电话服务　　　　　　　　网络服务
客服电话:010-88361066　机工官网:www.cmpbook.com
　　　　　010-88379833　机工官博:weibo.com/cmp1952
　　　　　010-68326294　金 书 网:www.golden-book.com
封底无防伪标均为盗版　机工教育服务网:www.cmpedu.com

これまでの人生がどれほど辛いものだったとしても予測不可能で理不尽な出来事に遭っても、生きる勇気を失わず、幸福に生きることはできます。どう考えればいいかを哲人と青年の対話から学んでください。

岸見一郎

无论之前的人生吃过多少苦，遭遇过多少始料未及、不可理喻的事情，只要没有失去生活的勇气，就能够幸福地生活下去。请大家从哲人与年轻人的对话过程中，学会思考问题的方法。

岸见一郎

私達に足りないのは、知識でも、
お金でも、美貌でも、能力でもありません。
ただ勇気だけが足りていないのです。
他者から嫌われることを恐れず、
自分の足で踏み出す勇気を
持つことができれば、それだけで
人生は変わります。

古賀史健

　　我们缺少的不是知识，不是金钱，不是美貌，也不是能力，我们缺少的仅仅是勇气而已。只要我们不害怕被他人讨厌，有勇气用自己的双腿向前迈进，人生就会发生改变。

古贺史健

本书的赞誉

它期许我这一年能拥有被讨厌的勇气，继续大胆地许下做自己的愿望，并勇敢实现它！

——曾宝仪

小心检视，你的成功是否只是以害怕被他人讨厌而换来的。若是如此，那你的成功不幸只代表"你为他人活了一辈子"。

——陈文茜

一部振奋人心又好读易懂的心灵作品。看完之后，你绝对可以为你无意义的人生增添美丽色彩的意义。好书！

——身心灵作家 张德芬

如果说自卑是人类与世界互动的必然结果，那么勇气就是人们在追寻有意义的人生中的必然能力。它就藏在每个生命体的某个角落，期待着特别的机遇。作者以超越心理咨询的方式，进行心灵的对话，这是一本对自我成长和疗愈很有帮助的书。

——心丝带心理志愿者协会会长 国家心理督导师 韦志中

本书的名字《被讨厌的勇气》，承担这种自由和责任，需要无畏的勇气。这种勇气，是阿德勒心理学的关键词，也是我们人生问题的最终解药。

——知乎专栏作家 动机在杭州

这本书绝对不是心灵鸡汤，而是稍带苦涩，但又可治病的良药。也许阅读过程中你会被作者的"犀利"颠覆三观，心生不爽。但不爽过后，抬头看窗外，满目清凉，世界会美好很多……

——关系心理学家　著名心理咨询师　胡慎之

这是一本深入浅出的好书，既适合作为大众的自助手册，也可以作为专业人员的临床指南。

——资深心理咨询师　香港精神分析学会副主席　张沛超

不死不生。对于一个渴望摆脱旧日模式、重新生出一个自己的人来说，勇气总是第一位的。这个勇气包括不怕试错、不怕被黑、被死千回还能重新活过来的力量。

——《心探索》杂志执行主编　赵晓梅

这是一剂烈性药，它会刺痛你的意识的神经。不要抗拒它，一口一口地喝下去。在被你所讨厌的勇气当中，你会重新理解自己的生活方式。

——壹心理创始人　黄伟强

成长意味着独立，青年在面对独立的人生之时，以往的各种存在焦虑会涌现而出。本书是人生路上思想的灯塔，它坚定而让人愉悦的言语，是青年未知世界的一点火种，照亮并引导我们属于自己的未来。

——心理学空间

勇气的心理学

这是一本深入浅出的好书，既适合作为大众的自助手册，也可以作为专业人员的临床指南。本人在这两个方面都受益匪浅。

作为一般读者，它可以是你接触心理自助的第一本书。你可以不需要任何知识准备就从容地打开这本《被讨厌的勇气》，甚至不需要知道阿德勒是谁、他跟弗洛伊德有什么关系。本书由在当代并不常见的对话体写就，延续了很多古代经典赖以传世的方式，如《论语》《黄帝内经》《理想国》及大多数佛教经典。对话体使得我们阅读的时候感到非常亲切，有"如师在侧、如友在临"的体验：我们可以跟随书中两位主角的对话，跟随他们的辩论进入阿德勒式的心灵成长世界。尤其要点赞的是书中设计的案例朴实平直，没有以"躁郁症"或"多重身份"等险奇案例吸引眼球，更多的是"要不要活在别人的期待里？""如何面对自己的缺陷？""如何处理自己的人生课题？"——这些都是几乎每一个人会遇到的生活议题。很多时候，在阅读中甚至会强烈地感觉到，我就是那个不断发问的年轻人。我在春节期间阅读了这本书，老实讲，很多时候都有被警醒的感觉。例如书中所呈现的阿德勒的教育理念："既不要批评，也不要表扬你的孩子。"以往我会比较注重避免严厉的批评，现在也会稍稍注意不要过分表扬自己的孩子。尽管作为一名专业的助人者，我对这样的结论早不陌生，可是在本书中重新温习这个议题的时候，还是再次被阿德勒和两位日本同道善意地隔空提醒了。相信读者自会发现本书对自己的有益之处。

你也许是一位跟我一样的执业心理咨询师，可能你也长久以来沉浸于弗洛伊德的精神分析中。坦率地讲，我本人从弗洛伊德式的精神分析中获益匪浅：接受精神分析甚至是我 30 岁前做出的最为英明的决定，从那之后我的人生发生了重大的变化。我作为一名精神分析取向的心理咨询师有六年了，每一年我都更为信服弗洛伊德和他的后继者的理念（于我而言主要是英国精神分析家比昂），但这样的逐步信任也隐含着一种危险——那就是过分认同并忠诚于一种信条，不知不觉间开始通过一根管子去观察世界和人生（要命的是这根管子比你想象的要更细，哪怕是你经常反省这一点）。换句话说，我可能中弗洛伊德的毒太深了（尽管我尝试着多学学荣格以稍稍解毒，结果发现自己更沉醉于内心和过去的世界），在这个时候读到的阿德勒的确是一剂及时的良药。阿德勒对于当下的重视，对于人际的理解，对于勇气和决定的重要性的再三确认……在我的内心久久回响。尽管写这篇推荐序的时候，一摞阿德勒的书正在来我书房的路上，我并未决定从此做一个"阿德勒主义者"，因为我看不出阿德勒有这样的暗示，也读不到本书的两位作者给出了这样的诱惑。本书的两位日本作者在很多时候都显示出他们所受东方文化的影响，尤其是对阿德勒的"共同体"

进行诠释时，显示出了儒家和佛教的影响，相信各位同样生活在东方文化中的同仁能发现更多。

这是一本读起来容易，但写起来不容易的书。对话体的格式要求作者不能简单地罗列结论，而要通过对话显示和展开我们是如何得到智慧的，阅读中我能感觉到作者的心血投注。我从来没有写过"推荐序"，读了这部书的一个直接的好处是，它让我有了写这篇荐文的"勇气"。我老老实实地把我阅读这本书的感受，以及我觉得它好在哪里交代出来，这也算是跟各位未曾谋面的同读者的一种对话吧。

是为序。

资深心理咨询师　香港精神分析学会副主席

张沛超

2015 年 3 月 6 日于深圳福田

推荐序二

自我的枷锁和解放

在遭遇大规模恶搞之前，禅师和青年的相遇，其实还是挺有意思的。青年有困惑，禅师有智慧，只说故事太浅，只讲道理太深，于是禅师和青年就恰到好处地相遇了，在一场关于人生问题的大讨论中，完成了智慧的传承。

本书就是这样一个"禅师"和"青年"的故事。书中的"禅师"很了不得，他是精修多年阿德勒心理学的"哲人"，知识渊博，阅历丰富，充满了对人生的领悟和洞见。本书的"青年"其实也很了不得，虽然他内向、敏感、自卑，可是你要知道，他的职业是图书管理员……

我从初中就知道阿德勒老师了。那时候我还是个懵懂少年，敏感自卑如本书的主人公，觉得人生一片灰暗。有一天在书店偶遇阿德勒的名著《超越自卑》，读后感觉中枪无数，觉得自己还能抢救一下，由此走上了学习心理学的道路。可以说，阿德勒和他的《超越自卑》就是我那段时间生命中的"禅师"。阿德勒的人生故事也很励志。他小时候个子小、驼背，学习成绩也不好，矮穷丑占了两样，长辈经常拿他跟高富帅的哥哥相比，这让他自惭形秽。再加上他三岁时弟弟去世，自己两次被车撞，五岁时得肺炎差点死去，人生也是颇多坎坷。好在他最终找到了独特的人生意义，并成了一名心理学的大家。可以说，他本人就是战胜自卑、逆袭成功的人生典范。

虽然阿德勒出生于 1870 年，但他的思想非常现代，孕育了很多现代心理咨询流派的思想种子：比如，认为"发生什么事不重要，我们怎么看待这些事才重要"的认知流派；关注人的潜能和价值的人本主义学派；以及把爱、胜任感和控制感作为人类基本动机的自我决定理论（self determination theory）。而阿德勒最重要的思想主题，是对自我的解放。

我经常遇到这样的来访者：心事重重，怨念颇深，觉得人生诸多不幸，万事诸多无奈，经常会幻想自己换种活法。可一说到改变，他们就会长叹一声：我又能怎么办呢？

生活给我们各种束缚，表面上看起来，这些束缚是时间的、金钱的、人际关系的，但实际上，这些束缚是心灵的。阿德勒的整个理论体系，都在试图把人从这种束缚中解脱出来，让人重获心灵自由。

阿德勒想要帮我们挣脱的第一个束缚来自过去。从精神分析创始人弗洛伊德开始，很多心理学家都相信人是过去，尤其是童年经历的产物。这些经历变成了潜意识，决定着我们的人生。可本书中的阿德勒却说，重要的不是过去，而是你怎么看待过去，而我们对过去的看法是可以改变的。在阿德勒的学说里，所谓的心理症状，并不是过去经历的产物，而是为现在的"目的"服务。

比如，和异性谈话会脸红，这是一种典型的社交焦虑。但阿德勒说，探讨这个症状没什么意义，探讨这个症状的功能——终于可以让你死宅到底了，却很有意义。通过这样的理论，阿德勒把自我从过去中解放出来。

第二个束缚来自人际关系。我们的很多心理困扰都来自社会和他人的期待和评价。正是这种评价体系，造成了人的骄傲和自卑。而人们又经常借"爱"之名，行支配和控制之实。在阿德勒眼中，理想的人际关系大概是"我爱你，但与你无关"。他认为每个人的课题都是分离又独特的。我怎么爱你，这是我的课题，而你要不要接受我的爱，这是你的课题。每个人都守自己的本分，过自己的人生，人和人之间就没那么多纠结和烦恼。

第三个束缚来自未来。很多人目标远大，觉得只有当上CEO、迎娶白富美、走上人生巅峰，人生才真的开始，现在的生活还不叫"人生"，只能算是在通往人生的路上。当我们这么想的时候，我们就把现在贬低成了实现未来的工具。但现在却是我们唯一真正经历和拥有的。正如《禅与摩托车维修艺术》一书中所说的，当你急着奔向未来的时候，说明你已经不喜欢现在了。阿德勒的哲学同样强调当下的意义，认为这才是生活的真谛。

阿德勒的心理学，就这样把自我从过去、人际关系和未来中解放出来。可是越狱成功以后呢？以前我们裹足不前，可以怪父母怨社会，而阿德勒却完全把人生责任和选择的权力交给了我们自己。当我们从这些束缚中解脱出来后，就会发现，我们其实一直都很自由，真正让我们裹足不前的，原来正是我们自己。正如本书的名字《被讨厌的勇气》，承担这种自由和责任，需要无畏的勇气。这种勇气，是阿德勒心理学的关键词，也是我们人生问题的最终解药。

知乎专栏作家　动机在杭州

2015 年 2 月 17 日

推荐序三

人唯有在能够感觉自己有价值时，才有勇气

一直以来，我很反对心灵鸡汤类的文字和故事。以我对人和事物的理解，我感觉心灵鸡汤的真理背后，存在着某些不合理的东西，甚至能嗅到一些精神毒品的气味在里面，但无法清晰言说。那种反感在那里，我亦无从用我熟知的心理学理论去解释它。

再仔细品读阿德勒《自卑与超越》等个体心理学的著作，几十年来困惑自己的问题似乎又明晰不少，对自己的理解也更深一层；同时对心灵鸡汤可能带给人们的伤害，也有了更清晰的认识。

在从事心理咨询工作的过程中，我发现总有很多人对自我价值的问题产生误解，从而引发各种心理问题。

有一位来访者，是位要强的 40 岁职业女性，近几年来一直身处焦虑和抑郁状态，并伴有很严重的失眠，还存有很强烈的强迫症状：从 28 岁开始，她就有严重的洁癖。她的日常症状一是开始怀疑自己的丈夫可能有外遇，总是要去翻查丈夫的信息；二是对孩子会有控制不住的怒火，总想掌控孩子的一切；此外，对以往的闺蜜也甚少邀约，因她碍于自己一直以来的"大姐大"身份，无法去和他人分享自己的感觉，怕被别人耻笑。她感觉自己

很孤独。

在生活中，她是一个对所有人都非常好的人，甚至能够把生活中所有的事情都打理得有板有眼、井井有条。她是个"好人"，有强烈的同情心，但也有"好人没好报"的抱怨。她会抱怨被人欺骗、被朋友利用，甚至在遭遇到情感背叛的时候，萌发了轻生的念头。

当讨论到自我价值的问题，她告诉我说："我感觉自己一直不如别人，我怕自己对别人没用。"去看看她的人际关系，似乎总是有着某种纵向的规律：我要高于你，或者你高于我。没有一种关系体验是"我不出众，但很平等"的合作式关系。所以，她感觉孤独。在关系中一旦失去优越体验，她就会有"我没有价值"的感觉，就会有担心关系瞬间崩塌的恐惧产生。

或许，如果这位女士能够在更早的时候阅读到这本书，便可以终结她用"牺牲自己，讨好他人"获得价值感的病态模式。而从自身去发现属于自己的独特价值感，阻断"自卑情结"，体会到"共同体感觉"，从良好的关系中发现自己的存在。

当然，我们也唯有在发现自己价值的时候，才具备了让自己真正自主和自由的勇气。

这是一本关于我们自我发现和自我疗愈的工具书。我一口气读完后，发现自己已多年未有如此这般认真、孜孜不倦的感觉了。本书以哲人和青年的对话形式，回答了三个哲学问题："我是谁""我从哪里来"以及"我将去到哪里"。这本书具备工具书的特质，在仔细阅读中，经常会有"拍大腿"的感觉：太棒了，我原来是这样的！

　　它加深了我对人性的理解，同时帮助我发现了隐藏在记忆深处又一直影响着我的"自卑"，让我抗拒改变的"借口"无所遁形。原来，我们一直缺乏勇气让自己过得更好。

　　这本书绝对不是心灵鸡汤，而是稍带苦涩，但又可治病的良药。也许阅读过程中你会被作者的"犀利"颠覆三观，心生不爽。但不爽过后，抬头看窗外，满目清凉，世界会美好很多……

关系心理学家　著名心理咨询师
胡慎之
2015 年 2 月 16 日

译者序

你是否常常对烦琐的生活感到乏味？你是否时时为复杂的人际关系感到疲惫？你是否已经很久没有平心静气地与自己的心灵来一场对话了？你是否感到自己的生活离幸福越来越远？你是否认为人生的意义越来越模糊难见……

是的，我们如何能够一直保持年轻的心态，令人生"只若初见"？我们如何能够在繁杂的日常琐碎和复杂的人际关系中为自己的心灵留一片蓝天？我们又是否能够用自己的双手去获得真正的幸福？这一切的答案尽在这本书中！

阿尔弗雷德·阿德勒与弗洛伊德、荣格被并称为"心理学三大巨头"。他是奥地利精神病学家，同时也堪称思想家和哲学家。作为个体心理学的创始人和人本主义心理学的先驱，阿德勒有"现代自我心理学之父"之称。他在精神分析学派内部第一个反对弗洛伊德的心理学体系，由生物学定向的本我转向社会文化定向的自我心理学。他强调人与人之间的关系、竞争和完美的愿望，并认为每个人都具有一种奋力拼搏、追求优越以适应环境，从而达到自我完善的能力。阿德勒学说以"自卑感"与"创造性自我"为中心，并强调"社会意识"。

毫无疑问，在这个时代，阿德勒思想更能够给予人们奋发向上、完善自我的"正能量"。本书采用青年与哲人"对话"的形式，用一个烦恼不已的青年通过与哲人对话，了解了阿德勒思想之后，整个人变得豁然开朗的故事，带我们一步步走进阿德勒心理学和阿德勒思想。正像阿德勒那句"个体心理学是所有人的心理学"一样，本书将原本高深难懂的心理学和哲学问题结合贴近生活的例子并用浅显易懂的语言娓娓道来，令读者水到渠成地融入其中。同时，本书最大的特点是不仅分析了生活中种种烦恼的根源，还一一给出了相应的对策。例如，针对"什么是幸福"这个永久的哲学追问，本书在提出独到见解的同时还给出了"如何获得幸福"的具体对策。又比如，就人际关系这个常常困扰着我们生活的问题，本书在断言"一切烦恼皆源于人际关系"的同时，还给出了"课题分离"这一具体解决办法。

本书还针对"自卑情结""优越情结"和"幸福感"等问题提出了独到的见解，指出"任何人都可以随时获得幸福"，并给出了"自我接纳""他者信赖"和"他者贡献"这三大良方。书中处处透出真知灼见，特别是关于幸福的论述，使我们深深相信：常常为诸事烦恼的现代人不是缺乏获得幸福的能力，而是缺少获得幸福的勇气！

那么，让我们跟随"青年"和"哲人"慢慢走入阿德勒思想，走进自己真正的内心，逐渐获得追求幸福的勇气吧！

聊城大学外国语学院
渠海霞
2014 年 12 月 12 日

引　言

从前，在被誉为千年之都的古都郊外住着一位哲人，他主张：世界极其简单，人们随时可以获得幸福。有一位青年无法接受这种观点，于是他去拜访这位哲人一探究竟。在这位被诸多烦恼缠绕的青年眼里，世界是矛盾丛生的一片混沌，根本无幸福可言。

青年：那么，我就重新向您发问了。先生主张世界极其简单，对吧？

哲人：是的。世界简单得令人难以置信，人生也是一样。

青年：您这种主张是基于现实而并非仅仅是理想论吗？也就是说，您认为横亘在你我人生中的种种问题也是简单的吗？

哲人：当然。

青年：好吧。在开始辩论之前，请允许我先说明一下此次造访的目的。首先，我冒昧造访的首要缘故就是要和先生充分辩论，以见分晓；其次，如果可能的话，我希望能让先生您收回自己的主张。

哲人：呵呵呵……

青年：久闻先生大名。据说此地住着一位与众不同的哲人，提倡不容小觑的理想论——人可以改变、世界极其简单、人人能获得幸福。对我来说，先生的这些论调我都无法接受。

所以，我想用自己的眼睛去确认，哪怕是微小的不当之处也要给您纠正过来。不知是否打搅您了？

哲人： 没有，欢迎之至。我自己也正期待着倾听像你这样的年轻人的心声以丰富学问呢。

青年： 非常感谢。其实我也并非想要不分青红皂白地否定先生。首先，假定先生的说法成立，我们从这种可能性开始思考。

世界是简单的，人生也是如此。假若这种命题中含有几分真理，那也是对于孩子的世界而言。孩子的世界没有劳动或纳税之类的现实义务，他们每天都在父母或社会的呵护下自由自在地生活，认为未来充满无限希望，自己也似乎无所不能。孩子们的眼睛被遮盖了，不必去面对丑恶的现实。

的确，孩子眼中的世界呈现出简单的姿态。

但是，随着年龄的增长，世界便逐渐露出真面目。人们不得不接受"我只不过如此"之类的现实，原以为等候在人生路上的一切"可能"都会变成"不可能"。幸福的浪漫主义季节转瞬即逝，残酷的现实主义时代终将到来。

哲人： 你的话的确很有趣。

青年： 不仅如此。人一旦长大，就会被复杂的人际关系所困扰，被诸多的责任所牵绊。工作、家庭或者社会责任，一切都是。当然，孩提时代无法理解的歧视、战争或阶级之类的各种社会问题也会摆在你眼前，不容忽视。这些都没错吧？

哲人： 是啊。请你继续说下去。

青年： 如果是在宗教盛行的时代，人们也还有救。那时，神的旨意就是真理、就是世界、就是一切，只要遵从神的旨意，需要思考的课题也就很少。但现在宗教失去了力量，人们对神的信仰也趋于形式化。没有任何可以信赖的东西，人人都充满了不安和猜忌，大家都只为自己而活，这就是所谓的现代社会。

那么，请先生回答我。在这样的现实面前，您依然要说世界是简单的吗？

哲人：我的答案依然不变。世界是简单的，人生也是简单的。

青年：为什么？世界是矛盾横生的一片混沌，这难道不是有目共睹的吗？

哲人：那并非"世界"本身复杂，完全是"你"把世界看得复杂。

青年：我吗？

哲人：人并不是住在客观的世界，而是住在自己营造的主观世界里。你所看到的世界不同于我所看到的世界，而且恐怕是不可能与任何人共有的世界。

青年：那是怎么回事呢？先生和我不是都生活在同一个时代、同一个国家、看着相同的事物吗？

哲人：是啊。看上去你很年轻，不知道你有没有喝过刚汲上来的井水。

青年：井水？啊，那是很久以前的事情了，位于乡下的祖母家有一口井。炎炎夏日里在祖母家喝清凉的井水可是那时的一大乐趣啊！

哲人：或许你也知道，井水的温度是恒定的，长年在 18 度左右。这是一个客观数字，无论谁测都一样。但是，夏天喝到井水时会感觉凉爽，而冬天饮用时就感觉温润。虽然温度恒定在 18

度，但夏天和冬天饮用的感觉却大不相同。

青年：这是环境变化造成的错觉。

哲人：不，这并不是错觉。对那时的"你"来说，井水的冷暖是不容否定的事实。所谓住在主观的世界中就是这个道理。"如何看待"这一主观就是全部，并且我们无法摆脱自己的主观。

现在，你眼中的世界呈现出复杂怪异的一片混沌。但是，如果你自身发生了变化，世界就会恢复其简单姿态。因为，问题不在于世界如何，而在于你自己怎样。

青年：在于我自己怎样？

哲人：是的。也许你是在透过墨镜看世界，这样看到的世界理所当然就会变暗。如果真是如此，你需要做的是摘掉墨镜，而不是感叹世界的黑暗。

摘掉墨镜之后看到的世界也许会太过耀眼，而使你禁不住闭上眼睛。或许你又会想念墨镜。即便如此，你依然能够摘掉墨镜吗？你能正视这个世界吗？你有这种"勇气"吗？问题就在这里。

青年：勇气？

哲人：是的，这就是"勇气"的问题。

青年：哎呀，好啦！反驳的言辞我有很多，但这些好像应该暂且放一放再说。我要确认一下，先生说"人可以改变"，对吧？您认为只要自身发生变化，世界就会恢复其简单姿态，是这样吗？

哲人：当然，人可以改变。不仅如此，人还可以获得幸福。

青年：所有的人都不例外吗？

哲人：无一例外，而且是随时可以。

青年：哈哈哈，先生您口气可真大呀！这不是很有趣吗，先生？现在我马上就要驳倒您！

哲人：我乐意迎战。那咱们就好好辩论一番吧。你的立场是"人无法改变"，对吧？

青年：无法改变。目前，我自己就在为不能改变而苦恼。

哲人：但是，同时你自己又期待改变。

青年：那是当然。如果可以改变，如果人生可以重新来过，我甘愿跪倒在先生面前。不过，也许先生会输给我。

哲人：好吧。这真是很有意思的事情。看着你，让我想起了学生时代的自己。想起了年轻时为探求真理而去寻访哲人的血气方刚的自己。

青年：是的，就是那样。我也是正在探求真理，人生的真理。

哲人：之前我从未收过弟子，而且也一直感觉没那种必要。但是，自从成了希腊哲学信徒之后，特别是邂逅"另一种哲学"以来，我感觉自己内心的某个角落一直在等待着像你这样的年轻人的出现。

青年：另一种哲学？那是什么呀？

哲人：来，请去那边的书房。就要进入漫长的深夜了，我给你准备一杯咖啡什么的吧。

目　录

纪念套装·作者寄语

本书的赞誉

推荐序一　勇气的心理学

推荐序二　自我的枷锁和解放

推荐序三　人唯有在能够感觉自己有价值时，才有勇气

译者序

引言

第一夜　我们的不幸是谁的错

不为人知的心理学"第三巨头" /3

再怎么"找原因"，也没法改变一个人 /6

心理创伤并不存在 /10

愤怒都是捏造出来的 /14

弗洛伊德说错了 /17

苏格拉底和阿德勒 /19

你想"变成别人"吗？ /21

你的不幸，皆是自己"选择"的 /24

人们常常下定决心"不改变" /27

你的人生取决于"当下" /31

第二夜　一切烦恼都来自人际关系

为什么讨厌自己？　/37

一切烦恼都是人际关系的烦恼　/43

自卑感来自主观的臆造　/46

自卑情结只是一种借口　/50

越自负的人越自卑　/54

人生不是与他人的比赛　/59

在意你长相的，只有你自己　/62

人际关系中的"权力斗争"与复仇　/67

承认错误，不代表你失败了　/71

人生的三大课题：交友课题、工作课题以及爱的课题　/74

浪漫的红线和坚固的锁链　/78

"人生谎言"教我们学会逃避　/82

阿德勒心理学是"勇气的心理学"　/85

第三夜　让干涉你生活的人见鬼去

自由就是不再寻求认可？　/89

要不要活在别人的期待中？　/93

把自己和别人的"人生课题"分开来　/98

即使是父母也得放下孩子的课题　/102

放下别人的课题，烦恼轻轻飞走　/104

砍断"格尔迪奥斯绳结"　/108

对认可的追求，扼杀了自由　/112

自由就是被别人讨厌　/115

人际关系"王牌"，握在你自己手里　/119

第四夜　要有被讨厌的勇气

个体心理学和整体论　/125

人际关系的终极目标　/128

"拼命寻求认可"反而是以自我为中心？　/131

你不是世界的中心，只是世界地图的中心　/133

在更广阔的天地寻找自己的位置　/137

批评不好……表扬也不行？　/142

有鼓励才有勇气　/146

有价值就有勇气　/149

只要存在着，就有价值　/152

无论在哪里，都可以有平等的关系　/156

第五夜　认真的人生"活在当下"

过多的自我意识，反而会束缚自己　/163

不是肯定自我，而是接纳自我　/166

信用和信赖有何区别？　/169

工作的本质是对他人的贡献　/174

年轻人也有胜过长者之处　/177

"工作狂"是人生谎言　/181

从这一刻起，就能变得幸福　/ 185

追求理想者面前的两条路　/ 190

甘于平凡的勇气　/ 193

人生是一连串的刹那　/ 196

舞动人生　/ 198

最重要的是"此时此刻"　/ 201

对决"人生最大的谎言"　/ 204

人生的意义，由你自己决定　/ 207

后记　/ 214

作译者简介　/ 220

我们的不幸是谁的错

一进入书房，青年便弓腰驼背地坐在屋里的一张椅子上。他为什么会如此激烈地反对哲人的主张呢？原因已经不言而喻。青年自幼就缺乏自信，他对自己的出身、学历甚至容貌都抱有强烈的自卑感。也许是因为这样，他往往过于在意他人的目光；而且，他无法衷心地去祝福别人的幸福，从而常常陷入自我嫌恶的痛苦境地。对青年而言，哲人的主张只不过是乌托邦式的空想而已。

不为人知的心理学"第三巨头"

青年：刚才您提到"另一种哲学"。但我听闻先生的专长好像是希腊哲学吧？

哲人：是啊，我从十几岁开始就一直和希腊哲学为伴。从苏格拉底到柏拉图、亚里士多德等，知识巨人们一直都陪伴着我。现在我也在翻译柏拉图的著作，对古希腊的探究也许终生都不会停止。

青年：那么，"另一种哲学"又是指什么呢？

哲人：它是由奥地利出身的精神科医生阿尔弗雷德·阿德勒于20世纪初创立的全新心理学。我们现在一般根据创立者的名字称其为"阿德勒心理学"。

青年：这倒是让我有些意外。希腊哲学的专家还研究心理学吗？

哲人：我不清楚其他的心理学是什么情况。但是，阿德勒心理学可以说是与希腊哲学一脉相承的思想，是一门很深奥的学问。

青年：如果是弗洛伊德或荣格的心理学，我也多少有些心得体会。的确是非常有趣的研究领域。

哲人：是的，弗洛伊德和荣格也非常有名。阿德勒原本是弗洛伊德主持的维也纳精神分析协会的核心成员。但是，两人后来因观点对立而导致关系破裂，于是阿德勒根据自己的理论开创了

"个体心理学"。

青年：个体心理学？可真是一个奇怪的名字。总之，这个叫阿德勒的人是弗洛伊德的弟子吧？

哲人：不，不是弟子。这一点常常被人误解，在这里必须对此做出明确否定。阿德勒和弗洛伊德年龄相仿，是平等的研究者关系，这一点完全不同于把弗洛伊德视若父亲一样仰慕的荣格。而且一提到心理学，人们往往只想到弗洛伊德或荣格的名字，但在世界上，阿德勒是与弗洛伊德、荣格并列的三大巨头之一。

青年：是啊。我这方面的知识的确还有所欠缺。

哲人：你不知道阿德勒也很自然。阿德勒自己就曾说："将来也许没人会想起我的名字。甚至人们会忘记阿德勒派。"但是，他说即使如此也没有关系。因为他认为阿德勒派本身被遗忘就意味着他的思想已经由一门学问蜕变成了人们的共同感觉。

青年：也就是说，它是一门不单纯为了做学问的学问？

哲人：是的。例如，因全球畅销书《人性的弱点》和《美好的人生》而闻名的戴尔·卡耐基也曾评价阿德勒为"终其一生研究人及人的潜力的伟大心理学家"，而且其著作中也体现了很多阿德勒的思想。同样，史蒂芬·柯维所著的《高效能人士的7个习惯》中的许多内容也与阿德勒的思想非常相近。

也就是说，**阿德勒心理学不是死板的学问，而是要理解人性的真理和目标**。可以说，领先时代100年的阿德勒思想非常超前。他的观点具有极强的前瞻性。

青年：也就是说，不仅仅是希腊哲学，先生的主张也借鉴了阿德勒心理学的观点？

哲人：正是如此。

青年：明白了。那我就要再问一下您的基本立场了，您究竟
是哲学家还是心理学家呢？

哲人：我是哲学家，是活在哲学中的人。对我来说，阿德勒
心理学是与希腊哲学一样的思想，是一种哲学。

青年：好的。那么，我们这就开始辩论吧。

再怎么"找原因",也没法改变一个人

青年: 咱们先来梳理一下辩题。先生说"人可以改变",而且人人都可以获得幸福,对吧?

哲人: 是的,无一例外。

青年: 关于幸福的议题稍后再说,首先我要问问您"改变"一事。人的确都期待改变,我是如此,随便问一个路人恐怕也会得到相同的答案。但是,为什么大家都"期待改变"呢?答案只有一个,那就是大家都无法改变。假若轻易就可以改变,那么人们就不会特意"期待改变"了。

人即使想要改变也无法改变。正因为如此,才会不断有人被宣扬可以改变人的新兴宗教或怪异的自我启发课程所蒙骗。难道不是这样吗?

哲人: 那么,我要反过来问问你。为什么你会如此固执地主张人无法改变呢?

青年: 原因是这样的。我的朋友中有一位多年躲在自己的房间中闭门不出的男子。他很希望到外面去,如果可以的话还想要像正常人一样拥有一份工作。他"很想改变"目前的自己。作为朋友我可以担保他是一位非常认真并且对社会有用的男人。但是,他非常害怕到房间外面去。只要踏出房间一步马上就会心悸不已、手脚发抖。这应该是一种神经症。即使想要改变也无法改变。

哲人：你认为他无法走出去的原因是什么呢？

青年：详细情况我不太清楚。也许是因为与父母关系不和或者是由于在学校或职场受到欺辱而留下了心灵创伤，抑或是因为太过娇生惯养了吧。总之，我也不方便详细打听他的过去或者家庭状况。

哲人：总而言之，你朋友在"过去"有些心灵创伤或者其他的什么原因。结果，他无法再到外面去。你是要说明这一点吗？

青年：那是当然。在结果之前肯定先有原因。我总觉得他有些奇怪。

哲人：那么，我们假设他无法走出去的原因是他小时候的家庭环境。假设他在父母的虐待下长大，从未体会过人间真情，所以才会惧怕与人交往，以致闭门不出。这种情况可能存在吧？

青年：很有可能。那应该就会造成极大的心灵创伤。

哲人：而且你说"一切结果之前都先有原因"。总之，你认为现在的我（结果）是由过去的事情（原因）所决定。可以这样理解吧？

青年：当然。

哲人：假若如你所言，如果所有人的"现在"都由"过去"所决定，那岂不是很奇怪吗？

同时，如果不是所有在父母虐待中长大的人都和你朋友一样闭门不出，那么事情就讲不通了。所谓过去决定现在、原因支配结果应该就是这样吧？

青年：您想说什么呢？

哲人：如果一味地关注过去的原因，企图仅仅靠原因去解释事物，那就会陷入"决定论"。也就是说，最终会得出这样的结论：我们的现在甚至未来全部都由过去的事情所决定，而且根本无法改变。是这样吧？

青年：那么，您是说与过去没有关系？

哲人：是的，这就是阿德勒心理学的立场。

青年：那么，对立点很快就明确了。但是，如果按照先生所言，我的朋友岂不是成了毫无理由地闭门不出了？因为先生说与过去的事情没有关系嘛。对不起，那是绝对不可能的事情。他闭门不出肯定有一定的原因。若非如此，那根本讲不通！

哲人：是的，那样的确讲不通。所以，阿德勒心理学考虑的**不是过去的"原因"，而是现在的"目的"**。

青年：现在的目的？

哲人：你的朋友并不是因为不安才无法走出去的。事情的顺序正好相反，我认为他是**由于不想到外面去，所以才制造出不安情绪**。

青年：啊？！

哲人：也就是说，你的朋友是先有了"不出去"这个目的，之后才会为了达到这个目的而制造出不安或恐惧之类的情绪。阿德勒心理学把这叫作"目的论"。

青年：您是在开玩笑吧！您说是他自己制造出不安或恐惧？那么，先生是说我的朋友在装病吗？

哲人：不是装病。你朋友所感觉到的不安或恐惧是真实的，有时他可能还会被剧烈的头痛所折磨或者被猛烈的腹痛所困扰。
但是，这些症状也是为了达到"不出去"这个目的而制造出来的。

　　青年：绝对不可能！这种论调太不可思议了！

　　哲人：不，这正是"原因论"和"目的论"的区别所在。你
所说的全都是根据原因论而来的。但是，**如果我们一直依赖原因
论，就会永远止步不前。**

心理创伤并不存在

青年：既然您如此坚持，那就请您好好解释一下吧。"原因论"和"目的论"的区别究竟在哪里呢？

哲人：假设你因感冒、发高烧而去看医生。如果医生只就引起感冒的原因告诉你说"你之所以会感冒是因为昨天出门的时候穿得太薄"，你对这样的话会满意吗？

青年：不可能满意啊！感冒的原因是穿得薄也好、淋了雨也好，这都无所谓。问题是我现在正受着高烧的折磨这个事实，关键在于症状。如果是医生的话，就应该好好开药或者打针，以一些专业性的处理来进行治疗。

哲人：但是，立足于原因论的人们，例如一般的生活顾问或者精神科医生，仅仅会指出"你之所以痛苦是因为过去的事情"，继而简单地安慰"所以错不在你"。所谓的心理创伤学说就是原因论的典型。

青年：请稍等一下！也就是说，先生您否定心理创伤的存在，是这样吗？

哲人：坚决否定。

青年：哎呀！先生您，不，应该说是阿德勒，他不也是心理学大师吗？

哲人：**阿德勒心理学明确否定心理创伤，这一点具有划时代**

的创新意义。弗洛伊德的心理创伤学说的确很有趣。他认为心灵过去所受的伤害（心理创伤）是引起目前不幸的罪魁祸首。当我们把人生看作一幕大型戏剧的时候，它那因果规律的简单逻辑和戏剧性的发展进程自然而然地就会散发出摄人心魄的魅力。

　　但是，阿德勒在否定心理创伤学说的时候说了下面这段话："任何经历本身并不是成功或者失败的原因。我们并非因为自身经历中的刺激——所谓的心理创伤——而痛苦，事实上我们会从经历中发现符合自己目的的因素。**决定我们自身的不是过去的经历，而是我们自己赋予经历的意义。**"

　　青年：发现符合目的的因素？

　　哲人：正是如此。阿德勒说，决定我们自己的不是"经验本身"而是"赋予经验的意义"。请你注意这一点。并不是说遭遇大的灾害或者幼年受到虐待之类的事件对人格形成毫无影响。相反，影响会很大。但关键是经历本身不会决定什么。我们给过去的经历"赋予了什么样的意义"，这直接决定了我们的生活。人生不是由别人赋予的，而是由自己选择的，是自己选择自己如何生活。

　　青年：那么，先生您难道认为我的朋友是自己乐意将自己关在房间里的吗？难道您认为是他自己主动选择躲在房间里的吗？我敢认真地说，不是他自己主动选择的，而是被迫选择的。他是不得不选择现在的自己！

　　哲人：不对！假若你的朋友认为"自己是因为受到父母的虐待而无法适应社会"，那说明他内心本来就有促使他那样认为的"目的"。

青年：什么目的？

哲人：最直接的目的就是"不出门"，为了不出门才制造出不安或恐惧。

青年：问题是他为什么不想出去呢？问题正在于此！

哲人：那么，请你站在父母的角度想一想。如果自己的孩子总是闷在房间里，你会怎么想呢？

青年：那当然会担心啦。如何能让他回归社会？如何能令其振作精神？自己的教育方式是否有误？一定会绞尽脑汁地思考诸如此类的问题。同时，也一定会想方设法地帮助他回归社会。

哲人：问题就在这里。

青年：哪里？

哲人：如果闭门不出一直憋在自己房间里的话，父母会非常担心。这就可以把父母的关注集于一身，而且还可以得到父母小心翼翼的照顾。

此外，哪怕踏出家门一步，都会沦为无人关注的"大多数"，都会成为茫茫人海中非常平凡的一员，甚至成为逊色于人的平庸之辈；而且，没人会重视自己。这些都是闭居者常有的心理。

青年：那么，按照先生您的道理，我朋友岂不是为了"目的"达成而满足现状了？

哲人：他心有不满，而且也并不幸福。但是，他的确是按照"目的"而采取的行动。不仅仅是他，**我们大家都是在为了某种"目的"而活着**。这就是目的论。

青年：不不不，我根本无法接受！说起来，我朋友是……

哲人：好啦，如果继续以你的朋友为话题，讨论恐怕会无果而终，缺席审判也并不合适。我们还是借助别的事例来思考吧。

青年：那么，这样的例子如何？正好是昨天我亲身经历的事情。

哲人：洗耳恭听。

愤怒都是捏造出来的

青年：昨天下午我在咖啡店看书的时候，从我身边经过的服务员不小心把咖啡洒到了我的衣服上。那可是我刚刚下狠心买的一件好衣服啊。勃然大怒的我忍不住大发雷霆，平时的我从不在公共场合大声喧哗，唯独昨天，我愤怒的声音几乎传遍了店里的每一个角落。我想那应该是因为过于愤怒而忘记了自我吧。您看，在这种情况下，"目的"还能讲得通吗？无论怎么想，这都是"原因"导致的行为吧？

哲人：也就是说，你受怒气支配而大发雷霆。平时性格非常温厚，但在那时却无法抑制住怒火，那完全是一种自己也无可奈何的不可抗力。你是这个意思吧？

青年：是的。因为事情实在太突然了。所以，不假思索地就先发火了。

哲人：那么，我们来假设昨天的你恰巧拿着一把刀，一生气便向对方刺了过去。在这种情况下，你还能辩解说"那是一种自己也无可奈何的不可抗力"吗？

青年：您这种比喻也太极端了！

哲人：并不极端！按照你的道理推下去，所有盛怒之下的犯罪都可以归咎于"怒气"，而并非当事人的责任。你不是说人无法与感情抗衡吗？

青年：那么，先生您打算如何解释我当时的愤怒呢？

哲人：这很简单。你并不是"受怒气支配而大发雷霆"，完全是**"为了大发雷霆而制造怒气"**。也就是说，为了达到大发雷霆这个目的而制造出来愤怒的感情。

青年：您在说什么呢？

哲人：你是先产生了要大发雷霆这个目的。也就是说，你想通过大发雷霆来震慑犯错的服务员，进而使他认真听自己的话。**作为相应的手段，你便捏造了愤怒这种感情。**

青年：捏造？您不是在开玩笑吧？！

哲人：那么，你为什么会大发雷霆呢？

青年：那是因为生气呀！

哲人：不对！即使你不大声呵斥而是讲道理的话，服务员也应该会诚恳地向你道歉或者是用干净的抹布为你擦拭。总之，他应该也会采取一些应有的措施，甚至还有可能为你洗衣服。而且，你心里多少也预料到了他可能会那样做。

尽管如此，你还是大声呵斥了他。你感觉讲道理太麻烦，所以想用更加快捷的方式使并不抵抗的对方屈服。作为相应的手段，你采用了"愤怒"这种感情。

青年：不，不会上当的，我绝不会上当！您是说我是为了使对方屈服而假装生气？我可以断言那种事情连想的时间都没有，我并不是思考之后才发怒。愤怒完全是一种突发式的感情！

哲人：是的，愤怒的确是一瞬间的感情。有这样一个故事，说的是有一天母亲和女儿在大声争吵。正在这时候，电话铃响了起来。"喂喂？"慌忙拿起话筒的母亲的声音中依然带有一丝怒气。但是，打电话的人是女儿学校的班主任。意识到这一点后，母亲的语气马上变得彬彬有礼了。就这样，母亲用客客气气的语气交谈了大约 5 分钟之后挂了电话，接着又勃然变色，开始训斥女儿。

青年：这是很平常的事情啊。

哲人：难道你还不明白吗？**所谓愤怒其实只是可放可收的一种"手段"而已。**它既可以在接电话的瞬间巧妙地收起，也可以在挂断电话之后再次释放出来。这位母亲并不是因为怒不可遏而大发雷霆，她只不过是为了用高声震慑住女儿，进而使其听自己的话才采用了愤怒这种感情。

青年：您是说愤怒是达成目的的一种手段？

哲人：所谓"目的论"就是如此。

青年：哎呀呀，先生您可真是戴着温和面具的可怕的虚无主义者啊！无论是关于愤怒的话题，还是关于我那位闭门不出的朋友的话题，您所有的见解都充满了对人性的不信任！

弗洛伊德说错了

哲人： 我的虚无主义表现在哪里呢？

青年： 您可以试想一下。总而言之，先生您否定人类的感情。您认为感情只不过是一种工具、是一种为了达成目的的手段而已。但是，这样真的可以吗？否定感情也就意味着否定人性！我们正因为有感情、正因为有喜怒哀乐才是人！假如否定了感情，人类将沦为并不完美的机器。这不是虚无主义又是什么呢？！

哲人： 我并不是否定感情的存在。任何人都有感情，这是理所当然的事情。但是，如果你说"人是无法抵抗感情的存在"，那我就要坚决地否定这种观点了。我们并不是在感情的支配下而采取各种行动。而且，在"人不受感情支配"这个层面上，进而在"人不受过去支配"这个层面上，**阿德勒心理学正是一种与虚无主义截然相反的思想和哲学**。

青年： 不受感情支配，也不受过去支配？

哲人： 假如某个人的过去曾遇到过父母离婚的变故，这就如同 18 度的井水，是一种客观的事情吧？另一方面，对这件事情的冷暖感知是"现在"的主观感觉。无论过去发生了什么样的事情，现在的状态取决于你赋予既有事件的意义。

青年： 您是说问题不在于"发生了什么"，而在于"如何诠释"？

哲人： 正是如此。我们不可能乘坐时光机器回到过去，也不可能让时针倒转。如果你成了原因论的信徒，那就会在过去的束缚之下永远无法获得幸福。

青年：就是啊！正因为过去无法改变，生命才如此痛苦啊！

哲人：还不仅仅是痛苦。如果过去决定一切而过去又无法改变的话，那么活在今天的我们对人生也将会束手无策。结果会如何呢？那就可能会陷入对世界绝望、对人生厌弃的虚无主义或悲观主义之中。**以精神创伤说为代表的弗洛伊德式的原因论就是变相的决定论，是虚无主义的入口。**你认同这种价值观吗？

青年：这一点我也不想认同。尽管不愿意认同，但过去的力量的确很强大啊！

哲人：我们要考虑人的潜能。假若人是可以改变的存在，那么基于原因论的价值观也就不可能产生了，目的论自然就会水到渠成了。

青年：总而言之，您的主张还是以**"人是可以改变的"为前提的吧？**

哲人：当然。否定我们人类的自由意志、把人看作机器一样的存在，这是弗洛伊德式的原因论。

青年环视了一下哲人的书房。墙壁全部做成了书架，木制的小书桌上放着未完成的书稿和钢笔。人并不受过去的原因所左右，而是朝着自己定下的目标前进，这就是哲人的主张。哲人所倡导的"目的论"是一种彻底颠覆正统心理学中的因果论的思想，这对青年来说根本无法接受。那么，该从何处破论呢？青年深吸了一口气。

苏格拉底和阿德勒

青年：明白了。那么，我再说说另一位朋友的事情。我有位朋友 Y 是一位非常开朗的男士，即使和陌生人也能谈得来。他深受大家的喜爱，可以瞬间令周围的人展露笑容，简直是一位向日葵般的人。而我就是一个不善与人交往的人，在与他人攀谈的时候总觉得很不自然。那么，先生您按照阿德勒的目的论应该会主张"人可以改变"吧？

哲人：是的。我也好你也好，人人都可以改变。

青年：那么先生您认为我可以变成像 Y 那样的人吗？当然，我是真心地想要变成 Y 那样的人。

哲人：如果就目前来讲恐怕比较困难。

青年：哈哈哈，露出破绽了吧！您是否应该撤回刚才的主张呢？

哲人：不，并非如此。我不得不遗憾地说，你还没能理解阿德勒心理学。**改变的第一步就是理解。**

青年：那您是说只要理解了阿德勒心理学，我也可以变成像 Y 那样的人？

哲人：为什么那么急于得到答案呢？**答案不应该是从别人那里得到，而应该是自己亲自找出来。**从别人那里得到的答案只不过是对症疗法而已，没有什么价值。

例如，苏格拉底就没有留下一部自己亲手写的著作。将他与雅典的人们，特别是与年轻人的辩论进行整理，然后把其哲学主张写成著作留存后世的是其弟子柏拉图。而阿德勒也是一位毫不关心著述活动，而是热衷于在维也纳的咖啡馆里与人交谈或者是在讨论小组里与人辩论的人物。他们都不是那种只知道闭门造车的知识分子。

青年：您是说苏格拉底和阿德勒都是想要通过对话来启发人们？

哲人：正是如此。你心中的种种疑惑都将会在我们接下来的对话中得以解决。而且，你自己也将会有所改变，但那不是通过我的语言而是通过你自己的手。我想通过对话来导出答案，而不是去剥夺你自己发现答案的宝贵过程。

青年：也就是说，我们俩要在这个小小的书房内再现苏格拉底或阿德勒那样的对话？

哲人：你不愿意吗？

青年：岂会不愿意呢？我非常期待！那就让我们一决胜负吧！

你想"变成别人"吗？

哲人：那么就让我们再回到刚才的辩论吧。你很想成为像 Y
那样更加开朗的人，对吧？

青年：但是，先生您已经明确说这是很困难的了。实际上也
是如此。我也只是想为难一下先生才提出了这样的问题，其实我
自己也知道我不可能成为那样的人。

哲人：你为何会这样认为呢？

青年：很简单，这是因为性格有别或者进一步说是秉性不同。

哲人：哦。

青年：例如，先生您与如此多的书相伴，不断地阅读新书，
不断地接受新知识，可以说知识也就会不断地积累。书读得越多，
知识量也就越大。掌握了新的价值观就会感觉自己有所改变。

但是，先生，很遗憾的是，无论积累多少知识，作为根基的
秉性或性格绝不会变！如果根基发生了倾斜，那么任何知识都不
起作用。原本积累的知识也会随之崩塌，等回过神来已经又变回
了原来的自己！阿德勒的思想也是一样。无论积累多少关于他学
说的知识，我的性格都不会改变。知识只是作为知识被积累的，
很快就会失去效用！

哲人：那么我来问你，你究竟为什么想要成为 Y 那样的人呢？
Y 也好，其他什么人也好，总之你想变成别人，其"目的"是什

么呢？

青年：又是"目的"的话题吗？刚才已经说过了，我很欣赏Y，认为如果能够变成他那样就会很幸福。

哲人：你认为如果能够像他那样就会幸福。也就是说，你现在不幸福，对吗？

青年：啊……！！

哲人：你现在无法体会到幸福，因为你不会爱你自己。而且，为了能够爱自己，你希望"变成别人"，希望舍弃现在的自我变成像Y一样的人。我这么说没错吧？

青年：……是的，的确如此！我承认我很讨厌自己！讨厌像现在这样与先生您讨论落伍哲学的自己！也讨厌不得不这样做的自己！

哲人：没关系。面对喜不喜欢自己这个问题，能够坦然回答"喜欢"的人几乎没有。

青年：先生您怎么样呢？喜欢自己吗？

哲人：至少我不想变成别人，也能悦纳目前的自己。

青年：悦纳目前的自己？

哲人：不是吗？即使你再想变成Y，也不可能成为Y，你不是Y。你是"你"就可以了。

但是，这并不是说你要一直这样下去。**如果不能感到幸福的话，就不可以"一直这样"**，不可以止步不前，必须不断向前迈进。

青年：您的话很严厉，但非常有道理。我的确不可以一直这样，必须有所改进。

　　哲人：我还要再次引用阿德勒的话。他这么说：**"重要的不是被给予了什么，而是如何去利用被给予的东西。"**你之所以想要变成 Y 或者其他什么人，就是因为你一味关注着"被给予了什么"。其实，你不应该这样，而是应该把注意力放在"如何利用被给予的东西"这一点上。

你的不幸，皆是自己"选择"的

青年：不，不，这不可能。

哲人：为什么不可能？

青年：有人拥有富裕而善良的父母，也有人拥有贫穷而恶毒的父母，这就是人世。此外，我本不想说这样的话，但这个世界本来就不公平，人种、国籍或者民族差异依然是个难以解决的问题。人们关注"被给予了什么"也是理所当然的事情！先生，您的话只是纸上谈兵，根本是在无视现实世界！

哲人：无视现实的是你。一味执着于"被给予了什么"，现实就会改变吗？我们不是可以更换的机械。**我们需要的不是更换而是更新。**

青年：对我来说，更换也好、更新也好，都是一样的事情！先生您总是避重就轻。不是吗？这个世界存在着天生的不幸。请您先承认这一点。

哲人：我不承认。

青年：为什么？！

哲人：比如现在你感觉不到幸福。有时还会觉得活得很痛苦，甚至想要变成别人。但是，**现在的你之所以不幸正是因为你自己亲手选择了"不幸"，而不是因为生来就不幸。**

青年：自己亲手选择了不幸？这种话怎么能让人信服呢？！

哲人：这并不是什么无稽之谈。这是自古希腊时代就有的说法。你知道"无人想作恶"这句话吗？一般它都是作为苏格拉底的悖论而为人们所了解的一个命题。

青年：想要作恶的人不是有很多吗？强盗或者杀人犯自不必说，就连政治家或者官员的不良行为也属此列。应该说，不想为恶的清廉纯洁的善人很难找吧。

哲人：行为之恶的确有很多。但无论什么样的犯罪者，都没有因为纯粹想要作恶而去干坏事的，所有的犯罪者都有其犯罪的内在的"相应理由"。假设有人因为金钱纠纷而杀了人。即使如此，对其本人来说也是有"相应理由"的行为，换句话说就是"善"的行动。当然，这不是指道德意义上的善，而是指"利己"这一意义上的善。

青年：为自己？

哲人：在希腊语中，"善"这一词语并不包含道德含义，**仅仅有"有好处"这一层含义**；另一方面，"恶"这一词语也有**"无好处"的意义**。这个世界上充斥着违法或犯罪之类的种种恶行。但是，纯粹意义上想要做"恶=没好处的事"的人根本没有。

青年：……这跟我的事有什么关系呢？

哲人：你在人生的某个阶段里选择了"不幸"。这既不是因为你生在了不幸的环境中，也不是因为你陷入了不幸的境地中，而是因为**你认为"不幸"对你自身而言是一种"善"**。

青年：为什么？这又是为了什么呢？

哲人：对你而言的"相应理由"是什么呢？为什么自己选择

了"不幸"呢？我也不了解其中的详细缘由，也许我们在对话中会逐渐弄清楚这一点。

　　青年：……先生，您是想要骗我吧！您还不承认吗？这种哲学我绝对不会认可！

　　青年忍不住从椅子上站了起来，对眼前的哲人怒目而视。你竟然说这种不幸的人生是我自己选择的？还说那是对我而言的"善"？这是什么谬论啊！你为什么要如此愚弄我呢？我究竟做什么了？我一定要驳倒你。让你拜服在我的脚下。青年的脸眼看着红了起来。

人们常常下定决心"不改变"

哲人：请坐下。如果这样的话，意见不合也很正常。在这里，我首先要简单说明一下辩论的基础部分，也就是阿德勒心理学如何理解人的问题。

青年：要简略！拜托您一定要简略！

哲人：刚才你说"人的性格或秉性无法改变"。而阿德勒心理学中用"生活方式"一词来说明性格或秉性。

青年：生活方式？

哲人：是的，人生中思考或行为的倾向。

青年：思考或行为的倾向？

哲人：某人如何看"世界"，又如何看"自己"，把这些"赋予意义的方式"汇集起来的概念就可以理解为生活方式。从狭义上来讲可以理解为性格；从广义上来说，这个词甚至包含了某人的世界观或人生观。

青年：世界观？

哲人：我们假设有一个人正在为"我的性格是悲观的"而苦恼，我们可以试着把他的话换成"我具有悲观的'世界观'"。我认为问题不在于自己的性格，而在于自己所持有的世界观。性格一词或许会带有"不可改变"这一感觉，但如果是世界观的话，那就有改变的可能性。

青年：不，还是有点难吧。这里所说的生活方式是不是很接近"生存方式"呢？

哲人：可能也有这种表达方式。如果说得更准确一些，应该是"人生的状态"的意思。你一定会认为秉性或性格不会按照自己的意志而改变。但阿德勒心理学认为，生活方式是自己主动选择的结果。

青年：自己主动选择的结果？

哲人：是的。是你自己主动选择了自己的生活方式。

青年：也就是说，我不仅选择了"不幸"，就连这种奇怪的性格也是自己一手选择的？

哲人：当然。

青年：哈哈……无论怎么说，您这种论调都太勉强了。当我注意到的时候，我就已经是这种性格了，根本不记得有什么选择行为。先生您也是一样吧？可以自由选择自己的性格，这不是无稽之谈吗？

哲人：当然，我们并不是有意地选择了"这样的我"，最初的选择也许是无意识的行为。并且，在选择的时候，你再三提到的外部因素，也就是人种、国籍、文化或者家庭环境之类的因素也会产生很大的影响。即便如此，选择了"这样的我"的还是你自己。

青年：我不明白您的意思。到底人是在什么时候做了选择呢？

哲人：阿德勒心理学认为大约是在 10 岁的时候。

青年：那么，退一百步，不，退二百步讲，假设 10 岁的我无意识地选择了那种生活方式。但是，那又如何呢？说是性格也好、秉性也好，或者说是生活方式也好，反正我已经是"这样的我"了。事态又不会有什么改变。

哲人：这不可能。**假若生活方式不是先天被给予的，而是自己选择的结果，那就可以由自己进行重新选择。**

青年：重新选择？

哲人：也许你之前并不了解自己的生活方式。而且，也许你连生活方式这个概念都不知道。当然，谁都无法选择自己的出身。出生在什么样的国家、什么样的时代，有什么样的父母，这一切都不是自己的选择。而且，这些都具有极大的影响力，你也许会有不满，也许会对别人的出身心生羡慕。

但是，事情不可以仅止于此。问题不在于过去而在于现在。现在你了解了生活方式，如果是这样的话，接下来的行为就是你自己的责任了。无论是继续选择与之前一样的生活方式还是重新选择新的生活方式，那都在于你自己。

青年：那么如何才能够重新选择呢？并不是一句"因为是你自己选择了那种生活方式，所以现在能马上重新选择"就可以马上改变的吧！

哲人：不，不是你不能改变。人无论在何时、无论处于何种环境中都可以改变。**你之所以无法改变，是因为自己下了"不改变"的决心。**

青年：您说什么？

哲人：人时常在选择着自己的生活方式，即使像现在这样促膝而谈的瞬间也在进行着选择。你把自己说成不幸的人，还说想

29

要马上改变，甚至说想要变成别人。尽管如此还是没能改变，这是为什么呢？那是因为**你在不断地下着不改变自己生活方式的决心**。

青年：不不不，这完全讲不通。我很想改变，这是千真万确的真心。既然如此又怎会下定不改变的决心呢？！

哲人：尽管有些不方便、不自由，但你还是感觉现在的生活方式更好，大概是觉得一直这样不做改变比较轻松吧。

一方面，如果一直保持"现在的我"，那么如何应对眼前的事情以及其结果会怎样等问题都可以根据经验进行推测，可谓是轻车熟路般的状态。即使遇到点状况也能够想办法对付过去。

另一方面，如果选择新的生活方式，那就既不知道新的自己会遇到什么问题，也不知道应该如何应对眼前的事情。未来难以预测，生活就会充满不安，也可能有更加痛苦、更加不幸的生活在等着自己。**也就是说，即使人们有各种不满，但还是认为保持现状更加轻松、更能安心。**

青年：您是说想要改变但又害怕改变？

哲人：要想改变生活方式需要很大的"勇气"。面对变化产生的"不安"与不变带来的"不满"，你一定是选择了后者。

青年：……现在您又用了"勇气"这个词啊。

哲人：是的，**阿德勒心理学就是勇气心理学**。你之所以不幸并不是因为过去或者环境，更不是因为能力不足，你只不过是缺乏"勇气"，可以说是缺乏**"获得幸福的勇气"**。

你的人生取决于"当下"

青年：获得幸福的勇气……

哲人：还需要进一步说明吗？

青年：不，请等一等。我好像有点儿乱了。首先，先生您说世界很简单，它之所以看上去复杂是因为"我"的主观作用。人生本来并不复杂，是"我"把人生弄得复杂化了，故而很难获得幸福，您是这个意思吗？

而且，您还说应该立足于目的论而不是弗洛伊德的原因论；不可以从过去中找原因；要否定精神创伤；人不是受过去原因支配的存在，人是为了达成某种目的而采取行动的。这些都是您的主张吧？

哲人：是的。

青年：并且您还说目的论的一大前提就是"人可以改变"，而人们时常在选择着自己的生活方式。

哲人：的确如此。

青年：我之所以无法改变正是因为我自己不断下定"不要改变"的决心。我缺乏选择新的生活方式的勇气，也就是缺乏"获得幸福的勇气"。正因为这样，我才会不幸。我以上的理解没有错吧？

哲人：没错。

青年：如此一来，问题就变成了"怎样才能改变生活方式"这一具体策略。这一点您并未说明。

哲人：的确。你现在首先应该做的是什么呢？那就是要有**"摈弃现在的生活方式"**的决心。

例如，你刚才说"如果可以变成 Y 那样的人就能够幸福"。但像这样**活在"如果怎样怎样"之类的假设之中，就根本无法改变**。因为"如果可以变成 Y 那样的人"正是你为自己不做改变找的借口。

青年：为不做改变的自己找的借口？

哲人：我有一位年轻朋友，虽然梦想着成为小说家，但却总是写不出作品。他说是因为工作太忙、写小说的时间非常有限，所以才写不出来作品，也从未参加过任何比赛。

但真是如此吗？实际上，他是想通过不去比赛这一方式来保留一种"如果做的话我也可以"的可能性，即不愿出去被人评价，更不愿去面对因作品拙劣而落选的现实。他只想活在"只要有时间我也可以、只要环境具备我也能写、自己有这种才能"之类的可能性中。或许再过 5 年或者 10 年，他又会开始使用"已经不再年轻"或者"也已经有了家庭"之类的借口。

青年：……他的心情我非常了解。

哲人：假若应征落选也应该去做。那样的话或许能够有所成长，或许会明白应该选择别的道路。总之，**可以有所发展**。所谓改变现在的生活方式就是这样。如果一直不去投稿应征，那就不会有所发展。

青年：梦也许会破灭啊！

哲人：但那又怎样呢？应该去做——这一简单的课题摆在面前，但却不断地扯出各种"不能做的理由"，你难道不认为这是一种很痛苦的生活方式吗？梦想着做小说家的他，正是"自己"把人生变得复杂继而难以获得幸福。

青年：……太严厉了。先生的哲学太严厉了！

哲人：或许是烈性药。

青年：的确是烈性药！

哲人：但是，如果要改变对世界或自己的看法（生活方式）就必须改变与世界的沟通方式，甚至改变自己的行为方式。请不要忘记"必须改变"的究竟是什么。**你依然是"你"，只要重新选择生活方式就可以了。**虽然可能是很严厉的道理，但也很简单。

青年：不是这样的，我所说的严厉不是这个意思！听了先生您的话，会让人产生"精神创伤不存在，与环境也没有关系；一切都是自身出了问题，你的不幸全都因为你自己不好"之类的想法，感觉就像之前的自己被定了罪一般！

哲人：不，不是定罪。阿德勒的目的论是说："**无论之前的人生发生过什么，都对今后的人生如何度过没有影响。**"决定自己人生的是活在"此时此刻"的你自己。

青年：您是说我的人生决定于此时此刻？

哲人：是的，因为根本不在于过去。

青年：……好吧。先生，我不能完全同意您的主张，我还有很多不能接受和想要反驳的地方。但同时您的话也值得思考，而且我也想要进一步学习阿德勒心理学。今晚我就先回去了，下周什么时候再来打扰您。今天若再继续下去，我的脑袋都要炸了。

哲人：好的，你也需要一个人思考的时间。我什么时候都在这个房间里，你随时可以来。谢谢你今天的到来，我期待着我们下一次的辩论。

青年：最后我还要说一句。今天因为辩论太过激烈，所以我也许说了一些失礼的话，非常抱歉！

哲人：我不会在意的。你可以回去读一读柏拉图的对话篇。苏格拉底的弟子们都是在用非常直率的语言和态度在与苏格拉底进行讨论。对话原本就应该这样。

第二夜

一切烦恼都来自人际关系

　　青年非常守约，刚好一个星期之后再次来到哲学家的书房。其实他自上次回去两三天之后就迫不及待地想要过来。但深思熟虑之后，青年的疑问变成了确信。也就是说，目的论之类的学说只是一种诡辩，精神创伤确实存在。人既不可能忘记过去，也不可能从过去中解放出来。他今天就要把那位怪异的哲学家驳得体无完肤，一切争论都将在今天结束。

为什么讨厌自己？

青年：先生，上次交谈之后我冷静地想了很多，但还是不能同意先生的主张。

哲人：哦，哪里有疑问呢？

青年：例如，前几日我承认自己讨厌自己，无论如何都只能看到缺点，实在找不到喜欢自己的理由。但是，我也很想能够喜欢自己。

先生您什么都用"目的"来进行解释，那您说说我讨厌自己究竟有什么目的、有什么利益呢？讨厌自己不会有任何好处吧？

哲人：的确。你感觉自己没有任何优点，只有缺点。不管事实如何，就是这样感觉。也就是自我评价非常低。问题是，为什么会那么自卑，为什么会那么低估自己呢？

青年：那是因为事实上我本来就没有什么优点。

哲人：不对。之所以只看到缺点是因为你**下定了"不要喜欢自己"的决心**。为了达到不要喜欢自己的目的，所以你才只看缺点而不看优点。首先请你理解这一点。

青年：下定不要喜欢自己的决心？

哲人：是的。因为不去喜欢自己是一种对你而言的"善"。

青年：到底为什么？为了什么？

哲人：这也许就要问你自己了。你究竟认为自己有什么缺

37

点呢？

青年：先生也许已经注意到了。首先要说的就是我的性格——对自己没有自信，对一切都持悲观态度；还有就是太过固执；非常注重别人的看法，而且总是活在对别人的怀疑之中；不能活得自然，总觉得像是在演戏。而且，如果只是性格倒还好，我的长相和身材也没有一样让人满意的。

哲人：如果像这样继续议论缺点的话，心情会怎样呢？

青年：您可真是残忍啊！那当然会不愉快啦！谁都不愿意和如此乖僻的人交往吧。如果我身边有这么一个自卑而又麻烦的人，我也会不喜欢他。

哲人：的确，结论似乎已经出来了。

青年：是什么？

哲人：如果以你为例不好理解的话，那我就举一个别人的例子。我也曾在这个书房里进行过简单的心理辅导。那已经是多年前的事情了，那时来了一位女学生。是的，她当时就坐在你现在坐的这把椅子上。

她的苦恼是害怕见人，一到人前就脸红，说是无论如何都想治好这种脸红恐惧症。所以我便问她："如果这种脸红恐惧症治好了，你想做什么呢？"于是，她告诉我说自己有一个想要交往的男孩。虽然是偷偷喜欢着那个男孩，还没能表明心意，但她说一旦治好脸红恐惧症，就马上向他告白，希望能够交往。

青年：哎呀，多好啊！很符合女学生的话题。为了向意中人告白，首先必须治好脸红恐惧症。

　　哲人：事情果真如此吗？我的判断是并非如此。为什么她会患上脸红恐惧症呢？又为什么总是治不好呢？那是因为她自己**"需要脸红这一症状"**。

　　青年：不不，您在说什么呢？她不是说非常希望能治好吗？

　　哲人：你认为对她来说最害怕的事情、最想逃避的事情是什么呢？当然是被自己喜欢的男孩拒绝了，是失恋可能带来的打击和自我否定。因为青春期的失恋在这方面的特征非常明显。

　　但是，只要有脸红恐惧症存在，她就可以用"我之所以不能和他交往都是因为这个脸红恐惧症"这样的想法来进行自我逃避，如此便可以不必鼓起告白的勇气或者即使被拒绝也可以说服自己；而且，最终也可以抱着"如果治好了脸红恐惧症我也可以……"之类的想法**活在幻想之中**。

　　青年：那么您是说她是为了给无法告白的自己找一个借口或者是怕被拒绝才捏造了"脸红恐惧症"。

　　哲人：直率地说就是如此。

　　青年：有意思，真是有意思的解释。但是，如果真是这样的话，那岂不是根本没办法治好吗？那不就是她一方面需要"脸红恐惧症"，另一方面又为其苦恼吗？烦恼永远不会消失。

　　哲人：所以，我跟她进行了下面的对话。

　　"脸红恐惧症这样的病很好治。"

　　"真的吗？"

　　"但我不会给你治。"

　　"为什么？"

"因为你是靠着脸红恐惧症才能让自己接受对自我或者社会的不满以及不顺利的人生。你还要用'这都是因为脸红恐惧症'之类的话来安慰自己呢。"

"怎么……"

"但是，如果我给你治好了脸红恐惧症，事态也没有任何变化的话，那你会怎么做呢？你一定会再次跑来对我说'请让我再患上脸红恐惧症'吧，那我可就真的束手无策了。"

青年：哦。

哲人：这种情况不只限于她。考生会想"如果考中的话人生就会一片光明"，公司职员则会想"如果能够改行的话一切都会顺利发展"。但是，很多情况下即使那些愿望实现了，事态也不会有太大的变化。

青年：的确。

哲人：当有人上门求治"脸红恐惧症"的时候，心理咨询师绝对不可以为其治疗，如果那样做的话就更难康复了。这就是阿德勒心理学的主张。

青年：那么，具体应该怎样做呢？听了病人的烦恼后就放置不管吗？

哲人：她对自己没有自信，始终抱着"如果这样，即使告白也肯定会被拒绝，到时候就会更加没有自信"这样的恐惧心理，所以才会制造出脸红恐惧症这样的问题来。我所能做的就是首先让其接受"现在的自己"，不管结果如何，首先让其树立起向前迈进的勇气。阿德勒心理学把这叫作**"鼓励"**。

青年：鼓励？

哲人：是的。关于其具体内容，在接下来的辩论中我会进行系统的说明。现在还不到这个阶段。

青年：只要您会详细做出说明就好。"鼓励"这个词我先记下了……那么，最后她怎么样了呢？

哲人：与朋友一起和那个男孩出去玩，最终那个男孩先向她告白了。当然，她再也没到这个书斋来过，我也不知道她的脸红恐惧症后来如何了。但是，我想她大概不再需要了吧。

青年：肯定不再需要了。

哲人：是的。那么，接下来我们根据她的事情来考虑一下你的问题。你说你现在只能看到自己的缺点，根本无法喜欢自己。而且你还说过"谁都不愿意跟我这种乖僻的人交往"吧？

就这些吧。你为什么讨厌自己呢？为什么只盯着缺点就是不肯去喜欢自己呢？那是因为**你太害怕被他人讨厌、害怕在人际关系中受伤**。

青年：那是怎么回事呢？

哲人：就像有脸红恐惧症的她害怕被男性拒绝一样，你也很害怕被他人否定。害怕被别人轻视或拒绝、害怕心灵受伤。你认为与其陷入那种窘境倒不如一开始就不与任何人有关联。也就是说，**你的"目的"是"避免在与他人的关系中受伤"**。

青年：……

哲人：那么，如何实现这种目的呢？答案很简单。只要变成一个只看自己的缺点、极其厌恶自我、尽量不涉入人际关系的人

41

就可以了。如此一来，只要躲在自己的壳里就可以不与任何人发生关联，而且万一遭到别人的拒绝，还可以以此为理由来安慰自己。心里就会想：因为我有这样的缺点才会遭人拒绝，只要我没有这个缺点也会很讨人喜欢。

青年：……哈哈，还真被您一语道破了！

哲人：不可以岔开话题。保持满是缺点的"这样的自己"对你来说是一种不可替代的"善"，也就是说"有好处"。

青年：啊！这个恶魔！你简直是一个恶魔！是的，就是这样！我很害怕，不想在人际关系中受伤，非常害怕自己被人拒绝和否定！我承认的确如此！

哲人：承认就是很了不起的态度。但是，请你不要忘记，在人际关系中根本不可能不受伤。只要涉入人际关系就会或大或小地受伤，也会伤害别人。阿德勒曾说**"要想消除烦恼，只有一个人在宇宙中生存"**。但是，那种事情根本就无法做到。

一切烦恼都是人际关系的烦恼

青年：请等一下！这句话我必须问清楚，"要想消除烦恼，只有一个人在宇宙中生存"是什么意思？如果只有一个人生活的话，势必会被强烈的孤独感所困扰吧？

哲人：之所以会感觉孤独并不是因为只有你自己一个人，感觉自己被周围的他人、社会和共同体所疏远才会孤独。**我们要想体会孤独也需要有他人的存在**。也就是说，人只有在社会关系中才会成为"个人"。

青年：如果真的成为一个人，也就是只有一个人活在宇宙中的话，那就既不是"个人"，也感觉不到孤独了吗？

哲人：那样的话恐怕连孤独这个概念都不会存在。既不需要语言，也不需要逻辑和常识（共通感觉）。但是，这种事情根本不可能发生。即使是在无人岛上生活，也会想到遥远的海对岸的"某人"；即使在一个人的夜晚，也会侧耳静听某人睡眠中的呼吸声。只要在某个地方存在着那个某人，孤独就会袭来。

青年：但是，刚才的话如果换种说法也就成了"如果能够一个人生存在宇宙中的话，烦恼就会消失"，是这样吗？

哲人：按道理来讲，是这样的。因为阿德勒甚至断言"人的烦恼皆源于人际关系"。

青年：您究竟在说什么？

哲人： 我再重复一遍："人的烦恼皆源于人际关系。"这是阿德勒心理学的一个基本概念。如果这个世界没有人际关系，如果这个宇宙中没有他人只有自己，那么一切烦恼也都将消失。

青年： 不可能！这只不过是学者的诡辩而已！

哲人： 当然，我们不可能让人际关系消失。人在本质上必须以他人的存在为前提，根本不可能做到与他人完全隔离。正如你所说的，"如果能够一个人生存在宇宙中"这一前提根本不可能成立。

青年： 我说的不是这个问题！人际关系的确是一个很大的问题，这一点我也认可。但是，一切烦恼皆源于人际关系这种论调也太极端了！独立于人际关系之外的烦恼、个体内心的苦闷、自我难解的苦恼等，难道您要否定这一切烦恼吗？！

哲人： 仅止于个人的烦恼，即所谓的**"内部烦恼"根本不存在**。任何烦恼中都会有他人的因素。

青年： 先生，您还是哲学家吗？！人还有比人际关系更加高尚、更加重大的烦恼！幸福是什么？自由是什么？而人生的意义又是什么？这些不都是自古希腊时代以来，哲学家们一直追问的主题吗？而您刚才说人际关系就是一切烦恼之源？这是多么庸俗的答案啊！哲学家们听了一定会惊讶不已！

哲人： 看来我的确需要说明得再具体一些。

青年： 是的，请您说明一下！如果先生说自己是哲学家的话，那就必须把这一点解释清楚！

哲人如是说：你由于太惧怕人际关系所以才会变得讨厌自己，

你是在通过自我厌弃来逃避人际关系。这种话大大动摇了青年，这是让他不得不承认的一针见血的话。但是，在他看来，"人的一切烦恼皆源于人际关系"这种主张还是得坚决否定。阿德勒是在将人所拥有的问题缩小化。青年认为自己并不是苦恼于这种世俗性的烦恼！

自卑感来自主观的臆造

哲人： 那么，关于人际关系我们换个角度来谈。你知道自卑感这个词吗？

青年： 这可真是个无聊的问题。从我前面的话中您也应该明白我是一个极其自卑的人啊。

哲人： 那你具体有什么样的自卑感呢？

青年： 例如，在报纸上看到同龄人活跃的姿态时，我就会感到极其自卑。生活在同一时代的人那么活跃，而自己究竟在做什么呢？或者是看到朋友过得幸福，不是想要祝福而是心生嫉妒或者非常焦躁。当然，我也不喜欢自己这张满是粉刺的脸，对于学历、职业以及年收入等社会境况也抱有强烈的自卑感。哎呀，总之就是哪里都很自卑。

哲人： 明白了。顺便说一下，在咱们谈论的这种语境中第一个使用"自卑感"这个词的人是阿德勒。

青年： 哦，这我倒还真不知道。

哲人： 在阿德勒所使用的德语中，劣等感的意思就是价值更少的"感觉"。也就是说，劣等感是一个关于自我价值判断的词语。

青年： 价值判断？

哲人： 是一种"自己没有价值或者只有一点儿价值"之类的感觉。

青年：啊……如果是那种感觉的话，我非常明白。我就是那样。我几乎每天都自责地想：自己或许连活着的价值都没有。

哲人：那么，我也说一下我自身的自卑感吧。你刚见我的时候有什么印象呢？我是指在身体特征方面。

青年：嗯……这个嘛……

哲人：你不必有顾虑，请直率地说出来。

青年：说实话，您的身材比我想象中小。

哲人：谢谢。我的身高是 155 厘米。据说阿德勒也是跟我差不多的身高。我曾经——直到你这个年纪之前——一直苦恼于自己的身高。我心中一直在想：如果我拥有正常的身高，如果再长高 20 厘米，不，哪怕是再长高 10 厘米，一切就会不同，就会拥有更愉快的人生。当我把这种想法告诉朋友的时候，他断然告诉我说："这种想法太无聊了！"

青年：他太厉害啦！他是个什么样的人呀？

哲人：他接着说："长高干什么呢？你可有让人感觉轻松的本事啊！"的确，高大强壮的男性本身就会给人一种震慑感；而矮小的我却能让对方放下警惕心理。看来个子矮小无论是对周围人来说还是对自己来说，都有好处呢！这就是价值的转换。现在的我已经不会再为自己的身高而烦恼了。

青年：哦。但是，那……

哲人：请你先听我说完。这里的关键点是，我 155 厘米的身高并不是"劣等性"。

青年：不是劣等性？

哲人：事实上，问题不在于有所欠缺。155 厘米的身高只是一个低于平均数的客观测量数字而已。乍看之下也许会被认为是劣等性。但是，**问题在于我如何看待这种身高以及赋予它什么样的价值。**

青年：什么意思？

哲人：我对自己身高的感觉终究还是在与他人的比较——也就是人际关系——中产生的一种主观上的"自卑感"。如果没有可以比较的他人存在，我也就不会认为自己太矮。你现在也有各种"自卑感"并深受其苦吧？但是，那并不是客观上的"劣等性"，而是主观上的"自卑感"。即使像身高这样的问题也可以进行主观性的还原。

青年：也就是说，**困扰我们的自卑感不是"客观性的事实"而是"主观性的解释"？**

哲人：正是如此。我从朋友说的"你有让人感觉轻松的能力"这句话中得到了启发，于是就产生了这样的想法：如果从"让人感觉轻松"或者"不让人感觉太有威慑力"之类的角度来看，自己的身高也可以成为一种优点。当然，这是一种主观性的解释。说得更确切一些，就是一种主观臆想。

但是，主观有一个优点，那就是**可以用自己的手去选择。**把自己的身高看成是优点还是缺点，这全凭你自己主观决定。正因为如此，我才可以自由选择。

青年：这就是您前面所说的重新选择生活方式吧？

哲人：是的。我们无法改变客观事实，但可以任意改变主观解释。并且，我们都活在主观世界中。这一点在刚开始时我就说过了。

青年：是的，就是18度的井水那个话题。

哲人：关于这一点请想一想德语中"自卑感"的意思。我之前说过，在德语中"自卑感"是一个关于自我价值判断的词语。那么，价值究竟是指什么呢？

例如，在价格昂贵的钻石或者货币中我们会发现一些价值，并会说1克拉多少钱或者物价如何如何。但是，如果换种角度来看，钻石之类的东西也只不过是石块而已。

青年：哎呀，道理上来讲……

哲人：也就是说，价值必须建立在社会意义之上。即使1美元纸币所承载的价值是一种常识（共通感觉），那它也不是客观意义上的价值。如果从印刷成本考虑的话，它根本不等于1美元。

如果这个世界上只有我一个人存在，那我也许会把这1美元的纸币放入壁炉当燃料或者当卫生纸用。同样的道理，我自然也就不会再为自己的身高而苦恼。

青年：……如果这个世界上只有我一个人存在？

哲人：是的。也就是说，价值问题最终也可以追溯到人际关系上。

青年：这样就又可以与"一切烦恼皆源于人际关系"这种说法联系起来了吧？

哲人：正是如此。

自卑情结只是一种借口

青年：但是，您能够肯定自卑感真的是一种人际关系问题吗？例如，即使社会意义上的成功者，也就是在人际关系中完全没必要自卑的人也会有某种程度的自卑感。家财万贯的企业家、人人艳羡的绝世美女或者是奥林匹克冠军得主，大家都多多少少地受到自卑感的困扰。至少在我看来是如此。这又该如何解释呢？

哲人：阿德勒也承认自卑感人人都有。自卑感本身并不是什么坏事。

青年：那么，人究竟为什么会有自卑感呢？

哲人：这需要从头说起。首先，人是作为一种无力的存在活在这个世界上。并且，人希望摆脱这种无力状态，继而就有了普遍欲求。阿德勒称其为"**追求优越性**"。

青年：追求优越性？

哲人：在这里，你可以简单将其理解为"希望进步"或者"追求理想状态"。例如，蹒跚学步的孩子学会独自站立；他们学会语言，可以与周围的人自由沟通。我们都有想要摆脱无力状态、追求进步的普遍欲求。人类史上的科学进步也是"追求优越性"的结果。

青年：确实如此。那么？

哲人：与此相对应的就是自卑感。人都处于追求优越性这一

"希望进步的状态"之中，树立某些理想或目标并努力为之奋斗。同时，对于**无法达成理想的自己就会产生一种自卑感**。例如，越是有远大志向的厨师也许就越会产生"还很不熟练"或者"必须做出更好的料理"之类的自卑感。

青年：嗯，的确如此。

哲人：阿德勒说"无论是追求优越性还是自卑感，都不是病态，而是一种能够促进健康、正常的努力和成长的刺激"。只要处理得当，自卑感也可以成为努力和成长的催化剂。

青年：也就是说，我们应该正确利用自卑感？

哲人：是的。我们应该摈弃自卑感，进一步向前；不满足于现状，不断进步；要更加幸福。如果是这样的自卑感，那就没有任何问题。

但是，有些人无法认清"情况可以通过现实的努力而改变"这一事实，根本没有向前迈进的勇气。他们什么都不做就断定自己不行或是现实无法改变。

青年：哎呀，是啊。自卑感越强，人就会变得越消极，最终肯定会认为自己一无是处。自卑感不就是这样吗？

哲人：不，**这不是自卑感，而是自卑情结。**

青年：自卑情结？也就是自卑感吧？

哲人：这一点请注意。目前"自卑情结"这个词似乎在使用的时候与自卑感是一样的意思。就像"我为自己的单眼皮感到自卑"或者"他对自己的学历有自卑感"之类的描述中全都用"自卑情结"这个词来表示自卑感。其实，这完全是一种误用。自卑情结一词原本表示的是一种复杂而反常的心理状态，跟自卑感没有关系。例如，弗洛伊德提出的"俄狄浦斯情结"原本也是指一种对同性父母亲的反常对抗心理。

青年：是啊，恋母情结或恋父情结中的"情结"一词确实具有很强的反常感觉。

哲人："同样的道理，"自卑感"和"自卑情结"两个词也必须分辨清楚，绝不可以混用。

青年：具体有什么不同呢？

哲人：自卑感本身并不是坏事。这一点你能够理解吧？就像阿德勒说过的那样，自卑感也可以成为促成努力和进步的契机。例如，虽然对学历抱有自卑感，但若是正因为如此，才下定"我学历低所以更要付出加倍的努力"之类的决心，那反而成了好事。

而自卑情结是指把自己的自卑感当作某种借口使用的状态，具体就像"我因为学历低所以无法成功"或者"我因为长得不漂亮所以结不了婚"之类的想法。像这样在日常生活中大肆宣扬"因为有 A 所以才做不到 B"这样的理论，这已经超出了自卑感的范畴，它是一种自卑情结。

青年：不不，这是一种正儿八经的因果关系！如果学历低，就会失去很多求职或发展的机会。不被社会看好也就无法成功。这不是什么借口，而是一种严峻的事实。

哲人：不对。

青年：为什么？哪里不对？

哲人：关于你所说的因果关系，阿德勒用**"外部因果律"**一词来进行说明。意思就是：**将原本没有任何因果关系的事情解释成似乎有重大因果关系一样**。例如，前几天就有人说："自己之所以始终无法结婚，就是因为幼时父母离婚的缘故。"从弗洛伊德的原因论来看，父母离婚对其造成了极大的精神创伤，与自己的婚姻观有着很大的因果关系。但是，阿德勒从目的论的角度出发把这种论调称为"外部因果律"。

青年：但是，现实问题是拥有高学历的人更容易在社会上获得成功啊！先生您应该也有这种社会常识吧。

哲人：问题在于你如何去面对这种社会现实。如果抱着"我因为学历低所以无法成功"之类的想法，那就不是"不能成功"而是"不想成功"了。

青年：不想成功？这是什么道理啊？

哲人：简单地说就是害怕向前迈进或者是不想真正地努力。不愿意为了改变自我而牺牲目前所享受的乐趣——比如玩乐或休闲时间。也就是拿不出改变生活方式的"勇气"，即使有些不满或者不自由，也还是更愿意维持现状。

越自负的人越自卑

青年：也许是那样，不过……

哲人：而且，对自己的学历有着自卑情结，认为"我因为学历低，所以才无法成功"。反过来说，这也就意味着"只要有高学历，我也可以获得巨大的成功"。

青年：嗯，的确如此。

哲人：这就是自卑情结的另一个侧面。那些用语言或态度表明自己的自卑情结的人和声称"因为有 A 所以才不能做到 B"的人，他们的言外之意就是"只要没有 A，我也会是有能力、有价值的人"。

青年：也就是说"要不是因为这一点，我也能行"。

哲人：是的。关于自卑感，阿德勒指出"没有人能够长期忍受自卑感"。也就是说，自卑感虽然人人都有，但它沉重得没人能够一直忍受这种状态。

青年：嗯？这好像有点乱啊？！

哲人：请你慢慢去理解。拥有自卑感即感觉目前的"我"有所欠缺的状态。如此一来问题就在于……

青年：如何去弥补欠缺的部分，对吧？

哲人：正是如此。如何去弥补自己欠缺的部分呢？最健全的姿态应该是想要通过努力和成长去弥补欠缺部分，例如刻苦学习、勤奋练习、努力工作等。

但是，没有这种勇气的人就会陷入自卑情结。拿刚才的例子来讲，就会产生"我因为学历低所以无法成功"之类的想法，并且还会进一步通过"如果有高学历自己也很容易成功"之类的话来暗示自己的能力。意思就是"现在我只不过是被学历低这个因素所埋没，'真正的我'其实非常优秀"。

青年：不不，第二种说法已经不属于自卑感了。那应该是自吹自擂吧。

哲人：正是如此。自卑情结有时会发展成另外一种特殊的心理状态。

青年：那是什么呢？

哲人：这也许是你没听说过的词语，是**"优越情结"**。

青年：优越情结？

哲人：虽然苦于强烈的自卑感，但却没有勇气通过努力或成长之类的健全手段去进行改变。即便如此，又没法忍受"因为有A所以才做不到B"之类的自卑情结，无法接受"无能的自己"。如此一来，人就会想要用更加简便的方法来进行补偿。

青年：怎么做呢？

哲人：表现得好像自己很优秀，继而沉浸在一种虚假的优越感之中。

青年：虚假的优越感？

哲人：一个很常见的例子就是"权势张扬"。

青年：那是什么呢？

哲人：例如，大力宣扬自己是权力者——可以是班组领导，也可以是知名人士，其实就是在通过此种方式来显示自己是一种特别的存在。虚报履历或者过度追逐名牌服饰等也属于一种权势张扬、具有优越情结的特点。这些情况都属于"我"原本并不优秀或者并不特别，而通过把"我"和权势相结合，似乎显得"我"很优秀。这也就是"虚假优越感"。

青年： 其根源在于怀有强烈的自卑感吧？

哲人： 当然。我虽然对时尚不太了解，但10根手指全都戴着红宝石或者绿宝石戒指的人与其说是有审美意识的问题，倒不如说是自卑感的问题，也就是一种优越情结的表现。

青年： 的确如此。

哲人： 不过，借助权势的力量来抬高自己的人终究是活在他人的价值观和人生之中。这是必须重点强调的地方。

青年： 哦，是优越情结吗？这是一种很有意思的心理。您能再举一些例子吗？

哲人： 例如，那些想要骄傲于自我功绩的人，那些沉迷于过去的荣光整天只谈自己曾经的辉煌业绩的人，这样的人恐怕你身边也有。这些都可以称之为优越情结。

青年： 骄傲于自我功绩也算吗？那虽然是一种骄傲自大的态度，但也是因为实际上就很优秀才骄傲的吧。这可不能叫作虚假优越感。

哲人： 不是这样。特意自吹自擂的人其实是对自己没有自信。阿德勒明确指出"**如果有人骄傲自大，那一定是因为他有自卑感**"。

青年： 您是说自大是自卑感的另一种表现。

哲人：是的。如果真正地拥有自信，就不会自大。正因为有强烈的自卑感才会骄傲自大，那其实是想要故意炫耀自己很优秀。担心如果不那么做的话，就会得不到周围人的认可。这完全是一种优越情结。

青年：……也就是说，自卑情结和优越情结从名称上来看似乎是正相反的，但实际上却有着密切的联系？

哲人：密切相关。最后再举一个关于自夸的复杂实例。这是一种通过把自卑感尖锐化来实现异常优越感的模式，具体就是指**夸耀不幸**。

青年：夸耀不幸？

哲人：就是说那些津津乐道甚至是夸耀自己成长史中各种不幸的人。而且，即使别人想要去安慰或者帮助其改变，他们也会用"你无法了解我的心情"来推开援手。

青年：啊，这种人倒是存在……

哲人：这种人其实是**想要借助不幸来显示自己"特别"，他们想要用不幸这一点来压住别人。**

例如，我的身高很矮。对此，心善的人会用"没必要在意"或者"人的价值并不由身高决定"之类的话来安慰我。但是，此时我如果甩出"你怎么能够理解矮子的烦恼呢！"之类的话加以拒绝的话，那谁都会再无话可说。如此一来，恐怕周围的人一定会小心翼翼地来对待我吧。

青年：的确如此。

哲人：通过这种方式，我就可以变得比他人更有优势、更加"特别"。生病的时候、受伤的时候、失恋难过的时候，在诸如此类的情况下,很多人都会用这种态度来使自己变成"特别的存在"。

青年:也就是暴露出自己的自卑感以当作武器来使用吗?

哲人:是的。**以自己的不幸为武器来支配对方。**通过诉说自己如何不幸、如何痛苦来让周围的人——比如家人或朋友——担心或束缚支配其言行。刚开始提到的那些闭门不出者就常常沉浸在以不幸为武器的优越感中。阿德勒甚至指出:"在我们的文化中,弱势其实非常强大而且具有特权。"

青年:什么叫"弱势具有特权"?

哲人:阿德勒说:"在我们的文化中,如果要问谁最强大,那答案也许应该是婴儿。婴儿其实总是处于支配而非被支配的地位。"婴儿就是通过其弱势特点来支配大人。并且,婴儿因为弱势所以不受任何人的支配。

青年:……根本没有这种观点。

哲人:当然,负伤之人所说的"你无法体会我的心情"之类的话中也包含着一定的事实。谁都无法完全理解痛苦的当事人的心情。但是,只要把自己的不幸当作保持"特别"的武器来用,**那人就会永远需要不幸。**

一系列辩论开始于自卑感。自卑情结再加上优越情结,这些虽然是心理学上的重要词汇,但其内涵与青年原来的想法存在着太大的反差。他自己在一时之间依然感觉好像还有哪里想不通。到底是哪里无法接受呢? 对啦,我对导入部分的前提条件还存有疑惑。这样想着,青年不紧不慢地开口说话了。

人生不是与他人的比赛

青年：但是，我依然不太明白。

哲人：你尽管问。

青年：阿德勒也认为希望进步的"追求优越性"属于普遍欲求吧？另一方面，他又提醒人们不可以陷入过剩的自卑感或优越感之中。如果是直接否定"追求优越性"的话倒还容易理解，但他又认可这一点。那么，我们到底应该怎么做呢？

哲人：请你这样想。一提到"追求优越性"，往往容易被认为是尽力超越他人甚至是通过排挤他人以取得晋升之类的追求，往往给人一种踩着别人往上升的印象。当然，阿德勒也并不是肯定这种态度。**在同一个平面上既有人走在前面又有人走在后面。**请想象一下这种情形：虽然行进距离或速度各不相同，但大家都平等地走在一个平面上。所谓"追求优越性"是指自己不断朝前迈进，而不是比别人高出一等的意思。

青年：您是说人生不是竞争？

哲人：是的。**不与任何人竞争，只要自己不断前进即可。**当然，也没有必要把自己和别人相比较。

青年：哎呀，这不可能吧。我们无论如何都避免不了把自己与别人相比较。自卑感不就是这样产生的吗？

哲人：健全的自卑感不是来自与别人的比较，而是来自与"理

想的自己"的比较。

青年：但是……

哲人：好吧，我们都不一样。性别、年龄、知识、经验、外貌，没有完全一样的人。我们应该积极地看待自己与别人的差异。但是，**我们"虽然不同但是平等"**。

青年：虽然不同但是平等？

哲人：是的。人都各有差异，这种"差异"不关乎善恶或优劣。因为不管存在着什么样的差异，我们都是平等的人。

青年：人无高低之分，从理想论的角度来看也许如此。但是，先生，我们应该看看真正的现实。例如，作为成人的我与连四则运算都不会的孩子之间，也可以说是真正平等吗？

哲人：就知识、经验或者责任来讲也许存在着差异。也许孩子不能很好地系鞋带、不能解开复杂的方程式或者是在发生问题的时候不能像成人那样去负责任。但是，人的价值并不能用这些来决定。我的回答仍然一样：所有的人都是"虽然不同但是平等"的。

青年：那么，先生，您是说要把孩子当成一个成人来对待吗？

哲人：不，既不当作成人来对待也不当作孩子来对待，而是"当作人"来对待。把孩子当作与自己一样的一个人来真诚相对。

青年：那么，我换个问题。所有人都平等，走在同一个平面上。虽说如此，但依然存在"差异"吧？走在前面的人比较优秀，追在后面的人则相对逊色。最终不还是归到优劣的问题上吗？

哲人：不是。无论是走在前面还是走在后面都没有关系，我们都走在一个并不存在纵轴的水平面上，我们不断向前迈进并不是为了与谁竞争。**价值在于不断超越自我。**

青年： 先生您能摆脱一切竞争吗？

哲人： 当然。我不追求地位或名誉，作为一名在野哲人，过着与世无争的人生。

青年： 退出竞争不也就是认输吗？

哲人： 是从胜负竞争中全身而退。当一个人想要做自己的时候，竞争势必会成为障碍。

青年： 不，那是厌倦人生的老人的逻辑啊！像我这样的年轻人必须在剑拔弩张的竞争中去提高自己。正因为有竞争对手的激励，才能够不断创造更好的自己。用竞争来考虑人际关系有什么不好呢？

哲人： 如果那个竞争对手对你来说是可以称得上"伙伴"的存在，那也许会有利于自我研究。但在多数情况下，竞争对手并不能成为伙伴。

青年： 怎么回事？

在意你长相的，只有你自己

哲人：接下来咱们梳理一下我们的辩论。最初你对阿德勒所主张的"一切烦恼皆源于人际关系"这一概念表示不满，对吧？围绕着自卑感的争论就由此而起。

青年：是的是的。关于自卑感这个话题的讨论太过激烈，以至于差点把那一点给忘记了。最初为什么会谈到自卑感这个话题呢？

哲人：这与竞争有关。请你记住。**如果在人际关系中存在"竞争"，那人就不可能摆脱人际关系带来的烦恼，也就不可能摆脱不幸。**

青年：为什么？

哲人：因为有竞争的地方就会有胜者和败者。

青年：有胜者和败者不是很好吗？

哲人：请从你自己的角度来具体考虑一下。假设你对周围的人都抱有"竞争"意识。但是，竞争就会有胜者和败者。因为他们之间的关系，所以必然会意识到胜负，会产生"A 君上了名牌大学，B 君进了那家大企业，C 君找了一位那么漂亮的女朋友，而自己却是这样"之类的想法。

青年：哈哈，可真具体啊。

哲人：如果意识到竞争或胜负，那么势必就会产生自卑感。

因为常常拿自己和别人相比就会产生"优于这个、输于那个"之类的想法，而自卑情结或优越情结就会随之而生。那么，对此时的你来说，他人又会是什么样的存在呢？

青年：呀，是竞争对手吗？

哲人：不，不是单纯的竞争对手。**不知不觉就会把他人乃至整个世界都看成"敌人"。**

青年：敌人？

哲人：也就是会认为人人都是随时会愚弄、嘲讽、攻击甚至陷害自己、绝不可掉以轻心的敌人，而世界则是一个恐怖的地方。

青年：您是说与不可掉以轻心的敌人之间的竞争？

哲人：竞争的可怕之处就在于此。即便不是败者、即便一直立于不败之地，处于竞争之中的人也会一刻不得安心、不想成为败者。而为了不成为败者就必须一直获胜、不能相信他人。之所以有很多人虽然取得了社会性的成功，但却感觉不到幸福，就是因为他们活在竞争之中。因为他们眼中的世界是敌人遍布的危险所在。

青年：虽然或许如此，但是……

哲人：但实际上，别人真的会那么关注你吗？会 24 小时监视着你，虎视眈眈地寻找攻击你的机会吗？恐怕并非如此。

我有一位年轻的朋友，据说他少年时代总是长时间对着镜子整理头发。于是，他的祖母对他说："**在意你的脸的只有你自己。**"那之后，他便活得轻松了一些。

青年：哈哈，您可真讨厌呀！您这是在讽刺我吧？也许我真的把周围的人看成了敌人，总是担心随时会受到暗箭攻击，认为总是被他人监视、挑剔甚至攻击。

而且，就像热衷于照镜子的少年一样，这实际上也是自我意识过剩的反应。世上的人其实并不关注我。即使我在大街上倒立也不会有人留意！

但是，怎么样呢，先生？您依然会说我的自卑感是我自己的"选择"，是有某种"目的"的吗？说实话，我无论如何也不能那样认为。

哲人：为什么呢？

青年：我有一个年长 3 岁的哥哥，他非常听父母的话，学习运动样样精通，是一位非常认真的哥哥。而我自幼就常常被拿来跟哥哥比较。当然，跟年长 3 岁的哥哥相比，我什么都赢不了。而父母根本不管这一点，他们总是不认可我。无论我做什么都被当作孩子来对待，一遇到事情就被否定，总是被压制、被忽视。简直就是生活在自卑感中，还必须意识到与哥哥之间的竞争！

哲人：怪不得。

青年：我有时候这样想。自己就像是从未真正沐浴过阳光的丝瓜，自然就会因为自卑感而扭曲。所以，如果有挺拔舒展的人，真希望他能够带带我呀！

哲人：明白了。你的心情我很理解。那么，包括你与你哥哥的关系，也从"竞争"角度去考虑。如果你不把自己与哥哥或者他人的关系放在"竞争"角度去考虑的话，他们又会变成什么样的存在呢？

青年：那也许哥哥就是哥哥、他人就是他人吧。

哲人：不，应该会成为更加积极的"伙伴"。

青年：伙伴？

哲人：你刚刚也说过吧？"无法真心祝福过得幸福的他人"，那就是因为你是站在竞争的角度来考虑人际关系，**把他人的幸福看作"我的失败"，所以才无法给予祝福。**

但是，一旦从竞争的怪圈中解放出来，就再没有必要战胜任何人了，也就能够摆脱"或许会输"的恐惧心理了，变得能够真心祝福他人的幸福并能够为他人的幸福做出积极的贡献。当某人陷入困难的时候你随时愿意伸出援手，那他对你来说就是可以称为伙伴的存在。

青年：嗯。

哲人：关键在于下面这一点。**如果能够体会到"人人都是我的伙伴"，那么对世界的看法也会截然不同。**不再把世界当成危险的所在，也不再活在不必要的猜忌之中，你眼中的世界就会成为一个安全舒适的地方。人际关系的烦恼也会大大减少。

青年：……那可真是幸福的人啊！但是，那是向日葵，对，是向日葵。是沐浴着温暖阳光、吸收着充足水分长起来的向日葵的理论，生长在昏暗背阴处的丝瓜根本不可能那样！

哲人：你又要回到原因论上去了吧？

青年：是的，的确如此！

由严厉父母养大的青年自幼便一直被拿来与哥哥进行比较，

并受到不公正的待遇；任何意见都不被采纳，还被骂作是差劲的弟弟；在学校也交不到朋友，休息时间也一直闷在图书室里，只有图书室是自己的安身之所。经历过这种少年时代的青年彻底成了原因论的信徒。他认为，如果没有那样的父母和哥哥、没有在那样的学校上学的话，自己也会有一个更加光明的人生。原本想要尽可能地冷静辩论的青年积累了多年的情绪，在此时一下子爆发了。

人际关系中的"权力斗争"与复仇

青年：好啦，先生。目的论只是一种诡辩，精神创伤确实存在！而且，人根本无法摆脱过去！先生您也承认我们无法乘坐时光机器回到过去吧？

只要过去作为过去存在着，我们就得生活在过去所造成的影响之中。如果当过去不存在，那就等于是在否定自己走过的人生！先生您是说要让我选择那种不负责任的生活吗？

哲人：是啊，我们既不能乘坐时光机器回到过去，也不能让时针倒转。但是，赋予过去的事情什么样的价值，这是"现在的你"所面临的课题。

青年：那么，我来问问您"现在"这个话题吧。上一次，先生您说"人是在捏造愤怒的感情"，是吧？还说站在目的论的角度考虑，事情就是这样。我现在依然无法接受这种说法。

例如，对社会的不满、对政治的愤怒之类的情况该怎么解释呢？这也可以说是为了坚持自己的主张而捏造的感情吗？

哲人：的确，我们有时候会对社会问题感到愤怒。但是，这并不是突发性的感情，而是合乎逻辑的愤慨。个人的愤怒（私愤）和对社会矛盾或不公平产生的愤怒（公愤）不属于同一种类。个人的愤怒很快就会冷却，而公愤则会长时间地持续。因私愤而流露的发怒只不过是为了让别人屈服的一种工具而已。

青年：您是说私愤和公愤不同？

哲人：完全不同。因为公愤超越了自身利害。

青年：那么，我来问问您私愤的事情。如果无缘无故地被人破口大骂，先生您也会生气吧？

哲人：不生气。

青年：不许撒谎！

哲人：如果遭人当面辱骂，我就会考虑一下那个人隐藏的"**目的**"。不仅仅是直接性的当面辱骂，当被对方的言行激怒的时候，也要认清对方是在挑起"**权力之争**"。

青年：权力之争？

哲人：例如，孩子有时候会通过恶作剧来捉弄大人。在很多情况下，其目的是吸引大人的注意力，他们往往会在大人真正发火之前停止恶作剧。但是，如果在大人真正生气的时候孩子依然不停止恶作剧，那么其目的就是"斗争"本身了。

青年：为什么要斗争呢？

哲人：想要获胜啊，**想要通过获胜来证明自己的力量。**

青年：我还是不太明白。您能举个稍微具体点儿的例子吗？

哲人：比如，假设你和朋友正在谈论时下的政治形势，谈着谈着你们之间的争论越来越激烈，彼此都各不相让，于是对方很快就上升到了人格攻击，骂你说："所以说你是个大傻瓜，正因为有你这种人存在我们国家才不能发展。"

青年：如果被这样说的话，我肯定会忍无可忍。

哲人：这种情况下，对方的目的是什么呢？是纯粹想要讨论政治吗？不是。对方只是想要责难挑衅你，通过权力之争来达到让不顺眼的你屈服的目的。这个时候你如果发怒的话，那就是正中其下怀，关系会急剧转入权力之争。所以，我们不能上任何挑衅的当。

青年：不不，没必要逃避。对于挑衅就应该进行回击。因为错在对方。对那种无礼的混球就应该直接挫挫其锐气，用语言的拳头！

哲人：那么，假设你压制住了争论，而且彻底认输的对方爽快地退出。但是，权力之争并没有就此结束。败下阵来的对方会很快转入下一个阶段。

青年：下一个阶段？

哲人：是的，**"复仇"阶段**。尽管暂时败下阵来，但对方会在别的地方以别的形式策划着复仇、等待着进行报复。

青年：比如说？

哲人：遭受过父母虐待的孩子有些会误入歧途、逃学，甚至会出现割腕等自残行为。如果按照弗洛伊德的原因论，肯定会从简单的因果律角度归结为："因为父母用这样的方法教育，所以孩子才变成这样。"就像因为不给植物浇水，所以它们才会干枯一样。这的确是简单易懂的解释。

但是，阿德勒式的目的论不会忽视孩子隐藏的目的——也就是"报复父母"。如果自己出现不良行为、逃学，甚至是割腕，那么父母就会烦恼不已，父母还会惊慌失措、痛不欲生。孩子正是因为知道这一点，所以才会出现问题行为。孩子并不是受过去原因（家庭环境）的影响，而是为了达到现在的目的（报复父母）。

青年：是为了让父母烦恼才有问题行为？

哲人：是的。例如，看到割腕的孩子很多人会不可思议地想："为什么要做那种事情呢？"

但是，请想想孩子的割腕行为会对周围的人——比如父母——带来什么影响。如此一来，行为背后的"目的"就不言而喻了。

青年：……目的是复仇吧？

哲人：是的。而且，人际关系一旦发展到复仇阶段，那么当事人之间几乎就不可能调和了。为了避免这一点，**在受到争权挑衅时绝对不可以上当。**

承认错误，不代表你失败了

青年：那么，如果当面受到了人格攻击的话该怎么办呢？要一味地忍耐吗？

哲人：不，"忍耐"这种想法本身就表明你依然拘泥于权力之争，而是要对对方的行为不做任何反应。我们能做的就只有这一点。

青年：不上挑衅之当这种事情有那么容易做到吗？原本您是怎么说到要控制怒气的呢？

哲人：所谓控制怒气是否就是"忍耐"呢？不是的，我们应该学习不使用怒气这种感情的方法，因为怒气终归是为了达成目的的一种手段和工具。

青年：哦，这太难了。

哲人：首先希望你能够理解这样一个事实，那就是发怒是交流的一种形态，而且不使用发怒这种方式也可以交流。我们即使不使用怒气，也可以进行沟通以及取得别人的认同。如果能够从经验中明白这一点，那自然就不会再有怒气产生了。

青年：但是，如果对方是明显找碴儿挑衅，恶意说一些侮辱性的语言，也不能发怒吗？

哲人：你似乎还没有真正理解。不是不能发怒，而是"**没必要依赖发怒这一工具**"。

易怒的人并不是性情急躁，而是不了解发怒以外的有效交流工具，所以才会说"不由得发火"之类的话。这其实是在借助发怒来进行交流。

青年：发怒之外的有效交流……

哲人：我们有语言，可以通过语言进行交流；要相信语言的力量，相信具有逻辑性的语言。

青年：……的确，如果不相信这一点的话，我们的这种对话也就不会成立了。

哲人：关于权力之争，还有一点需要注意。那就是无论认为自己多么正确，也不要以此为理由去责难对方。这是很多人都容易陷落进去的人际关系圈套。

青年：为什么？

哲人：人在人际关系中一旦确信"我是正确的"，那就已经步入了权力之争。

青年：仅仅是认为自己正确就会那样吗？不不，这也太夸张了吧？

哲人：我是正确的，也就是说对方是错误的。一旦这样想，辩论的焦点便会从"主张的正确性"变成了"人际关系的方式"。也就是说，"我是正确的"这种坚信意味着坚持"对方是错误的"，最终就会演变成"所以我必须获胜"之类的胜负之争。这就是完完全全的权力之争吧？

青年：嗯。

哲人：原本主张的对错与胜负毫无关系。**如果你认为自己正**

确的话，那么无论对方持什么意见都应该无所谓。但是，很多人都会陷入权力之争，试图让对方屈服。正因为如此，才会认为"承认自己的错误"就等于"承认失败"。

青年：的确有这么一方面。

哲人：因为不想失败，所以就不愿承认自己的错误，结果就会选择错误的道路。**承认错误、赔礼道歉、退出权力之争，这些都不是"失败"。**

追求优越性并不是通过与他人的竞争来完成的。

青年：也就是说，如果过度拘泥于胜负就无法做出正确的选择？

哲人：是的。眼镜模糊了，只能看到眼前的胜负就会走错道路，我们只有摘掉竞争或胜负之争的眼镜才能够改变完善自己。

人生的三大课题：交友课题、工作课题以及爱的课题

青年：嗯。但我还是有问题，就是"一切烦恼皆源于人际关系"那句话。的确，自卑感是人际关系的烦恼，而且我也非常明白自卑感给我们造成的影响；对"人生不是竞争"这一点从道理上我也承认。我无法把他人看成"伙伴"，总是在心里的某个角落把别人想成是"敌人"。这一点也的确如此。

但不可思议的是，为什么阿德勒那么重视人际关系，甚至都用"一切"这样的词来形容？

哲人：人际关系是一个怎么考虑都不为过的重要问题。上次我就说过"你所缺乏的是获得幸福的勇气"这样的话，你还记得吧？

青年：即使想忘也忘不了啊。

哲人：那么你为什么把别人看成是"敌人"而不能认为是"伙伴"呢？那是因为勇气受挫的你**在逃避**"**人生的课题**"。

青年：人生的课题？

哲人：是的，这非常重要。阿德勒心理学对于人的行为方面和心理方面都提出了相当明确的目标。

青年：哦。那是什么样的目标呢？

哲人：首先，行为方面的目标有"自立"和"与社会和谐共

处"这两点。而且，支撑这种行为的心理方面的目标是"我有能力"以及"人人都是我的伙伴"这两种意识。

青年：请您等等。我得做一下笔记。

行为方面的目标有以下两点：

① 自立。

② 与社会和谐共处。

而且，支撑这种行为的心理方面的目标也有以下两点：

①"我有能力"的意识。

②"人人都是我的伙伴"的意识。

哎呀，我能明白其重要性。作为个体自立，同时能够与他人及社会和谐共处，这好像与我们之前的辩论内容也紧密相关。

哲人：而且，这些目标**可以通过阿德勒所说的直面"人生课题"来实现**。

青年：那么，"人生课题"又指什么呢？

哲人：请从孩提时代开始考虑人生这个词。孩提时代，我们在父母的守护下生活，即使不怎么劳动也可以生存下去。但是，很快就到了"自立"之时，不能继续依赖父母而必须争取精神性的自立这一点自不必说，即使在社会意义上也要自立，必须从事某些工作——这里不是指在企业上班之类狭义上的工作。

此外，在成长过程中会遇到各种各样的朋友关系。当然，也会与某人结成恋爱关系甚至还有可能发展到结婚。如果是那样的话，就又会产生夫妻关系，一旦有了孩子还会出现亲子关系。

阿德勒把这些过程中产生的人际关系分为**"工作课题""交友**

课题"和"爱的课题"这三类，又将其统称为"人生课题"。

青年：这里的课题是指作为社会人的义务吗？也就是类似于劳动或纳税之类的事情。

哲人：不，请你把它理解为单纯的人际关系。人际关系有距离和深度。为了强调这一点，阿德勒也曾使用"三大羁绊"这样的表达方式。

青年：人际关系的距离和深度？

哲人：**一个个体在想要作为社会性的存在生存下去的时候，就会遇到不得不面对的人际关系，这就是人生课题。**在"不得不面对"这一意义上确实可以说是"义务"。

青年：哦，具体来讲呢？

哲人：首先，我们从"工作课题"来考虑。无论什么种类的工作，都没有一个人可以独立完成的。例如，我平时都在这个书房中写书稿。写作这项工作的确是无人能够代替、必须自己完成的作业。但即使如此，只有有了编辑的存在以及装订人员、印刷人员和经销或书店人员的协助，这项工作才能够成立。原则上来说，根本不可能存在不需要与他人合作完成的工作。

青年：广义上来说也许如此。

哲人：不过，如果从距离和深度这一观点来考虑的话，工作上的人际关系可以说是门槛最低的。因为工作上的人际关系有着成果这一简单易懂的共通目标，即使有些不投缘也可以合作或者说必须合作；而且，因"工作"这一点结成的关系，在下班或者转行后就又可以变回他人关系。

青年：的确如此。

哲人：而且，在这个阶段的人际关系方面出现问题的，就是那些被称为自闭的人。

青年：唉？请稍等！先生您是说他们并非不想工作或者拒绝劳动，只是为了逃避"工作方面的人际关系"才不想去上班的？

哲人：本人是否意识到这一点暂且不论，但核心问题就是人际关系。例如，为了求职而发出简历，面试了却没被任何公司录取，自尊心受到极大伤害，思来想去便开始怀疑工作的意义。或者，在工作中遭遇重大失败，由于自己的失误致使公司遭受巨额损失，眼前一片黑暗，于是开始讨厌再去公司上班。这些情况都不是讨厌工作本身，而是讨厌因为工作而受到他人的批评和指责，讨厌被贴上"你没有能力"或者"你不适合这个工作"之类的无能标签，更讨厌无可替代的"我"的尊严受到伤害。也就是说，一切都是人际关系的问题。

浪漫的红线和坚固的锁链

青年：……嗯，我一会儿再反驳您！接下来，所谓"交友课题"又是指什么？

哲人：这是指脱离了工作的、更广泛意义上的朋友关系。正因为没有了工作关系那样的强制力，所以也就更加难以开始和发展。

青年：啊，是呀！如果有学校或者职场之类的"场合"，也还可以构建关系，虽然也只是限于那种场合的表面关系。但是，如果进一步发展成朋友关系或者在学校和职场之外的地方交到朋友，这实在是非常困难。

哲人：你有可以称得上是知己的朋友吗？

青年：有朋友。但是，要说能称得上知己的……

哲人：我曾经也是这样。高中时代的我根本不想交朋友，每天都独自学习希腊语或德语，默默地研读哲学书。对此非常不安的母亲曾去找过班主任老师谈话。当时老师好像说："不必担心，他是不需要朋友的人。"老师的话给了母亲和我极大的勇气。

青年：不需要朋友的人……那么，先生您在高中时代一个朋友也没有吗？

哲人：不，只有一个朋友，他说"没有任何应该在大学里学习的东西"，结果就没有上大学。听说他在山上隐居几年之后，目前在东南亚从事新闻报道工作。我们已经几十年没见过面了，不过，我感觉如果我们现在再次见到，也能够像那个时候一样交往。

很多人认为朋友越多越好，但果真如此吗？朋友或熟人的数量没有任何价值。这是与爱之主题有关的话题，我们应该考虑的是关系的距离和深度。

青年：我以后也可以交到好朋友吗？

哲人：当然可以。只要你变了，周围也会改变。必须要有所改变。**阿德勒心理学不是改变他人的心理学，而是追求自我改变的心理学。**不能等着别人发生变化，也不要等着状况有所改变，而是由你自己勇敢迈出第一步。

青年：嗯……

哲人：事实上，你这样到我的房间来拜访，而我就可以得到一位你这样的年轻朋友。

青年：先生您是说我是您的朋友？

哲人：是的，不是这样吗？我们在这里的对话不是咨询辅导，我们也不是工作关系。对我来说，你就是一位无可替代的朋友。难道你不这么认为吗？

青年：您是说无可替代的……朋友吗？不、不！现在我还不想考虑这一点。咱们继续吧！最后的"爱的课题"是指什么呢？

哲人：这一点可以分成两个阶段：一个就是所谓的恋爱关系，而另一个就是与家人的关系，特别是亲子关系。在工作、交友和爱这三大课题中，**爱之课题恐怕是最难的课题。**

例如，当由朋友关系发展成恋爱关系的时候，一些在朋友之间被允许的言行就不再被允许了。具体说来，例如不可以跟异性朋友一起玩，有时候甚至仅仅因为跟异性朋友打电话，恋人就会吃醋。像这样，距离近了，关系也深了。

青年：是啊，这也是没办法的事情。

哲人：但是，阿德勒不同意束缚对方这一点。如果对方过得幸福，那就能够真诚地去祝福，这就是爱。相互束缚的关系很快就会破裂。

青年：不不，这种论调有不忠之嫌啊！如果对方非常幸福地乱搞胡混，难道也要对其这种姿态给予祝福吗？

哲人：并不是积极地去肯定花心。请你这样想，如果双方在一起感到苦闷或者紧张，那即使是恋爱关系也不能称之为爱。**当人能够感觉到"与这个人在一起可以无拘无束"的时候，才能够体会到爱。**既没有自卑感也不必炫耀优越性，能够保持一种平静而自然的状态。真正的爱应该是这样的。

另一方面，束缚是想要支配对方的表现，也是一种基于不信任感的想法。与一个不信任自己的人处在同一个空间里，那就根本不可能保持一种自然状态。阿德勒说："如果双方想要和谐地生活在一起，那就必须把对方当成平等的人。"

青年：嗯。

哲人：不过，恋爱关系或夫妻关系还可以选择"分手"。即使是常年一起生活的夫妻，如果难以继续维持关系的话，也可以选择分手。但是，亲子关系原则上就不可以如此。假如恋爱是用红色丝线系起来的关系的话，那亲子关系就是用坚固的锁链联结起来的关系。而且，自己手里只有一把小小的剪刀。亲子关系难就难在这里。

青年：那么，怎么做才好呢？

哲人：现阶段能说的就是**不能够逃避**。无论多么困难的关系都不可以选择逃避，必须勇敢去面对。即使最终发展成用剪刀剪断，也要首先选择面对。**最不可取的就是在"这样"的状态下止步不前。**

人根本不可能一个人活着，只有在社会性的环境之下才能成为"个人"。因此，阿德勒心理学把作为个人的"自立"和在社会中的"和谐"作为重大目标。那么，如何才能实现这些目标呢？阿德勒说："在这里必须要克服'工作''交友'和'爱'这三大课题。"但是，青年依然很难领会人活着必须面对的人际关系课题的真正含义。

"人生谎言"教我们学会逃避

青年：啊，我的思绪又乱了。先生也说过吧，我之所以把别人看成是"敌人"而不能看成是"伙伴"，是因为在逃避人生的课题。那究竟是什么意思呢？

哲人：假设你讨厌 A 这个人，说是因为 A 身上有让人无法容忍的缺点。

青年：是啊，如果是讨厌的人，那还真不少。

哲人：但是，那并不是因为无法容忍 A 的缺点才讨厌他，而是你先有"要讨厌 A"这个目的，之后才找出了符合这个目的的缺点。

青年：怎么可能？！那我这么做又是为了什么呢？

哲人：为了逃避与 A 之间的人际关系。

青年：哎呀，这绝对不可能！即使再怎么想，顺序也是反的。是因为他做了惹人讨厌的事，所以大家才会讨厌他，否则也没有理由讨厌他！

哲人：不，不是这样的。如果想一想与处于恋爱关系的人分手时候的情况就会容易理解了。

在恋爱或夫妻关系中，过了某个时期之后，有时候对方的任何言行都会让你生气。吃饭的方式让你不满意，在房间里的散漫姿态令你生厌，甚至就连对方睡眠时的呼吸声都让你生气，尽管几个月前还不是这样。

青年：……是的，这个能够想象得到。

哲人：这是因为那个人已经下定决心要找机会"结束这种关系"，继而正在搜集结束关系的材料，所以才会那样感觉。对方其实没有任何改变，**只是自己的"目的"变了而已。**

人就是这么任性而自私的生物，一旦产生这种想法，无论怎样都能发现对方的缺点。即使对方是圣人君子一样的人物，也能够轻而易举地找到对方值得讨厌的理由。正因为如此，**世界才随时可能变成危险的所在，人们也就有可能把所有他人都看成"敌人"。**

青年：那么，您是说我为了逃避人生课题或者进一步说是为了逃避人际关系，仅仅为了这些我就去捏造别人的缺点？

哲人：是这样的。**阿德勒把这种企图设立种种借口来回避人生课题的情况叫作"人生谎言"。**

青年：……

哲人：这词很犀利吧。对于自己目前所处的状态，把责任转嫁给别人，通过归咎于他人或者环境来回避人生课题。前面我提到的患脸红恐惧症的那个女学生也是一样——对自己撒谎，也对周围的人撒谎。仔细考虑一下，这的确是一个相当犀利的词语。

青年：但是，为什么要把那判定为撒谎呢？我周围都有什么样的人，之前又经历过怎样的人生，先生您根本一无所知吧！

哲人：是的，我对你的过去一无所知，有关你父母和你哥哥的事情我也一无所知。不过，我只知道一点。

青年： 是什么？

哲人： 那就是，决定你的生活方式（人生状态）的不是其他任何人，而是你自己这一事实。

青年： 啊……!!

哲人： 假若你的生活方式是由他人或者环境所决定的，那还有可能转嫁责任。但是，我们是自己选择自己的生活方式，责任之所在就非常明确了。

青年： 您是打算要谴责我吧？说我是一个骗子、一个懦夫！说全都是我的责任！

哲人： 请你不要用怒气来回避这个问题，这是非常关键的。阿德勒并不打算用善恶来区分人生课题或者人生谎言。我们现在应该谈的**既不是善恶问题也不是道德问题，而是"勇气"问题**。

青年： 又是"勇气"吗？

哲人： 是的。即使你逃避人生课题、依赖人生谎言，那也不是因为你沾染了"恶"。这不是一个应该从道德方面来谴责的问题，它只是"勇气"的问题。

阿德勒心理学是"勇气的心理学"

青年：……最终还是"勇气"问题吗？如此说来，先生您上次也说过，阿德勒心理学是"勇气心理学"。

哲人：如果再加上一点的话，那就是阿德勒心理学不是"**拥有的心理学**"而是"**使用的心理学**"。

青年：也就是"不在于被给予了什么，而在于如何去使用被给予的东西"那句话吗？

哲人：是的，你记得很清楚嘛。弗洛伊德式的原因论是"拥有的心理学"，继而就会转入决定论。而阿德勒心理学是"使用的心理学"，起决定作用的是你自己。

青年：阿德勒心理学是"勇气的心理学"，同时也是"使用的心理学"……

哲人：我们人类并不是会受原因论所说的精神创伤所摆弄的脆弱存在。从目的论的角度来讲，我们是用自己的手来选择自己的人生和生活方式。**我们有这种力量。**

青年：但说实话，我没有信心能够克服自卑情结，即便那是一种人生谎言，我今后恐怕也无法摆脱这种自卑情结。

哲人：为什么会那样想呢？

青年：也许先生您的话是正确的。不，我所缺乏的肯定就是勇气。我也承认人生谎言。我害怕与人打交道，不想在人际关系中受伤，所以就想回避人生课题。正因为如此才摆出了这样那样的借口。是的，就是这样。

但是，先生的话终归只是精神论吧！只不过是说些"你就是缺乏勇气，要拿出勇气来！"之类的激励的话。这就跟只会拍着别人的肩膀劝告说"拿出勇气来！"之类的愚蠢指导者一样。可是，我就是因为振作不起来才烦恼的啊！

哲人：总而言之，你就是希望听到具体对策，对吧？

青年：正是。我是人，不是机器，不可能一听到"拿出勇气"之类的指令后，就马上像加油一样地去补充勇气！

哲人：我知道了。但是，今晚也已经很晚了，所以下次我再告诉你吧。

青年：您不是在逃避吧？

哲人：当然不是。也许下一次还要讨论一下自由这个话题。

青年：不是勇气吗？

哲人：是的，是关于谈论勇气的时候所不可不提的有关自由的讨论。请你也思考一下自由是什么。

青年：自由是什么……好吧。那么，期待着下次见面。

让干涉你生活的人见鬼去

苦苦思索两周之后，青年再次来到哲人的书房。自由是什么？我为什么不能获得自由？真正束缚我的究竟是什么？青年被布置的作业实在是太沉重，根本无法找出合适的答案。青年越想越感觉自己缺少自由。

自由就是不再寻求认可？

青年：您上次说今天要讨论自由吧？

哲人：是的，你考虑过自由是什么了吗？

青年：这我已经仔细考虑过了。

哲人：得出结论了吗？

青年：哎呀，没得出结论。但是，有一个不是我自己的想法，而是从图书馆发现的这么一句话，就是："**货币是被铸造的自由。**"它是陀思妥耶夫斯基的小说中出现的一句话。"被铸造的自由"这种说法是何等的痛快啊！我认为这是一句非常精辟的话，它一语道破了货币的本质。

哲人：的确如此。如果要坦率地说出货币所带来的东西的本质的话，那或许就是自由。这大概也可以被称为名言。不过，也不可以据此就说"自由就是货币"吧？

青年：完全正确。也有能够通过金钱得到的自由。而且，那种自由一定比我们想象得还要大。因为事实上，衣食住行的一切都是由金钱来支撑的。虽说如此，但是否只要有巨额财富，人就能够获得自由呢？我认为不是，也相信不是。我认为人的价值、人的幸福不是可以用金钱买到的东西。

哲人：那么，假设你得到了金钱方面的自由，但仍然无法获得幸福。这种时候，你所剩下的是什么样的烦恼和什么样的不自由呢？

青年：那就是先生再三提到的人际关系了。这一点我也仔细想过了。例如，尽管拥有巨额财富，但却找不到爱的人；没有能够称得上是知己的朋友，甚至被大家所厌恶。这都是极大的不幸。

另一个一直萦绕在我脑海里的就是"羁绊"这个词语。我们其实都挣扎般地活在各种各样的"羁绊"之中——不得不和讨厌的人交往，不得不忍受讨厌的上司的嘴脸等。请您想象一下，如果能够从烦琐的人际关系中解放出来的话，那会有多么轻松啊！

但是，这种事任何人都做不到。无论我们走到哪里都被他人包围着，都是活在与他人的关系之中的社会性的"个人"，无论如何都逃不出人际关系这张坚固的大网。阿德勒所说的"一切烦恼皆源于人际关系"这句话真可谓是真知灼见啊。一切的事情最终都会归结到这一点上。

哲人：这的确很重要。请你再深入考虑一下，到底是人际关系中的什么剥夺了我们的自由呢？

青年：就是这一点！就是先生您上次说的是把别人当成"敌人"还是"伙伴"这一点。您说如果能够把别人看成"伙伴"，那么对世界的看法也会随之改变。这种说法我完全可以接受。我上次回去的时候也已经完全认可了这一看法。但是，再仔细一想，觉得人际关系中还有些无法仅仅用这一道理来解释的要素。

哲人：比如呢？

青年：最简单易懂的就是父母的存在。对于我来说，无论怎么想"父母"都不是"敌人"，特别是在孩童时代，他们作为最大的庇护者养育和守护了我。关于这一点，我真心实意地满怀感激。

不过，我父母是非常严厉的人。上一次我也说过，父母常常拿我和哥哥比，并且毫不认可我。同时，对于我的人生，他们也总是指手画脚。比如常常说些"要好好学习""不要跟那样的朋友来往""至少得上这个大学"或者"必须选择这样的工作"之类的话。这种要求是一种极大的压力，也是一种羁绊。

哲人： 最后你是怎么做的呢？

青年： 在上大学之前，我一直认为不能无视父母的意愿，所以总是既烦恼又反感。但事实上，我在不知不觉间就把自己的希望和父母的希望重合在了一起。虽然工作是按照自己的意愿选的。

哲人： 这么一说才想起来，我还没有问过你的职业是什么呢。

青年： 我现在是大学图书馆的管理员，而我的父母则希望我像哥哥一样继承父亲的印刷工厂。因此，自从我就职以来，与父母的关系就多少有些不愉快。

如果对方不是自己的父母而是"敌人"一样的存在，那我就根本不会苦恼吧。因为无论对方怎么干涉，只要无视就可以了。但对我来说，父母不是"敌人"。是不是伙伴暂且不论，但至少不是应该称为"敌人"的存在。因为关系实在是太亲近了，所以根本不能无视其意愿。

哲人： 当你按照父母的意愿选择大学的时候，你对父母是一种什么样的感情呢？

青年： 很复杂。虽然也有怨气，但另一方面又有一种安心感。心里想："如果是这个学校的话，应该能够得到父母的认可吧。"

哲人：那么，"能够得到认可"又是指什么呢？

青年：哈，请您不要兜着圈子地做诱导询问。先生您应该也知道，就是所谓的"认可欲求"，人际关系的烦恼都集中在这一点上。我们在活着时常需要得到他人的认可。正因为对方不是令人讨厌的"敌人"，所以才想要得到那个人的认可！对，我就是想要得到父母的认可！

哲人：明白了。关于现在这个话题，我要先说一下阿德勒心理学的一个大前提。**阿德勒心理学否定寻求他人的认可。**

青年：否定认可欲求？

哲人：根本没必要被别人认可，也不要去寻求认可。这一点必须事先强调一下。

青年：哎呀，您在说什么呢！认可欲求不正是推动我们人类进步的普遍欲求吗？！

要不要活在别人的期待中？

哲人：得到别人的认可的确很让人高兴。但是，要说是否真的需要被人认可，那绝对不是。人原本为什么要寻求认可呢？说得再直接一些，人为什么想要得到别人的表扬呢？

青年：答案很简单。只有得到了别人的认可，我们才能体会到"自己有价值"。通过别人的认可，我们能够消除自卑感，可以增加自信心。对，这就是"价值"的问题。先生您上次不也说过吗？自卑感就是价值判断的问题。我正是因为得不到父母的认可所以才一直活在自卑之中！

哲人：那么，我们用一个身边的例子来考虑一下。假设你在工作时顺手捡了垃圾。但是，周围的人根本没注意到这一点；或者即使注意到了，也没有人说一句感谢或表扬的话。那么，你以后还会继续捡垃圾吗？

青年：这真是一个困难的问题啊。如果没有得到任何人的感谢，那也许以后就不会再继续去做了吧。

哲人：为什么呢？

青年：捡垃圾是"为了大家"。为了大家流汗受累，却连一句感谢的话都得不到。如果这样的话也许就不想再做下去了吧。

哲人：认可欲求的危险就在这里。人究竟为什么要寻求别人的认可呢？其实，很多情况下都是因为受赏罚教育的影响。

青年：赏罚教育？

哲人：如果做了恰当的事情就能够得到表扬，而如果做了不恰当的事情就会受到惩罚。阿德勒严厉批判这种赏罚式的教育。在赏罚式教育之下会产生这样一种错误的生活方式，那就是"如果没人表扬，我就不去做好事"或者是"如果没人惩罚，我也做坏事"。是先有了希望获得表扬这个目的，所以才去捡垃圾。并且，如果不能够得到任何人的表扬，那就会很愤慨或者是下决心再也不做这样的事情。很明显，这是一种不正常的想法。

青年：不对！请您不要把话题缩小！我不是在讨论教育。希望得到喜欢的人的认可、希望被身边的人接纳，这都是非常自然的欲求！

哲人：你犯了一个大大的错误。其实，**我们"并不是为了满足别人的期待而活着"。**

青年：您说什么？

哲人：你不是为了满足别人的期待而活着，我也不是为了满足别人的期待而活着。**我们没必要去满足别人的期待。**

青年：不不，这是非常自私的论调！您是说要只为自己着想、自以为是地活着吗？

哲人：在犹太教教义中有这么一句话："倘若自己都不为自己活出自己的人生，那还有谁会为自己而活呢？"你就活在自己的人生中。要说为谁活着，那当然是为你自己。假如你不为自己而活的话，那谁会为你而活呢？我们最终还是为自己活着。没理由不可以这样想。

青年：先生您还是中了虚无主义之毒！您是说人们都可以为自己活着？这是多么卑劣的想法啊！

哲人：这并不是虚无主义，而且正相反。如果一味寻求别人的认可、在意别人的评价，那最终就会**活在别人的人生中**。

青年：什么意思？

哲人：过于希望得到别人的认可，就会按照别人的期待去生活。也就是舍弃真正的自我，活在别人的人生之中。

而且，请你记住，假如说你"不是为了满足他人的期待而活"，那**他人也"不是为了满足你的期待而活"**。当别人的行为不符合自己的想法的时候也不可以发怒。这也是理所当然的事情。

青年：不对！这简直是一种彻底颠覆我们的社会的论调！我们都有认可欲求。但是，为了得到别人的认可，首先自己得先认可别人。正因为我们认可了他人、认可了不同的价值观，我们才能够得到别人的认可。通过这种相互认可，我们才建立起了"社会"！

先生您的主张诱导人孤立甚至对立，是一种令人唾弃的危险思想！是足以挑起不信任感和猜忌心的恶魔式的教唆！

哲人：哈哈哈，你用的词可真有意思。没必要那么激动，咱们一起来想想吧。得不到认可就非常痛苦，如果得不到别人和父母的认可就没有自信。那么，这样的人生能称得上健全吗？

例如，有人会想："因为神在看着，所以要积累善行。"但这是与"因为没有神，所以可以无恶不作"之类的虚无主义相对的一种思想。即使神并不存在，即使无法得到神的认可，我们也必须要活出自己的人生。而且，正是为了**克服无神世界的虚无主义**才更有必要否定他人的认可。

青年：这和神的事情根本没关系！请您更加认真、更加直接地考虑一下活在俗世中的人们的心！

例如，希望获得社会性认可的认可欲求又会怎么样呢？为什么人想要在工作中出人头地呢？为什么人要追求地位和名誉呢？这是一种希望被社会整体认可的认可欲求吧！

哲人：那么，得到了认可就真的会幸福吗？获得了一定社会地位的人就能体会到幸福吗？

青年：哎呀，这个嘛……

哲人：想要取得别人认可的时候，几乎所有人都会采取"满足别人的期待"这一手段，这其实都是受"如果做了恰当的事情就能够得到表扬"这种赏罚教育的影响。但是，如果工作的主要目标成了"满足别人的期待"，那工作就会变得相当痛苦吧。因为那样就会一味在意别人的视线、害怕别人的评价，根本无法做真正的自己。

也许你会感到意外，但事实上，来接受心理咨询辅导的人几乎没有任性者。反而很多人是苦恼于要满足别人的期待、满足父母或老师的期待，无法按照自己的想法去生活。

青年：那么，您是说要我做一个任性自私的人吗？

哲人：并不是旁若无人地任意横行。要理解这一点，需要先了解阿德勒心理学中的**"课题分离"**这一主张。

青年：……课题分离？这可是个新词啊。那我就听听吧。

　　青年的焦躁情绪达到了顶点。要否定认可欲求？不要满足别人的期待？要为自己活着？这位哲学家究竟在说什么呢？认可欲求不正是人与他人交往形成社会的最大动机吗？青年心里默默地想：如果这个"课题分离"的主张不能说服我的话，我这一生都不可能再接受眼前的这个男人和阿德勒了！

把自己和别人的"人生课题"分开来

哲人：例如，有一个不爱学习的孩子，不听课、不写作业甚至连教科书都忘在学校。那么，如果你是父母的话，你会怎么做呢？

青年：当然是想尽一切办法地让其学习呀！上辅导班、请家庭教师，有时候甚至还可能会扯耳朵。这就是父母的责任和义务吧。实际上我就是这样长大的——做不完当天的作业，父母就不让吃晚饭。

哲人：那么，我再问你一个问题。被这种强制性的手段强迫学习，那你最终喜欢上学习了吗？

青年：很遗憾，我没能喜欢上学习。为了学校或者考试的学习只是应付而已。

哲人：明白了。那么，我就从阿德勒心理学的基本原理开始说起。例如，当眼前有"学习"这个课题的时候，阿德勒心理学会首先考虑"这是谁的课题"。

青年：谁的课题？

哲人：孩子学不学习或者跟不跟朋友玩，这原本是"孩子的课题"，而不是父母的课题。

青年：您是说这是孩子应该做的事吗？

哲人：坦率说的话，就是如此。即使父母代替孩子学习也没有任何意义吧？

青年：哎呀，那倒是。

哲人：学习是孩子的课题。与此相对，父母命令孩子学习就是对别人的课题妄加干涉。如果这样的话，那肯定就避免不了冲突。因此，**我们必须从"这是谁的课题"这一观点出发，把自己的课题与别人的课题分离开来。**

青年：分离之后再怎么做呢？

哲人：不干涉他人的课题。仅此而已。

青年：……仅此而已吗？

哲人：基本上，一切人际关系矛盾都起因于对别人的课题妄加干涉或者自己的课题被别人妄加干涉。只要能够进行课题分离，人际关系就会发生巨大改变。

青年：我还是不太明白，究竟如何辨别"这是谁的课题"呢？实际上，在我看来让孩子学习是父母的责任和义务。因为，几乎没有真心喜欢学习的孩子，而父母则是孩子的保护人。

哲人：辨别究竟是谁的课题的方法非常简单，只需要考虑一下**"某种选择所带来的结果最终要由谁来承担？"**

如果孩子选择"不学习"这个选项，那么由这种决断带来的后果——例如成绩不好、无法上好学校等——最终的承担者不是父母，而是孩子。也就是说，学习是孩子的课题。

青年：不不，根本不对！为了不让这种事态发生，既是人生前辈又是保护人的父母有责任告诫孩子"必须好好学习！"。这是为孩子着想，而不是妄加干涉。"学习"或许是孩子的课题，但"让孩子学习"却是父母的课题。

哲人：的确，世上的父母总是说"为你着想"之类的话。但是，父母们的行为有时候很明显是为了满足自己的目的——面子和虚荣又或者是支配欲。也就是说，不是"为了你"而是"为了我"，正因为察觉到了这种欺骗行为，孩子才会反抗。

青年：那么您是说，即使孩子完全不学习，那也是孩子自己的课题，所以要放任不管吗？

哲人：这一点需要注意。阿德勒心理学并不是推崇放任主义。放任是一种不知道也不想知道孩子在做什么的态度。而阿德勒心理学的主张不是如此，而是在了解孩子干什么的基础上对其加以守护。如果就学习而言，告诉孩子这是他自己的课题，在他想学习的时候父母要随时准备给予帮助，但绝不对孩子的课题妄加干涉。在孩子没有向你求助的时候不可以指手画脚。

青年：这不仅仅限于亲子关系吧？

哲人：当然。例如，阿德勒心理学的心理咨询辅导认为，被辅导者是否改变并不是辅导顾问的课题。

青年：您说什么？

哲人：接受心理咨询辅导之后，被辅导者下什么样的决心、是否改变生活方式，这都是被辅导者本人的课题，辅导顾问不能干涉。

青年：不不，怎么能有那么不负责任的态度呢？

哲人：当然，辅导顾问要竭尽全力地加以援助，但不可以妄加干涉。某个国家有这么一句谚语：**可以把马带到水边，但不能**

强迫其喝水。阿德勒心理学中的心理咨询辅导以及对别人的一切援助都遵循这个要求。倘若无视本人的意愿而强迫其"改变"，那结果只会是日后产生更加强烈的反作用。

　　青年：辅导顾问不改变被辅导者的人生吗？

　　哲人：能够改变自己的只有自己。

即使是父母也得放下孩子的课题

青年：那么，闭居在家的情况怎么样呢？也就是像我朋友那样的情况。即使那样，您依然要说"课题分离""不可以干涉""跟父母无关"之类的话吗？

哲人：是否从闭居在家的状态中解脱出来或者如何解脱出来，这些原则上是应该由本人自己解决的课题，父母不可以干涉。虽说如此，但毕竟不是毫无关系的陌生人，所以需要施以某些援助。最重要的是，孩子在陷入困境的时候是否想要真诚地找父母商量或者能不能从平时开始就建立起那种信赖关系。

青年：那么，假如先生您的孩子闭居在家，您会怎么办呢？请您不要作为哲学家而是作为一个父亲来回答这个问题。

哲人：首先，我会断定"这是孩子的课题"。对孩子的闭居状态不妄加干涉也不过多关注。而且，告诉孩子在他困惑的时候我随时可以给予援助。如此一来，察觉到父母变化的孩子也就不得不考虑一下今后该如何做这一课题了。他可能会寻求援助，也可能会自己想办法解决。

青年：如果闭居在家的真是自己的孩子，您也能够想得那么开吗？

哲人：苦恼于与孩子之间的关系的父母往往容易认为：孩子就是我的人生。总之就是把孩子的课题也看成是自己的课题，总是只考虑孩子，而当意识到这一点的时候，他们已经失去了自我。

即使父母再怎么背负孩子的课题，孩子依然是独立的个人，不会完全按照父母的想法去生活。孩子的学习、工作、结婚对象或者哪怕是日常行为举止都不会完全按照父母所想。当然，我也会担心甚至会想要去干涉。但是，刚才我也说过："别人不是为了满足你的期待而活。"即使是自己的孩子也不是为了满足父母的期待而活。

青年：您是说就连家人也要划清界限？

哲人：正因为是关系紧密的家人，才更有必要有意识地去分离课题。

青年：这太奇怪了！先生，您一方面宣扬爱，另一方面又去否定爱。如果那样与别人划清界限的话，岂不是谁都不能信任了吗？！

哲人：信任这一行为也需要进行课题分离。信任别人，这是你的课题。但是，如何对待你的信任，那就是对方的课题了。如果不分清界限而是把自己的希望强加给别人的话，那就变成粗暴的"干涉"了。

即使对方不如自己所愿也依然能够信任和爱吗？阿德勒所说的"爱的课题"就包括这种追问。

青年：太难了！这太难了！

哲人：当然。但请你这样想，干涉甚至担负起别人的课题这会让自己的人生沉重而痛苦。如果你正在为自己的人生而苦恼——这种苦恼源于人际关系——那首先请弄清楚"这不是自己的课题"这一界限；然后，请丢开别人的课题。这是减轻人生负担，使其变得简单的第一步。

放下别人的课题，烦恼轻轻飞走

青年：……我还是不能理解。

哲人：那么，假设你父母强烈反对你所选的工作。实际上他们也反对吧？

青年：是的，虽然没有正面地激烈反对过，但话里话外常带着嫌弃的意思。

哲人：那么，假设他们进行了更加直接、更加激烈的反对，父亲大发雷霆，母亲痛哭流涕，总之都想方设法地反对，甚至威胁说绝对不会承认图书管理员儿子，如果不和哥哥一起继承家族事业就与你断绝亲子关系。但是，如何克服这种"不认可"的感情，那并不是你的课题，而是你父母的课题。你根本不需要在意。

青年：不，请等一下！先生您是说"无论让父母多么伤心都没有关系"吗？

哲人：没有关系。

青年：不是开玩笑吧！哪里有推崇不孝顺的哲学呀！

哲人：关于自己的人生你能够做的就只有"**选择自己认为最好的道路**"。而别人如何评价你的选择，那是别人的课题，你根本**无法左右**。

青年：别人如何看自己，无论是喜欢还是讨厌，那都是对方的课题而不是自己的课题。先生您是这个意思吗？

哲人：分离就是这么回事。你太在意别人的视线和评价，所以才会不断寻求别人的认可。那么，人为什么会如此在意别人的视线呢？阿德勒心理学给出的答案非常简单，那就是因为你还不会进行课题分离。把原本应该是别人的课题也看成是自己的课题。

请你想想前面那位老婆婆说的**"在意你的脸的只有你自己"**那句话。她的话一语道破了课题分离的核心。看到你的脸的别人怎么想，那是别人的课题，你根本无法左右。

青年：哎呀，道理是明白，理性上也可以接受！但是，感性上我无法接受这种蛮横的论调！

哲人：那么，请你从别的角度考虑一下。假设有人正苦恼于公司的人际关系。有一个毫不讲理的上司一遇到事情就大发雷霆。无论你怎么努力，他都不给予认可，甚至都不好好听你说话。

青年：我的上司就是这样的人。

哲人：但是，要想获得这个上司的认可，你最先应该想到的或许就是"工作"吧？但工作并不是用来讨公司同事欢心的事情。

上司讨厌你。而且，毫无理由地讨厌你。如果是这样，你就没有必要主动去迎合他。

青年：按道理来讲是这样。但是，对方可是自己的上司啊！如果被顶头上司疏远的话，那就无法工作。

哲人：这也是阿德勒所提到的"人生的谎言"。因为被上司疏远所以无法工作，我工作干不好全是因为那个上司。说这种话的人其实是搬出上司来做"干不好工作"的借口。就像患上脸红恐惧症的那个女学生一样，你也需要一个"讨厌的上司"的存在，以便在心里想:"只要没有这个上司,我就可以更好地工作。"

青年:哎呀,先生您并不了解我和上司的关系!请不要妄加猜测!

哲人:这就是与阿德勒心理学的根本原则紧密相关的讨论。如果生气的话,就根本无法冷静思考。认为"因为有那样一个上司,所以无法好好工作",这完全是原因论。请不要这样想,而是要反过来这样看:"因为不想工作,所以才制造出一个讨厌的上司。"或者认为:"因为不愿意接受无能的自己,所以才制造出一个无能的上司。"这就成了目的论式的想法。

青年:用先生您自己主张的目的论来看也许是这样,但我的情况并不是这样!

哲人:那么,假如你会进行课题分离又会如何呢?也就是说,无论上司怎么蛮不讲理地乱发脾气,那都不是"我"的课题。毫不讲理这件事情是上司自己应该处理的课题,既没必要去讨好,也没必要委曲求全,我应该做的就是诚实面对自己的人生、正确处理自己的课题。如果你能够这样去理解,事情就会截然不同了。

青年:但是,那……

哲人:我们都苦恼于人际关系,那也许是你与父母或哥哥之间的关系又或许是工作上的人际关系。而且,上一次你也说过吧?希望获得更加具体的方法。

我的建议是这样。首先要思考一下"这是谁的课题"。然后进行课题分离——哪些是自己的课题,哪些是别人的课题,要冷静地划清界限。

而且，**不去干涉别人的课题也不让别人干涉自己的课题。**这就是阿德勒心理学给出的具体而且有可能彻底改变人际关系烦恼的具有划时代意义的观点。

青年：……是呀，先生您之前说今天的议题是"自由"，这一点我渐渐看出来了。

哲人：是的，我们马上就要说到"自由"了。

砍断"格尔迪奥斯绳结"

青年：的确，如果能够理解并实践课题分离原则的话，人际关系会一下子变得自由。但是，我还是不能接受！

哲人：你请讲。

青年：课题分离作为道理来讲完全正确。别人怎么看我怎么评价我，这是别人的课题，我无法左右。我只需要诚实面对自己的人生，做自己应该做的事情。这简直可以称为"人生的真理"。

但请您想一想,这种在自己和别人之间严格划清界限的生存方式在伦理上或者道德上能讲得通吗？如果粗暴地推开别人因担心自己而伸出的手并说："不要干涉我！"这不是践踏别人的好意吗？

哲人：你知道亚历山大大帝这个人物吗？

青年：亚历山大大帝？是的，在世界史课上学过……

哲人：他是活跃于公元前 4 世纪的马其顿国王。他在远征波斯领地吕底亚的时候，神殿里供奉着一辆战车。战车是曾经的国王格尔迪奥斯捆在神殿支柱上的。当地流传着这样一个传说："解开这个绳结的人就会成为亚细亚之王。"这是一个很多技艺高超的挑战者都没有解开的绳结。那么，你认为面对那个绳结的亚历山大大大帝会怎么做呢？

青年：是非常巧妙地解开了绳结，不久便成了亚细亚之王吧？

哲人：不，并非如此。亚历山大大大帝一看绳结非常牢固，于是便立即取出短剑将其一刀两断。

青年：什么？！

哲人：据传，当时他接着说道："命运不是靠传说决定而要靠自己的剑开拓出来。我不需要传说的力量而要靠自己的剑去开创命运。"正如你所了解的那样，后来他成了统治自中东至西亚全域的帝王。而"格尔迪奥斯绳结"也成了一段有名的逸闻。

像这样盘根错节的绳结也就是人际关系中的"羁绊"，已经无法用普通方法解开了，必须用全新的手段将其切断。我在说明"课题分离"的时候总是会想起格尔迪奥斯绳结。

青年：但是，并不是谁都能够成为亚历山大大帝呀。正因为他切断绳结的事情无人能做，所以才会至今仍然作为英雄式的传说被流传吧？课题的分离也是一样，即使明白挥剑斩断即可，但还是做不到。因为如果完成了课题分离，那最终就连人与人之间的联系也会被切断。如此一来，人就会陷入孤立。先生您所说的课题分离完全无视人的感情，又如何能够靠它来构筑良好的人际关系呢？

哲人：可以构筑。**课题分离并不是人际关系的最终目标，而是入口。**

青年：入口？

哲人：例如，读书的时候如果离得太近就会什么都看不见。同样，要想构筑良好的人际关系也需要保持一定的距离。如果距离太近，贴在一起，那就无法与对方正面对话。

虽说如此，但距离也不可以太远。父母如果一味训斥孩子，心就会疏远。如果这样的话，孩子甚至都不愿与父母商量，父母也不能为其提供适当的援助。伸伸手即可触及，但又不踏入对方领域，保持这种适度距离非常重要。

青年：即使亲子关系也需要保持距离吗？

哲人：当然。你刚才说课题分离是肆意践踏对方的好意。这其实是一种受"回报"思想束缚的想法。也就是说，如果对方为自己做了什么——即使那不是自己所期望的事情——自己也必须给予报答。

这其实并非不辜负好意，而**仅仅是受回报思想的束缚**。无论对方做什么，决定自己应该如何做的都应该是自己。

青年：您是说，我所说的羁绊的本质其实是回报思想？

哲人：是的。如果人际关系中有"回报思想"存在，那就会产生"因为我为你做了这些，所以你就应该给予相应回报"这样的想法。当然，这是一种与课题分离相悖的思想。我们既不可以寻求回报，也不可以受其束缚。

青年：嗯。

哲人：但是，有些情况下不进行课题分离而是干涉别人的课题会更加容易。例如孩子总是系不上鞋带，对繁忙的母亲而言，直接帮孩子系上要比等着孩子自己系上更快。但是，这种行为是一种干涉，是在剥夺孩子的课题。而且，反复干涉的结果会是孩子什么也学不到，最终还会失去面对人生课题的勇气。阿德勒说："没有学会直面困难的孩子最终会想要逃避一切困难。"

青年：但是，这种想法也太枯燥了！

哲人：亚历山大大帝切断格尔迪奥斯绳结的时候也有人这么想。他们认为绳结只有用手解开才有意义，用剑斩断是不对的做法，亚历山大误解了神谕。

阿德勒心理学中有**反常识**的方面：否定原因论、否定精神创伤、采取目的论；认为人的烦恼全都是关于人际关系的烦恼；此外，不寻求认可或者课题分离也全都是反常识的理论。

青年：……不，不可能！我根本做不到！

哲人：为什么？

哲人刚开始谈到的"课题分离"的内容太具冲击性。的确，当认为一切烦恼皆源于人际关系的时候，课题分离的确有用。只要拥有这个观点，世界就会变得简单。但是，这只是一种冷冰冰的说教，根本感觉不到一丝人性的温暖。怎么能够接受这种哲学呢？青年从椅子上站起来大声控诉。

对认可的追求，扼杀了自由

青年： 我一直都心怀不满！一方面，世上的长者们常常会对年轻人说："做自己喜欢做的事！"而且说这话的时候脸上还带着像理解者或者是朋友般的笑。但是，这样的话恐怕也就对那些跟自己没有什么关系也不必负责任的陌生年轻人说说而已吧！

另一方面，父母或老师会给出一些"要上那个学校"或者"得找一份安定的工作"之类的无趣指示，这其实并不仅仅是一种干涉，反而是一种负责任的表现。正因为关系亲近才会认真地为对方的将来考虑，所以才说不出"做自己喜欢的事"之类的不负责任的话！先生您也一定会像理解者一样对我说"去做自己喜欢的事情"吧。但是，我并不相信别人的这种话！这是一种就像轻轻拂去落在肩上的毛毛虫一样极其不负责任的话！假如有人将那只毛毛虫踩死了，先生一定会冷冷地说一句"那不是我的课题"便扬长而去吧！什么课题分离呀？太没人性啦！

哲人： 呵呵呵。你有些不冷静啊。总而言之，你在某种程度上希望被干涉或者希望他人来决定自己的道路吗？

青年： 也许是吧！是这么回事！别人对自己抱有怎样的期待或者自己被别人寄予了什么样的希望，这并不难以判断。而按照自己喜欢的方式去生活却非常难。自己期望什么、想要成为什么、希望过怎样的人生，这些都很难具体把握。如果认为人人都有明确的梦想或目标，那可就大错特错了。先生难道连这也不明白吗？！

哲人：的确，按照别人的期待生活会比较轻松，因为那是把自己的人生托付给了别人，比如走在父母铺好的轨道上。尽管这里也会有各种不满，但只要还在轨道上走着就不会迷路。但是，如果要自己决定自己的道路，那就有可能会迷路，甚至也会面临着"该如何生存"这样的难题。

青年：我寻求别人的认可就在于此！刚刚先生也提到了神的话题，如果是人人都相信神的时代，"神在看着"就有可能成为自律的规范。或许只要得到了神的认可，那就没有必要再去寻求别人的承认了。但是，那样的时代早已经结束了。如果是这样，那人们就只能靠"别人在看着"来进行自律了，也就是以获得别人的认可为目标而认真生活。别人的看法就是自己的路标！

哲人：是选择别人的认可还是选择得不到认可的自由之路，这是非常重要的问题。咱们一起来思考一下，在意别人的视线、看着别人的脸色生活、为了满足别人的期望而活着，这或许的确能够成为一种人生路标，但这却是极其不自由的生活方式。

那么，为什么要选择这种不自由的生活方式呢？你用了"认可欲求"这个词，总而言之就是**不想被任何人讨厌**。

青年：哪里有想故意惹人厌的人呢？

哲人：是的。的确没有希望惹人厌的人。但是，请你这样想：为了不被任何人厌恶需要怎么做呢？答案只有一个，那就是时常看着别人的脸色并发誓忠诚于任何人。如果周围有 10 个人，那就发誓忠诚于 10 个人。如果这样的话，暂时就可以不招任何人讨厌了。

但是，此时有一个大矛盾在等着你。因为一心不想招人讨厌，所以就发誓忠诚于全部 10 个人，这就像陷入民粹主义的政治家一样，做不到的事情也承诺"能做到"，负不起的责任也一起包揽。当然，这种谎言不久后就会被拆穿，然后就会失去信用使自己的人生更加痛苦。自然，继续撒谎的压力也超出想象。

这一点请你一定好好理解。为了满足别人的期望而活以及把自己的人生托付给别人，这是**一种对自己撒谎也不断对周围人撒谎的生活方式**。

青年：那么，您是说要以自我为中心任性地活着吗？

哲人：分离课题并不是以自我为中心，相反，干涉**别人的课题才是以自我为中心的想法**。父母强迫孩子学习甚至对其人生规划或结婚对象指手画脚，这些都是以自我为中心的想法。

青年：那么，孩子可以不顾父母的意愿任性地生活吗？

哲人：没有任何理由不可以过自己喜欢的人生。

青年：哎呀！先生您可既是虚无主义者，又是无政府主义者，同时还是享乐主义者啊！真是让人既吃惊又觉得可笑！

哲人：**选择了不自由生活方式的大人看着自由活在当下的年轻人就会批判其"享乐主义"。当然，这其实是为了让自己接受不自由生活方式而捏造出的一种人生谎言。选择了真正自由的大人就不会说这样的话，相反还会鼓励年轻人要勇于争取自由**。

青年：好吧，您最终还是说自由的问题吧？那么，我们就赶快进入正题吧。刚才几次提到了自由，那么先生认为的自由究竟是什么呢？我们又如何才能获得自由呢？

自由就是被别人讨厌

哲人：你刚才承认"不想被任何人讨厌"，并且说"想要故意招人讨厌的人根本没有"。

青年：是的。

哲人：我同意，我也不希望被别人讨厌。"没有人愿意故意招人厌"这可以说是一种非常敏锐的洞察。

青年：是普遍欲求！

哲人：虽说如此，但不管我们怎么努力，都既会有讨厌我的人也会有讨厌你的人，这也是事实。当你被别人讨厌的时候或者感觉可能被人讨厌的时候有什么感觉呢？

青年：那当然是很痛苦啊，会非常自责并耿耿于怀地冥思苦想：为什么会招人讨厌、自己的言行哪里不对、以后该如何改进待人接物的方式等。

哲人：不想被别人讨厌，这对人而言是非常自然的欲望和冲动。近代哲学巨人康德把这种欲望称作"**倾向性**"。

青年：倾向性？

哲人：是的，也就是本能性的欲望、冲动性的欲望。那么，按照这种"倾向性"，也就是按照欲望或冲动去生活、像自斜坡上滚下来的石头一样生活，这是不是"自由"呢？绝对不是！这种生活方式只是欲望和冲动的奴隶。真正的自由是一种把滚落下来的自己从下面向上推的态度。

青年：从下面向上推？

哲人：石块无力。一旦开始从斜坡上滚落，就一直会按照重力或惯性等自然法则不停滚动。但是，我们并不是石块，是能够抵抗倾向性的存在，可以让滚落的自己停下来并重新爬上斜坡。

也许认可欲求是自然性的欲望。那么，难道为了获得别人的认可就要一直从斜坡上滚落下去吗？难道要像滚落的石头一样不断磨损自己，直至失去形状变成浑圆吗？这样产生的球体能叫"真正的自我"吗？根本不可能！

青年：您是说对抗本能和冲动便是自由？

哲人：就像我前面反复提到的那样，阿德勒心理学认为"一切烦恼皆源于人际关系"。也就是说，我们都在追求从人际关系中解放出来的自由。但是，一个人在宇宙中生存之类的事情是根本不可能的，想到这里你自然就能明白何谓自由了吧。

青年：是什么？

哲人：也就是说"**自由就是被别人讨厌**"。

青年：什、什么？！

哲人：是你被某人讨厌。这是你行使自由以及活得自由的证据，也是你按照自我方针生活的表现。

青年：哎、哎呀，但是……

哲人：的确，招人讨厌是件痛苦的事情。如果可能的话，我们都想毫不讨人嫌地活着，想要尽力满足自己的认可欲求。但是，八面玲珑地讨好所有人的生活方式是一种极其不自由的生活方式，同时也是不可能实现的事情。

如果想要行使自由，那就需要付出代价。而在人际关系中，自由的代价就是被别人讨厌。

青年：不对！绝对不对！这不是自由！这是一种教唆人为恶的恶魔思想！

哲人：你一定认为自由就是"从组织中解放出来"吧。认为自由就是从家庭、学校、公司或者国家等团体中跳出来。但是，即使跳出组织也无法得到真正的自由。**毫不在意别人的评价、不害怕被别人讨厌、不追求被他人认可，如果不付出以上这些代价，那就无法贯彻自己的生活方式**，也就是不能获得自由。

青年：……先生是对我说"要去惹人厌"吗？

哲人：我是说不要害怕被人讨厌。

青年：但是，那……

哲人：并不是说要去故意惹人讨厌或者是去作恶。这一点请不要误解。

青年：不不，那我换个问题吧。人到底能不能承受自由之重呢？人有那么强大吗？能够自以为是地将错就错，即使被父母讨厌也无所谓吗？

哲人：既不是自以为是，也不是将错就错，只是分离课题。即使有人不喜欢你，那也并不是你的课题。并且，"应该喜欢我"或者"我已经这么努力了还不喜欢我也太奇怪了"之类的想法也是一种干涉对方课题的回报式的思维。

不畏惧被人讨厌而是勇往直前，不随波逐流而是急流勇进，这才是对人而言的自由。

如果在我面前有"被所有人喜欢的人生"和"有人讨厌自己的人生"这两个选择让我选的话,我一定会毫不犹豫地选择后者。比起别人如何看自己,我更关心自己过得如何。也就是想要自由地生活。

青年:……先生现在自由吗?

哲人:是的。我很自由。

青年:虽然不想被人讨厌,但即使被人讨厌也没有关系?

哲人:是啊。"不想被人讨厌"也许是我的课题,但"是否讨厌我"却是别人的课题。即使有人不喜欢我,我也不能去干涉。如果用刚才介绍过的那个谚语说的话,那就是只做"把马带到水边"的努力,是否喝水是那个人的课题。

青年:那么结论呢?

哲人:获得幸福的勇气也包括"被讨厌的勇气"。一旦拥有了这种勇气,你的人际关系也会一下子变得轻松起来。

人际关系"王牌"，握在你自己手里

青年：但是，我真没想到来到哲学家的房间会听到"被人讨厌"之类的话题。

哲人：我也知道这个话题不太容易理解，理解消化它需要一定的时间。今天如果继续谈论下去恐怕你也无法接受。那么，关于课题分离，最后我再说一件我自己的事情，以此作为今天的结束吧。

青年：好的。

哲人：这也是我和父母之间关系的事情。我自幼就与父亲关系不好，我们几乎从未进行过真正的对话。我20多岁的时候母亲去世了，之后我与父亲的关系就更加恶化。对，这种情况一直持续到我邂逅阿德勒心理学并理解了阿德勒思想。

青年：您和父亲的关系为什么不好呢？

哲人：我记忆中有被父亲殴打的印象。具体为什么不记得了，只记得我被打得逃到桌子底下又被父亲拽出来狠狠地打，并且不是一次而是很多次。

青年：那种恐惧成了一种精神创伤……

哲人：在邂逅阿德勒心理学之前我也是这么理解的。因为父亲是一个沉默寡言、不好接近的人。但是，认为"因为那时候被打所以关系不和"是弗洛伊德式的原因论的想法。

如果站在阿德勒目的论的立场上，因果的解释就会完全倒过来。也就是说，我"为了不想与父亲搞好关系，所以才搬出被打的记忆"。

青年：也就是说先生您是先有不想与父亲和好这一"目的"？

哲人：是的。对我来说，不修复与父亲之间的关系更合适，因为如果自己的人生不顺利就可以归咎于父亲。其中有对我来说的"善"，也许还有对封建的父亲的"报复"。

青年：我正好想问这一点！假如因果发生了逆转，用先生的情况来讲就是可以自我剖析为"不是因为被打所以才与父亲不和，而是因为不想与父亲和好所以才搬出被打的记忆"。那具体会有什么变化呢？孩童时代被打的事实不会改变吧？

哲人：这一点可以从"人际关系之卡"这个观点来进行考虑。只要是按照原因论认为"因为被打所以才与父亲不和"，那么现在的我就只能束手无策了。但是，如果认为"因为不想与父亲和好所以才搬出被打的记忆"，那"关系修复之卡"就会握在自己手中。因为只要我改变"目的"，事情就能解决。

青年：真的能解决吗？

哲人：当然。

青年：真能发自内心地那样认为吗？虽然作为道理我能够明白，但感觉上还是无法接受。

哲人：还是课题分离。的确，父亲和我的关系很复杂。实际上，父亲是个非常固执的人，他的心不会轻易发生变化；不止如此，很可能就连对我动过手的事情都忘记了。

但是，当我下定修复关系之"决心"的时候，父亲拥有什么样的生活方式、怎么看我、对我主动靠近他这件事持什么态度等，这些与我都毫无关系了。即使对方根本不想修复关系也无所谓。问题是我有没有下定决心，**"人际关系之卡"总是掌握在自己手中。**

青年：**"人际关系之卡"总是掌握在自己手中……**

哲人：是的。很多人认为"人际关系之卡"由他人掌握着。正因为如此才非常在意"那个人怎么看我"，选择满足他人希望的生活方式。但是，如果能够理解课题分离就会发现，其实一切的卡都掌握在自己手中。这会是全新的发现。

青年：那么，实际上通过先生的改变，您父亲也发生变化了吗？

哲人：我的变化不是"为了改变父亲"，那是一种想要操纵别人的错误想法。

我改变了，发生变化的只是"我"。作为结果，对方会怎样我不知道，也无法左右，这也是课题分离。当然，随着我的变化——不是通过我的变化——对方也会发生改变。也许很多情况下对方不得不改变，但那不是目的，而且也可能不会发生。总之，把改变自己当成操纵他人的手段是一种极其错误的想法。

青年：既不可以去操纵他人，也不能操纵他人。

哲人：提到人际关系，人们往往会想起"两个人的关系"或者"与很多人的关系"，但事实上**首先是自己**。如果被认可欲求所束缚，那么"人际关系之卡"就会永远掌握在他人手中。是把这张卡托付于他人，还是由自己掌握？课题分离，还有自由，关于这些请你回去后好好整理一下。下一次我还在这里等你。

青年：知道了。我会一个人好好考虑。

哲人：那么……

青年：最后我还想问您一个、就一个问题。

哲人：什么？

青年：您和您父亲最终和好了吗？

哲人：是的，当然，至少我是这么认为的。父亲晚年患了病，最后几年需要我和家人的照顾。

有一天，父亲对像往常一样照顾他的我说"谢谢"。从不知道父亲的词典里还会有这个词的我非常震惊，同时我也对之前的日子满怀感激。我认为通过长期的看护生活，自己做到了能做的事情，也就是把父亲带到水边。而且，最终父亲喝了水。我是这么认为的。

青年：……谢谢。那么，下次这个时间我再来拜访。

哲人：今天很愉快。谢谢你！

第四夜

要有被讨厌的勇气

差点就被骗了！第二周，青年愤然叩响了哲人的门。课题分离的想法的确有用，上一次也确实接受了。但是，那岂不是一种非常孤独的生活方式吗？分离课题、减轻人际关系负担，不也就意味着要失去与他人的联系吗？最后岂不是要落得遭人厌弃？如果这叫作自由，那我宁可选择不自由。

个体心理学和整体论

哲人：哎呀，你好像不高兴啊。

青年：关于课题分离还有自由，之后我又独自冷静地想了想，等感情冷却之后用理性的头脑想了想。即使如此，我还是认为课题分离不可能实现。

哲人：哦。请你讲一讲。

青年：分离课题，这最终是一种划清"我是我、你是你"界限的想法。的确，人际关系的烦恼也许会减少，但这种生活方式真的正确吗？我只能认为它是一种极其以自我为中心的错误的个人主义。在我第一次来拜访的时候，您好像说过阿德勒心理学的正式名称是"个体心理学"吧？我一直很在意这个名字，现在终于理解了。总而言之，阿德勒心理学即个体心理学，是引导人走向孤立的个人主义的学问。

哲人：的确，阿德勒所命名的"个体心理学"这一名称也许很容易招人误解。在这里我要简单做一下说明。首先，在英语中，个体心理学叫作"individual psychology"。而且，这里的个人（individual）一词在语源上有**"不可分割"**的意思。

青年：不可分割？

哲人：总之就是不可再分的最小单位的意思。那么具体来讲，什么不可以分割呢？阿德勒反对把精神和身体、理性和感情以及意识和无意识等分开考虑的一切二元论的价值观。

青年：什么意思？

哲人：比如，请你想一想那位因为脸红恐惧症而来咨询的女学生的话。她为什么会得脸红恐惧症呢？阿德勒心理学不把身体症状与心灵（精神）分离开来考虑，而是认为心灵和身体是不可分割的一个"整体"，就好比由于内心的紧张手脚会发抖、脸颊会变红或者由于恐惧而脸色苍白等。

青年：心灵和身体会有联系部分吧。

哲人：理性和感情、意识和无意识也是一样。一般情况下，冷静的人不会因被冲动驱使而大发雷霆。我们并不是受感情这一独立存在所左右，而是一个统一的整体。

青年：不，这不对。只有把心灵和身体、理性和感情、意识和无意识这些因素明确区分开来进行考虑，才能正确理解人的本质。这不是理所当然的道理吗？

哲人：当然，心灵和身体是不一样的存在，理性和感情也各有不同，而且还有有意识和无意识之分，这些都是事实。

但是，当对他人大发雷霆的时候，那是"作为整体的我"选择了勃然大怒，绝对不是感情这一独立存在——可以说与我的意志无关——发出了怒吼。在这里，如果把"我"和"感情"分离开来认为"感情让我那么做或者受感情驱使"，那就容易陷入人生谎言。

青年：您是说我对服务员发火那件事吧？

哲人：是的。像这样把人看作不可分割的存在和作为"整体的我"来考虑的方式叫作"整体论"。

青年：那倒是可以。但是先生，我并不想听您空谈"个人"的定义。如果彻底探讨阿德勒心理学，会发现它最终将把人导向"我是我、你是你"的孤立境地。也就是我不干涉你，你也别干涉我，彼此都任性地活着。请您坦率地分析一下这一点。

哲人：明白了。关于一切烦恼皆源于人际关系这一阿德勒心理学的基本思想，你已经理解了吧？

青年：是的。作为解决这种烦恼的手段，出现了人际关系方面的不干涉，即课题分离这一观点。

哲人：我上次应该说过这样的话——"要想缔结良好的人际关系，需要保持一定的距离；太过亲密就无法正面对话。但是，距离也不可以太远。"课题分离不是为了疏远他人，而是为了解开错综复杂的人际关系之线。

青年：解开线？

哲人：是的。你现在是把自己的线和他人的线乱糟糟地缠在一起来看世界。红、蓝、黄、绿，一切颜色都混杂在一起，这种状态叫"缠绕"，而不是"联系"。

青年：那么，先生又是如何看待"联系"的呢？

哲人：上一次，作为解决人际关系烦恼的处方，我谈到了课题分离。

但是，人际关系并不止于课题分离。相反，**分离课题是人际关系的出发点**。今天我们来深入讨论一下阿德勒心理学是如何看待整个人际关系的，以及我们应该与他人缔结什么样的人际关系。

人际关系的终极目标

青年：那么，我来问一下。在这里请您只简单地回答结论。先生您说课题分离是人际关系的出发点。那么，人际关系的"终点"在哪里呢？

哲人：如果只回答结论的话，那就是**"共同体感觉"**。

青年：……共同体感觉？

哲人：是的。这是阿德勒心理学的关键概念，也是争议最大的地方。事实上，当阿德勒提出"共同体感觉"这一概念的时候，很多人都离他而去。

青年：好像很有意思啊。那么，那是怎样的概念呢？

哲人：上上次我们说到过"是把别人看成'敌人'还是看成'伙伴'"这个话题吧？

在这里我们再深入考虑一下。如果他人是伙伴，我们生活在伙伴中间，那就能够从中找到自己的"位置"，而且还可以认为自己在为伙伴们——也就是共同体——做着贡献。像这样**把他人看作伙伴并能够从中感到"自己有位置"的状态，就叫共同体感觉。**

青年：究竟哪里是重点呢？这主张也太空洞了吧？

哲人：问题是"共同体"的内容。你听到共同体这个词会有什么印象呢？

青年：哎呀，应该就是家庭、学校、单位、地域社会之类的范围吧。

哲人： 阿德勒认为他所叙述的共同体不仅仅包括家庭、学校、单位、地域社会，还包括国家或人类等一切存在；在时间轴上还包括从过去到未来，甚至也包括动植物或非生物。

青年： 啊？！

哲人： 也就是主张共同体并不是我们普遍印象中的"共同体"概念所指的既有范围，而是包括了从过去到未来，甚至包括宇宙整体在内的"一切"。

青年： 不不，根本弄不懂是什么意思。宇宙？过去或未来？您究竟在说什么呢？

哲人： 听了这话，大部分人都会产生同样的疑问。马上理解的确很难。甚至阿德勒本人都承认自己所说的共同体是"难以实现的理想"。

青年： 哈哈，这就麻烦了啊！那么，我反过来问问您。先生您能够彻底理解并接受这种甚至包括了宇宙整体的共同体感觉吗？

哲人： 我认为可以。而且，我甚至认为，如果不理解这一点就无法理解阿德勒心理学。

青年： 啊？

哲人： 就像我一直说的那样，阿德勒心理学认为"一切烦恼皆源于人际关系"。不幸之源也在于人际关系。反过来说就是，幸福之源也在于人际关系。

青年： 的确。

哲人：共同体感觉是幸福的人际关系最重要的指标。

青年：愿闻其详。

哲人：在英语中，共同体感觉叫作"social interest"，也就是"对社会的关心"。这里我要问问你，你知道社会学上所讲的社会的最小单位是什么吗？

青年：社会的最小单位？哎呀，是家庭吧。

哲人：不对，是**"我和你"**。只要有两个人存在，就会产生社会、产生共同体。要想理解阿德勒所说的共同体感觉，首先可以以"我和你"为起点。

青年：以此为起点怎么做呢？

哲人：把对自己的执着（self interest）变成对他人的关心（social interest）。

青年：对自己的执着？对他人的关心？这又是什么呢？

"拼命寻求认可"反而是以自我为中心？

哲人:那么，具体考虑一下吧。这里我们把"对自己的执着"这个词换成更容易理解的"以自我为中心"。在你的印象中，以自我为中心的人是什么样的人呢？

青年：哦，首先想到的是暴君一样的人物吧，残暴蛮横、不顾别人的感受、只考虑自己，认为整个世界都要围着自己转，依仗权力或暴力，像专制君主一样横行霸道，对周围人来说是非常麻烦的人物。莎士比亚戏剧中的李尔王等就是典型的暴君类型。

哲人：的确如此。

青年：此外，虽不是暴君，但却破坏集团和谐的人物也可以说是以自我为中心。不参加集体活动而喜欢单独行动，即使迟到或者爽约也毫不反省。用一句话形容就是自私任性的人。

哲人：的确，对以自我为中心的人物的一般印象就是这些。但是，还必须再加上一种类型。实际上，**不能进行"课题分离"、一味拘泥于认可欲求的人也是极其以自我为中心的人。**

青年：为什么？

哲人：请你考虑一下认可欲求的实质——他人如何关注自己、如何评价自己？又在多大程度上满足自己的欲求？受这种认可欲求束缚的人看似在看着他人，但实际上眼里却只有自己。失去了对他人的关心而只关心"我"，也就是以自我为中心。

青年： 那么，也就是说像我这样非常在意别人评价的人也是以自我为中心吗？虽然如此竭尽全力地在迎合他人？！

哲人： 是的。在只关心"我"这个意义上来讲，是以自我为中心。你正因为不想被他人认为自己不好，所以才在意他人的视线。这不是对他人的关心，而是对自己的执着。

青年： 但是……

哲人： 上一次我也说过。有人认为你不好，那证明你活得自由，或许从中能感到以自我为中心的气息。但是，我们现在要讨论的不是这一点。**一味在意"他人怎么看"的生活方式正是只关心"我"的自我中心式的生活方式。**

青年： 啊？这可真是令人吃惊的言论啊！

哲人： 不仅仅是你，凡是执着于"我"的人都是以自我为中心的。所以，必须把"对自己的执着"换成"对他人的关心"。

青年： 好吧。的确，我只看到了自己，这一点我承认。不是如何看待他人，而是只在意自己如何被看待。即使被说成是以自我为中心，我也无法反驳。但是，请您也想一想：如果把我的人生看作是一部长篇电影，那主人公肯定是"我"吧？那么，把摄像机聚焦到主人公身上有什么错呢？

你不是世界的中心，只是世界地图的中心

哲人：请按顺序想一想。我们首先是作为共同体的一员从属于共同体，能够感觉到在共同体中有自己的位置并能体会到"可以在这里"，也就是拥有归属感，这是人的基本欲求。

例如，学业、工作、交友，还有恋爱和结婚等，这一切都与寻求归属感紧密相关。你不这么认为吗？

青年：啊，是的，是的！深有同感！

哲人：而且，自己人生的主人公是"我"。这种认识并没有问题。但是，**这并不意味着"我"君临于世界的中心。"我"**是自己人生的主人公，同时也是共同体的一员、是整体的一部分。

青年：整体的一部分？

哲人：只关心自己的人往往认为自己位于世界的中心。对于这样的人来说，他人只是"为我服务的人"。他们甚至会认为："大家都应该为我服务，应该优先考虑我的心情。"

青年：就像王子或公主一样。

哲人：是的，正是如此。他们超越了"人生的主人公"，进而越位到"世界的主人公"。因此，在与他人接触的时候总是会想："这个人给了我什么？"

但是，这一点恐怕就是跟王子或公主不同的地方吧——这种期待并不会每次都能被满足，因为"别人并不是为了满足你的期

待而活"。

青年：的确。

哲人：因此，当期待落空的时候，他们往往会大失所望并感觉受到了极大的屈辱，而且还会非常愤慨，产生诸如"那个人什么也没有为我做""那个人辜负了我的期望"或者"那个人不再是朋友而是敌人"之类的想法。抱着自己位于世界中心这种信念的人很快就会失去"朋友"。

青年：这就奇怪了。先生您自己不也说了吗？我们生活在主观的世界中。只要世界是主观的空间，那么位于其中心的就肯定是"我"。这一点毫无挪移！

哲人：也许你在说"世界"这个词的时候往往会想起世界地图之类的东西吧。

青年：世界地图？什么意思？

哲人：例如，在法国使用的世界地图上，美洲大陆位于左端，右端则是亚洲，被绘制在地图中心的是欧洲，是法国。另一方面，如果是中国使用的地图，那么中国就会被绘制在中心位置，美洲大陆在右端、欧洲在左端。也许法国人在看中国版世界地图的时候会产生一种难以名状的不协调感，认为自己被非常不当地赶到了边缘，仿佛世界被任意切割了一样。

青年：是的，肯定会那样。

哲人：但是，在地球仪上看世界的时候又会如何呢？如果是地球仪，既可以把法国看作中心，也可以把中国看作中心，还可以把巴西看作中心。一切地方都是中心，同时一切地方又都不是中心。根据看的人所处的位置或角度可以产生无数个中心。这就是地球仪。

青年：嗯，的确如此。

哲人：刚才所说的"你并不是世界的中心"也是一样，**你是共同体的一部分，而不是中心。**

青年：我并不是世界的中心。世界不是被切割成平面的地图而是像地球仪一样的球体。哎呀，作为道理大体能明白，但为什么一定要特别意识到"不是世界的中心"呢？

哲人：这应该再回到最初的话题。我们都在寻求"可以在这里"的归属感。但是，阿德勒心理学认为归属感不是仅仅靠在那里就可以得到的，它必须靠积极地参与到共同体中去才能够得到。

青年：积极地参与？具体是什么意思呢？

哲人：就是**直面"人生课题"。**也就是不回避工作、交友、爱之类的人际关系课题，要积极主动地去面对。如果你认为自己就是世界的中心，那就丝毫不会主动融入共同体中，因为一切他人都是"为我服务的人"，根本没必要由自己采取行动。

但是，无论是你还是我，我们都不是世界的中心，必须用自己的脚主动迈出一步去面对人际关系课题；不是考虑"这个人会给我什么"，而是必须要思考一下**"我能给这个人什么"。**这就是对共同体的参与和融入。

青年：您是说只有付出了才能够找到自己的位置？

哲人：是的。**归属感不是生来就有的东西，要靠自己的手去获得。**

共同体感觉是阿德勒心理学的关键概念，也是最具争议的观点。的确，这种观点对青年来说很难马上接受。而且，对于被指出"你是以自我为中心"这件事，他也是心怀不满。但是，他最接受不了的还是甚至包括宇宙或非生物在内的共同体范围问题。阿德勒还有哲人究竟在说什么呢？青年一脸困惑地开口说话了。

在更广阔的天地寻找自己的位置

青年：哎呀，越来越不明白了。请让我整理一下。首先，人际关系的起点是"课题分离"，终点是"共同体感觉"。而且，共同体感觉是指"把他人看成朋友，并在其中能够感受到有自己的位置"。这些都还容易理解，也能够接受。

但是，细节部分还是无法接受。例如，其中的"共同体"扩展到了宇宙整体，还包括了过去和未来，甚至从生物到非生物，这是什么意思呢？

哲人：如果按照字面意思，把阿德勒所说的"共同体"概念想象成实际的宇宙或非生物的话，那就会很难理解。当前我们可以理解成共同体范围**"无限大"**。

青年：无限大？

哲人：例如，有人一旦退休便立即没了精神。因为他被从公司这个共同体中分离出来，失去了头衔、失去了名片，成了无名的"平凡人"，也就是变得普通了，有人接受不了这一变化就会一下子衰老。

但是，这只不过是从公司这个小的共同体中被分离出来而已，任何人都还属于别的共同体。因为，无论怎样，我们的一切都属于地球这个共同体，属于宇宙这个共同体。

青年：这只不过是诡辩而已！突然听到有人告诉自己"你属

于宇宙"，这到底能带来什么归属感呢？！

哲人：的确，宇宙很难立刻想象出来。但是，希望你不要只拘泥于眼前的共同体，而要意识到自己还属于别的共同体，属于更大的共同体，例如国家或地域社会等，而且在哪里都可以做出某些贡献。

青年：那么，这种情况怎么样呢？假设有一个人既没有结婚，也还没有工作、没有朋友，且不与任何人交往，仅靠父母的遗产生活。他逃避"工作课题""交友课题"和"爱的课题"等一切人生课题。可以说这样的人也属于某种共同体吗？

哲人：当然。假如他要买一片面包，相应地要支付一枚硬币。这枚被支付的硬币不仅可以联系到面包店的工作人员，还可以联系到小麦或黄油的生产者，抑或是运输这些物品的流通行业的工作人员、销售汽油的从业人员，还有产油国的人们等，这一切都可以说是环环相扣紧密相连。人绝不会，也不可能离开共同体"独自"生活。

青年：您是说要在买面包的时候空想这么多？

哲人：不是空想，这是事实。阿德勒所说的共同体不仅包括家庭或公司等看得见的存在，也包括那些看不见的联系。

青年：先生您正逃避在抽象论中。现在的重点问题是"可以在这里"这样的归属感。而在归属感这一意义上，也多为能够看得见的共同体。这一点您承认吧？

例如，在拿"公司"这个共同体和"地球"这个共同体相比较的时候，"我是这个公司的一员"这种归属感会更强。用先生的话说就是，人际关系的距离和深度完全不一样。我们在寻求归属感的时候，理所当然地会去关注更小的共同体。

哲人：你说得很深刻。那么，请你想一想，为什么我们应该意识到更多更大的共同体？

我还要重复一下，我们都属于多个共同体。属于家庭、属于学校、属于企业、属于地域社会、属于国家等。这一点你同意吧？

青年：同意。

哲人：那么，假设你是学生只看到"学校"这个共同体。也就是说，学校就是一切，我正因为有了学校才是"我"，这之外的"我"根本不可能存在。

但是，在这个共同体中自然也会遇到某些麻烦——受欺负、交不到朋友、功课不好或者是根本无法适应学校这个系统。也就是，"我"有可能对于学校这个共同体不能产生"可以在这里"的归属感。

青年：是的、是的。非常有可能。

哲人：这种时候，如果认为学校就是一切，那你就会没有任何归属感。然后就会逃避到更小的共同体，例如家庭之中，并且还会躲在里面不愿出去，有时候甚至会陷入家庭暴力等不良状况，想要通过这样做来获得某种归属感。

但是，在这里希望你能关注的是"还有更多别的共同体"，特别是"还有更大的共同体"。

青年：什么意思呢？

哲人：在学校之外，还有更加广阔的世界。而且，我们都是那个世界的一员。如果学校中没有自己的位置的话，还可以从学校"外面"找到别的位置，可以转学，甚至可以退学。一张退学申请就可以切断联系的共同体，终归也就只是那种程度的联系。

如果了解了世界之大，就会明白自己在学校中所受的苦只不过是"杯中风暴"而已。只要跳出杯子，猛烈的风暴也会变成微风。

青年：您是说如果闭门不出就无法到杯子外边去？

哲人：闷在自己房间里就好比停留在杯子里、躲在一个小小的避难所里一样。即使能够临时避雨，但暴风雨却不会停止。

青年：哎呀，道理上也许是如此。但是，跳到外面去很难。就连退学这种决断也没有那么容易。

哲人：是的，的确不简单。这里有需要记住的行动原则。当我们在人际关系中遇到困难或者看不到出口的时候，首先应该考虑的是**"倾听更大共同体的声音"**这一原则。

青年：更大共同体的声音？

哲人：如果是学校，那就不要用学校这个共同体的常识（共通感觉）来判断事物，而要遵从更大共同体的常识。

假设在你的学校，教师是绝对的权力主导者，但那种权力或权威只是通用于学校这个小的共同体的一种常识，其他什么都不是。如果按照"人的社会"这个共同体来考虑的话，你和教师都是平等的"人"。如果被提出不合理的要求，那就可以正面拒绝。

青年：但是，与眼前的老师唱反调应该相当困难吧。

哲人：不，这也可以拿"我和你"的关系来进行说明，如果是因为你的反对就能崩塌的关系，那么这种关系从一开始就没有必要缔结，由自己主动舍弃也无所谓。**活在害怕关系破裂的恐惧之中，那是为他人而活的一种不自由的生活方式。**

青年：您是说既要拥有共同体的感觉，又要选择自由？

哲人：当然。没必要固执于眼前的小共同体。更多其他的"我和你"、更多其他的"大家"、更多大的共同体一定存在。

批评不好……表扬也不行？

青年：哎呀，好吧。但是，您注意到了吗？先生您并没有说到关键问题，也就是从"课题分离"到"共同体感觉"发展的路线。

首先是分离课题。我的课题就到这里，从这里开始属于他人的课题。划清界限，我不去干涉别人的课题，也不让别人干涉我的课题。那么，如何从这种"课题分离"中建立人际关系，最终形成"可以在这里"的共同体感觉呢？阿德勒心理学认为该如何去完成工作、交友、爱之类的人生课题呢？这些问题您始终没有具体谈，只是用抽象的语言蒙混过去了。

哲人：是的，重要的就是这里——分离课题如何带来良好的关系。也就是，如何才能形成相互协调与合作的关系？这里就需要提到**"横向关系"**这个概念。

青年：横向关系？

哲人：举一个容易明白的亲子关系的例子。在教育孩子或是培养部下的时候，一般人们认为有两种方法：批评教育法和表扬教育法。

青年：啊，这是经常被拿来讨论的问题。

哲人：你认为批评和表扬应该选择哪一种呢？

青年：当然是表扬教育法。

哲人：为什么？

青年：想想动物训练就能够明白。训练动物耍技艺的时候可以挥舞着鞭子让其顺从，这是典型的"批评教育"的做法。另一方面，也可以一只手拿着食物并通过语言的赞美让其记住所教技艺。这就是"表扬教育"。

这两种方法在"掌握技艺"这个结果上也许一样。但是，在"因为被批评而做"和"想要被表扬而做"这两种情况中，行动对象的动机完全不同，后者中含有喜悦的成分。因为批评会让对方萎缩，所以只有在表扬教育下才能茁壮成长。这是理所当然的结论吧。

哲人：的确如此。动物训练是很有意思的观点。那么，我要说明一下阿德勒心理学的立场。关于以育儿活动为代表的一切与他人的交流，阿德勒心理学都采取"不可以表扬"的立场。

青年：不可以表扬？

哲人：当然，同时也反对体罚、不认可批评。**不可以批评也不可以表扬**，这就是阿德勒心理学的立场。

青年：究竟是为什么呢？

哲人：请你考虑一下表扬这种行为的实质。例如，我赞美你说"不错嘛，你做得很好"。你不觉得这种话有些别扭吗？

青年：是的，的确会感觉不愉快。

哲人：为什么感觉不愉快呢？你能说明一下理由吗？

青年：那句"不错嘛，你做得很好"中所包含的俯视般的语感让人感觉不愉快。

哲人：是的。**表扬这种行为含有"有能力者对没能力者所做的评价"这方面的特点。**有的母亲会赞美帮忙准备晚饭的孩子说"你真了不起"。但是，如果是丈夫做了同样的事情则一般不会表扬说"你真了不起"吧。

青年：哈哈，的确如此。

哲人：也就是说，用"你真了不起""做得很好"或者"真能干"之类的话表扬孩子的母亲无意之中就营造了一种上下级关系——把孩子看得比自己低。你刚才提到的训练的事情正好象征了一种"表扬"背后的上下级关系和纵向关系。人表扬他人的目的就在于"操纵比自己能力低的对方"，其中既没有感谢也没有尊敬。

青年：为了操纵而表扬？

哲人：是的。我们表扬或者批评他人只有"用糖还是用鞭子"的区别，其背后的目的都是操纵。阿德勒心理学之所以强烈否定赏罚教育，就因为它是为了操纵孩子。

青年：不不，这不对。请您站在孩子的立场考虑一下。对孩子来说，被父母表扬是无上的喜悦吧？正因为希望得到表扬才努力学习、才好好表现。实际上，我在小时候就非常希望得到父母的表扬。长大之后也是一样，如果得到了上司的表扬就会很高兴。这是一种不关乎理论的本能的感情。

哲人：希望被别人表扬或者反过来想要去表扬别人，这是一种把一切人际关系都理解为"纵向关系"的证明。你也是因为生活在纵向关系中，所以才希望得到表扬。**阿德勒心理学反对一切"纵向关系"，提倡把所有的人际关系都看作"横向关系"。**在某种意义上，这可以说是阿德勒心理学的基本原理。

青年：这可以表达为"虽不同但平等"吗？

哲人：是的，是平等的"横向关系"。例如，有些男人会骂家庭主妇"又不挣钱！"或者"是谁养着你呀？"之类的话，也听到过有人说"钱随便你花，还有什么不满的呀？"之类的话，这都是多么无情的话呀！经济地位跟人的价值毫无关系。公司职员和家庭主妇只是劳动场所和任务不同，完全是"虽不同但平等"。

青年：的确如此。

哲人：他们恐怕是非常害怕女性变得聪明、比自己挣钱多或者跟自己顶嘴之类的事情。他们把人际关系都看成是"纵向关系"，害怕被女性瞧不起，也就是在掩饰自己强烈的自卑感。

青年：这类人是不是在某种意义上已经陷入了想要尽力夸耀自己能力的优越情结呢？

哲人：是这样的。**自卑感原本就是从"纵向关系"中产生的一种意识**。只要能够对所有人都建立起"虽不同但平等"的"横向关系"，那就根本不会产生自卑情结。

青年：嗯，的确。我在想要表扬他人的时候，心中多少也会有些"操纵"意识。企图通过说一些恭维的话来讨好上司，这也完全是一种操纵吧。反过来说，我自己也因为被某人表扬而被操纵着。呵呵呵，人就是这么回事吧！

哲人：在无法摆脱"纵向关系"这个意义上的确如此。

青年：很有意思，请您继续说！

有鼓励才有勇气

哲人： 在说明课题分离的时候我说过"干涉"这个词。也就是一种对他人的课题妄加干涉的行为。

那么，人为什么会去干涉别人呢？其背后实际上也是一种"纵向关系"。**正因为把人际关系看成"纵向关系"、把对方看得比自己低，所以才会去干涉。** 希望通过干涉行为把对方导向自己希望的方向。这是坚信自己正确而对方错误。

当然，这里的干涉就是操纵。命令孩子"好好学习"的父母就是一个典型例子。也许本人是出于善意，但结果却是妄加干涉，因为这是想按照自己的意思去操纵对方。

青年： 如果能够建立起"横向关系"，那也就不会再有干涉吗？

哲人： 不会再有。

青年： 但是，学习的例子暂且不谈，如果眼前有一个非常苦恼的人，那总不能置之不理吧？这种情况也可以说一句"我若插手那就是干涉"而什么也不做吗？

哲人： 不可以置之不问，需要做一些不是干涉的"援助"。

青年： 干涉和援助有什么不同呢？

哲人： 请你想一下关于课题分离的讨论。孩子学习的事情，这是应该由孩子自己解决的课题，父母或老师无法代替。而干涉就是对别人的课题妄加干预，做出"要好好学习"或者"得上那个大学"之类的指示。

　　而援助的大前提是课题分离和"横向关系"。在理解了学习是孩子的课题这个基础上再去考虑能做的事情，具体就是不去居高临下地命令其学习，而是努力地帮助他本人建立"自己能够学习"的自信以及提高其独立应对课题的能力。

　　青年：这种作用并不是强制的吧？

　　哲人：是的，不是强制的，而是在课题分离的前提下帮助他用自己的力量去解决，也就是"可以把马带到水边，但不能强迫其喝水"。直面课题的是其本人，下定决心的也是其本人。

　　青年：既不表扬也不批评？

　　哲人：是的，既不表扬也不批评。**阿德勒心理学把这种基于横向关系的援助称为"鼓励"。**

　　青年：鼓励？……啊，这是以前您说过日后要对其进行说明的一个词。

　　哲人：人害怕面对课题并不是因为没有能力。阿德勒心理学认为这不是能力问题，纯粹是"缺乏直面课题的'勇气'"。如果是这样的话，那就首先应该找回受挫的勇气。

　　青年：哎呀，这不是又绕回来了吗？结果不还得是表扬吗？人在得到别人表扬的时候就能体会到自己有能力，继而找回勇气。这一点就不要固执了，请您承认表扬的必要性吧！

　　哲人：不承认。

　　青年：为什么？

　　哲人：答案很清楚。**因为人会因为被表扬而形成"自己没能力"的信念。

青年：您在说什么呀？！

哲人：还要我再重复一遍吗？人越得到别人的表扬就越会形成"自己没能力"的信念。请你好好记住这一点。

青年：哪里有那种傻瓜呀？！正相反吧？只有得到了表扬才会感觉自己有能力。这不是理所当然的吗？

哲人：不对。假如你会因为得到表扬而感到喜悦，那就等于是从属于"纵向关系"和承认"自己没能力"。因为表扬是"有能力的人对没能力的人所做出的评价"。

青年：但是……但是，这还是难以接受！

哲人：如果以获得表扬为目的，那最终就会选择迎合他人价值观的生活方式。你不就是一直因为按照父母的期待生活而感到厌烦吗？

青年：哎……哎呀，这个嘛。

哲人：首先应该进行课题分离，然后应该在接受双方差异的同时建立平等的"横向关系"。"鼓励"则是在这种基础之上的一种方法。

有价值就有勇气

青年：那么，具体应该如何鼓励呢？既不能表扬也不能批评，还有其他什么话可以选择吗？

哲人：如果考虑一下平等的伙伴给你提供工作帮助的时候，答案自然就出来了。例如，当朋友帮助你打扫房间的时候，你会说什么呢？

青年：应该会说"谢谢"。

哲人：是的，用"谢谢"来对帮助自己的伙伴表示感谢，或者用"我很高兴"之类的话来传达自己真实的喜悦，用"帮了大忙了"来表示感谢。这就是基于"横向关系"的鼓励法。

青年：仅此而已吗？

哲人：是的。**最重要的是不"评价"他人**，评价性的语言是基于"纵向关系"的语言。如果能够建立起"横向关系"，那自然就会说出一些更加真诚地表示感谢、尊敬或者喜悦的话。

青年：嗯，您所说的评价基于"纵向关系"这一点的确是事实。但是，"谢谢"这句话真的具有能够助人找回勇气的力量吗？即使是基于"纵向关系"的语言，我认为还是得到表扬更令人高兴。

哲人：被表扬是得到他人"很好"之类的评价。而且，判定某种行为"好"还是"坏"是以他人的标准。如果希望得到表扬，那就只能迎合他人的标准、妨碍自己的自由。另一方面，"谢谢"

不是一种评价，而是更加纯粹的感谢之词。**人在听到感谢之词的时候，就会知道自己能够对别人有所贡献。**

青年：被别人评价说"很好"不也能感觉自己有贡献吗？

哲人：的确如此。这也跟接下来的讨论有关，阿德勒心理学认为"贡献"这个词非常沉重。

青年：什么意思呢？

哲人：例如，人怎样才能够获得"勇气"？阿德勒的见解是：**人只有在能够感觉自己有价值的时候才可以获得勇气。**

青年：在能够感觉自己有价值的时候？

哲人：我们在讨论自卑感的时候，不是说过这是主观价值的问题吗？是认为"自己有价值"？还是认为"自己是没有价值的存在"？如果能够认为"自己有价值"的话，那个人就能够接纳自我并建立起直面人生课题的勇气。这里的问题是"究竟怎样才能够感觉自己有价值"这一点。

青年：是的，正是如此！这一点必须明确一下！

哲人：非常简单！**人只有在可以体会到"我对共同体有用"的时候才能够感觉到自己的价值。**这就是阿德勒心理学的答案。

青年：我对共同体有用？

哲人：就是通过为共同体也就是他人服务能够体会到"我对别人有用"，不是被别人评价说"很好"，而是**主观上就能够认为"我能够对他人做出贡献"**，只有这样我们才能够真正体会到自己的价值。之前讨论到的"共同体感觉"或"鼓励"的话题也与此紧密相关。

青年：哎呀……我的思维有点乱了。

哲人：现在的讨论正在接近核心，请你一定紧紧跟上。对别人寄予关心、建立"横向关系"、使用鼓励法，这些都能够带给自己"我对别人有用"这一实际感受，继而就能增加生活的勇气。

青年：对别人有用，因此我就有活着的价值，是这样吗……？

哲人：……休息一会儿吧。喝杯咖啡如何？

青年：好的，谢谢。

有关共同体感觉的讨论进一步加深了混乱程度。不能够表扬，也不可以批评。评价别人的话全都出于"纵向关系"，而我们必须建立起"横向关系"。还有，我们只有在能够感觉自己对别人有用的时候才能体会到自己的价值……青年感觉这种论调中隐藏着一个大大的漏洞。喝着咖啡，他想起了自己祖父的事情。

只要存在着，就有价值

哲人：那么，你整理好了吗？

青年：正在慢慢整理，已经有头绪了。但是先生，也许您没有注意到您刚才说了非常荒唐的话，是非常危险的、很可能会否定世界上的一切的谬论！

哲人：哦，是什么呢？

青年：只有对别人有用才能体会到自己的价值，反过来说就是，对别人没用的人就没有价值。您是这样说的吧？如果按照这种说法往深处想的话，刚出生不久的婴儿以及卧床不起的老人或病人他们就连活着的价值也没有了。

为什么呢？接下来我要说一说我祖父的事情。我祖父现在在养老院里过着卧病在床的生活，因为认知障碍就连儿孙都不认识了，如果没人照顾就根本活不下去。不管怎么想都好像对别人没什么用。您明白吗先生？您的理论就等于对我祖父说"像你这样的人根本没有活着的资格"。

哲人：我明确否定这一点。

青年：怎么否定呢？

哲人：当我说明鼓励的概念的时候，有的父母会反驳说："我家的孩子从早到晚净做坏事，根本找不到能对他说'谢谢'或'你帮了我大忙了'之类的话的机会。"你说的话恐怕也是出于同样的逻辑吧？

青年：是的。那么，请您解释一下吧！

哲人：你现在是在用"行为"标准来看待他人，也就是那个人"做了什么"这一次元。的确，按照这个标准来考虑的话，卧病在床的老人只能靠别人照顾，看上去似乎是没有什么用。

因此，**请不要用"行为"标准而是用"存在"标准去看待他人**；不要用他人"做了什么"去判断，而应对其存在本身表示喜悦和感谢。

青年：对于存在本身表示感谢？究竟是什么意思？

哲人：如果按照存在标准来考虑的话，我们仅仅因为"存在于这里"，就已经对他人有用、有价值了，这是不容怀疑的事实。

青年：不不，希望您开玩笑也得有个度啊！仅仅"存在于这里"就对别人有用，这到底是哪里的新兴宗教呀？！

哲人：例如，假设你母亲遇到了交通事故，而且陷入昏迷甚至有生命危险。这个时候，你根本不会考虑母亲"做了什么"之类的问题，你会感到只要母亲活下来就无比高兴，只要今天母亲还活着就谢天谢地。

青年：那……那是当然！

哲人：存在标准上的感谢就是这么回事。病危状态的母亲尽管什么都做不了，但仅仅她活着这件事本身就可以支撑你和家人的心，发挥巨大的作用。

你也一样。如果你危在旦夕的时候，周围的人也会因为"你还存在着"这件事本身而感到无比高兴，也就是并不要求什么直接行为，仅仅是平安无事地存在着就非常难能可贵。至少没有不可以这样想的理由。对于自己，不要用"行为"标准去考虑，而要首先从"存在"标准上去接纳。

青年：那是极端状态下的情况，日常生活中完全不同！

哲人：不，也一样。

青年：哪里一样呢？请您举一个更加日常化的例子吧，否则我根本不能接受！

哲人：明白了。我们在看待他人的时候，往往会先任意虚构一个"对自己来说理想的形象"，然后再像做减法一样地去评价。

例如，父母都希望自己的孩子学习、运动样样满分，然后上好大学、进大公司。如果跟这种——根本不存在的——理想的孩子形象相比，就会对自己的孩子产生种种不满，从理想形象的100分中一点一点地扣分。这正是"评价"的想法。

父母不应该这样，而应不将自己的孩子跟任何人相比，就把他看作他自己，对他的存在心怀喜悦与感激，不要按照理想形象去扣分，而是从零起点出发。如果是这样的话，那就能够对"存在"本身表示感谢了。

青年：嗯，这可真是理想论啊。那么，先生是说即使对既不去上学也不去工作、整天只知道闷在家里的孩子也要说"谢谢"吗？

哲人：当然。假设闲居在家的孩子吃完饭之后帮忙洗碗。如果说"这种事就算了，快去上学吧"，那就是按照理想的孩子的形象做减法运算的父母的话。如果这样做，那就会更加挫伤孩子的勇气。

　　但是，如果能够真诚地说声"谢谢"的话，孩子也许就可以体会到自己的价值，进而迈出新的一步。

　　青年：哎呀，这纯粹是一种伪善！这只是伪善者的胡说八道！先生所说的话——共同体感觉、"横向关系"、对存在本身的感谢。这些究竟谁能够做到呢？！

　　哲人：关于共同体感觉问题，也有人向阿德勒本人提出过同样的疑问。当时，阿德勒的回答是这样的："**必须得有人开始。即使其他人不合作，那也跟你没关系。我的意见就是这样：应该由你来开始。不必去考虑他人是否合作。**"我的意见也完全相同。

无论在哪里，都可以有平等的关系

青年：由我开始？

哲人：是的。不必去考虑他人是否合作。

青年：那么，我再来问问您。先生您说"人只要活着就对别人有用，仅仅从活着就能体会到自己的价值"，对吧？

哲人：是的。

青年：但是，这又能怎样呢？我活在这里，不是其他人的"我"活在这里。但是，我却感觉不到自己的价值。

哲人：为什么认为自己没有价值呢？你能用语言说明一下吗？

青年：还是先生所说的人际关系吧。从孩提时代到现在，我周围的人，特别是父母，常常把我说成是没出息的弟弟，根本不认可我。先生您说价值是自己赋予自己的东西。但是，这种话只是纸上谈兵式的空论。

例如，我在图书馆做的工作，也就是把还回来的书分类归架之类的事情，这是只要熟悉了就谁都能做的杂务。假如没有了我，还有很多人可以做。我只不过是被要求提供简单的劳动力，劳动的无论是"我"还是"其他什么人"抑或是"机器"，这都没关系。没有一个人需要"这个我"。在这种状态下也可以对自己拥有自信吗？也能够感觉到自己是有价值的吗？

哲人：从阿德勒心理学来看，答案非常简单：**首先与他人之间，**

只有一方面也可以，要建立起"横向关系"来。要从这里开始。

青年：请您不要小瞧我！我也有朋友！与他们之间就能够建立起来很好的"横向关系"。

哲人：虽说如此，你与父母或上司，还有后辈或其他人之间建立的是"纵向关系"吧。

青年：当然，这要区别对待。谁都是如此吧。

哲人：这是非常重要的一点。是建立"纵向关系"？还是建立"横向关系"？这是生活方式问题，人还没有灵活到可以随机应变地分别使用自己的生活方式，主要是"不可能与这个人平等，因为与这个人是上下级关系"。

青年：您是说在"纵向关系"和"横向关系"中只能选择一种？

哲人：是的。**如果你与某人建立起了"纵向关系"，那你就会不自觉地从"纵向"去把握所有的人际关系**。

青年：您是说我甚至对朋友也用"纵向关系"去理解？

哲人：没错。即使不按照上司或部下的关系去理解，也会产生诸如"A 君比我强，B 君不如我""要听从 A 君的意见，但不听 B 君的"或者"与 C 君的约定可以作废"之类的想法。

青年：嗯……

哲人：反过来讲，如果能够与某个人建立起"横向关系"，也就是建立起真正意义上的平等关系的话，那就是**生活方式的重大转变**。以此为突破口，所有人际关系都会朝着"横向"发展。

青年：哎呀……这种玩笑话我随便就能够驳倒。例如，请想一想公司里的情况。在公司里，社长和新人结成平等关系，这实际上并不可能吧？在我们的社会中，上下关系是一种制度，无视这一点就是无视社会秩序。20 岁左右的新人根本不可能像对朋友一样对社长说话吧？

哲人：的确，尊敬长者非常重要。如果是公司组织，职责差异自然也会存在。并不是说将任何人都变成朋友或者像对待朋友一样去对待每一个人，不是这样的，**重要的是意识上的平等以及坚持自己应有的主张。**

青年：对上司发表傲慢的意见，这我做不到也不想做。如果这样做的话，那一定会被质疑欠缺社会常识。

哲人：上司是什么？什么是傲慢的意见？察言观色地隶属于"纵向关系"，这才是想要逃避自身责任的不负责任的行为。

青年：哪里不负责任呢？

哲人：假设你按照上司的指示做，结果工作以失败告终。这是谁的责任呢？

青年：那是上司的责任。因为做出决定的是上司，我只是按照命令行事。

哲人：你没有责任吗？

青年：没有。那是发出命令的上司的责任，这就是组织的命令责任。

哲人：不对，那是人生谎言。你有拒绝和提出更好方法的余地。你为了逃避其中的人际关系矛盾，也为了逃避责任，而认为"没有拒绝的余地"，被动地从属于"纵向关系"。

青年：那么，您是说要反抗上司？哎呀，道理上是如此。在道理上，完全如您所说。但是，实际做不到啊！不可能建立这种关系！

哲人：是这样吗？你现在就和我建立了这种"横向关系"，无所顾忌地说着自己的想法。不要瞻前顾后，可以从这里开始。

青年：从这里开始？

哲人：是的，从这间小小的书房开始。我前面也说过，对我来说，你是不可替代的朋友。

青年：……

哲人：不是吗？

青年：求之不得，这是求之不得的事情。但是，我有些害怕，害怕接受先生的这项提议！

哲人：害怕什么呢？

青年：就是交友课题。我从来没有与先生这样的年长者交过朋友，我一直都不清楚自己到底会不会有忘年交，抑或是应该看成师徒关系！

哲人：无论是爱还是交友，都与年龄没有关系；交友课题需要一定的勇气，这也是事实。关于你和我的关系，我们可以逐渐缩短距离，保持既不靠得太近但又伸手可及的距离。

青年：请给我一些时间。再一次，就一次，请给我一点儿独自思考的时间。否则的话，今天的讨论需要思考的内容就太多了。我要把它们带回家，一个人静静地反复回味一下。

哲人：理解共同体感觉的确需要时间，根本不可能一下子理解所有内容。你回家之后请对照着我们之前的讨论好好想想。

青年：我一定会的……即使如此，您说我看不见他人只关心自己还是对我打击很大的！先生，您真是太可怕啦！

哲人：呵呵呵……你看上去谈得很高兴啊。

青年：是的，很痛快，但也有痛苦，痛苦不堪，就像扎了刺一样痛苦。不过，还是痛快的。我对与先生的辩论好像已经有些上瘾了。刚刚我才察觉到，有些情况下我并不仅仅是想要驳倒先生，或许也希望被先生驳倒。

哲人：的确是非常有意思的分析。

青年：但是，请不要忘记。我并不会放弃驳倒先生和让先生拜服的决心！

哲人：我也很高兴，谢谢你！那么，等你想好了请随时过来。

认真的人生"活在当下"

青年认真地思考过了。阿德勒心理学彻底追问了人际关系，而且认为人际关系的最终目的是共同体感觉。但是，真的仅仅如此就可以吗？我难道不是为了完成更多不同的事情才来到这个世界的吗？人生的意义是什么？我想要过怎样的人生？青年越想越觉得自己渺小。

过多的自我意识，反而会束缚自己

哲人：好久不见啊。

青年：是的，大约隔了一个月了吧。那次交谈之后我一直在思考共同体感觉的意思。

哲人：怎么样呢？

青年：共同体感觉的确是一个很有吸引力的想法。例如作为我们根本欲求的"可以在这里"的归属感。这是一种说明我们是社会性生物的深刻洞察。

哲人：是深刻洞察，但是呢？

青年：呵呵呵……您已经明白了吧。是的，但是还是有问题。坦白讲，宇宙之类的话题我一点儿也不明白，感觉这些话里充满了宗教气息和十足的佛教气味。

哲人：在阿德勒提出共同体感觉概念的时候，同样的反对言论也有很多。心理学本应该是科学，但阿德勒却开始谈论"价值"问题，于是就有人反驳说"这些不是科学"。

青年：所以，我自己也认真思考了一下为什么会不明白这个问题，结果我认为也许是顺序问题。如果突然考虑宇宙、非生物、过去或未来之类的事情，根本就摸不着头脑。

不应该这样，而应首先好好理解"我"，接下来考虑一对一的关系，也就是"我和你"的人际关系，然后再慢慢扩展到大的共同体。

哲人：的确如此，这是非常好的顺序。

青年：因此，我第一个要问的就是"对自己的执着"这个问题。先生您说要停止对"我"的执着，换成"对他人的关心"。关心他人很重要，这一点是事实，我也同意。但是，我们无论怎样都会在意自己、只看到自己。

哲人：那你想过为什么会在意自己吗？

青年：想过。例如，如果我要是像自恋者一样爱自己、迷恋自己的话，那或许倒也容易解决，因为那就可以对我明确指出"要更多地去关心他人"。但是，我不是热爱自己的自恋者，而是厌弃自己的现实主义者。正因为厌恶自己，所以才只关注自己；正因为对自己没有自信，所以才会自我意识过剩。

哲人：你是在什么样的时候感觉自己自我意识过剩的呢？

青年：例如在开会的时候根本不敢举手发言，总是会因为担心"如果提这样的问题也许会被人笑话"或者"如果发表离题的意见也许会被人瞧不起"之类的问题而犹豫不决。哎呀，还不止如此，我甚至都不敢在人前开个小小的玩笑。自我意识总是牵绊着自己、严重束缚着自己的言行。我的自我意识根本不允许自己无拘无束地行动。

先生的答案根本不需要问，肯定又是一贯的那句"要拿出勇气"。但是，那种话对我没有任何作用，因为我这是勇气之前的问题。

哲人：明白了。上一次我说了共同体感觉的整体形象，今天就进一步阐释一下。

　　青年：所以，您要说什么呢？

　　哲人：也许会涉及"幸福是什么"这一主题。

　　青年：哦！您的意思是共同体感觉中有幸福？

　　哲人：不必急于得出答案。我们需要的是对话。

　　青年：呵呵呵，好吧。咱们开始吧！

不是肯定自我，而是接纳自我

哲人：首先我们来讨论一下你刚才说到的"受自我意识羁绊，不能无拘无束行动"的问题，这可能是很多人都有的烦恼。那么，我们再回到原点去看看你的"目的"是什么。你想要通过小心翼翼的行动获得什么呢？

青年：为了不被嘲笑、不被小瞧，就是这种想法。

哲人：也就是说，你对本真的自己没有信心吧？所以才尽量避免在人际关系中展露本真的自己。一个人在房间里的时候，你也一定能够放声歌唱、随着音乐起舞或者是高谈阔论吧。

青年：呵呵呵，可让您给说中了！一个人的时候我也能够无拘无束。

哲人：如果是一个人的时候，谁都能够像国王一样无拘无束。总而言之，这也是应该从人际关系角度出发考虑的问题。因为并不是"本真的自己"不存在，只是无法在人前展露出来。

青年：那么，怎么办好呢？

哲人：还是共同体感觉。具体来说就是，把对自己的执着（self interest）转换成对他人的关心（social interest），建立起共同体感觉。这需要从以下三点做起：**"自我接纳""他者信赖"和"他者贡献"**。

青年：哦，是新的关键词呀。这些都是什么呢？

哲人：首先从"自我接纳"开始说明。第一夜的时候，我曾经介绍了阿德勒"重要的不是被给予了什么，而是如何去利用被给予的东西"这句话，你还记得吧？

青年：当然。

哲人：我们既不能丢弃也不能更换"我"这个容器。但是，重要的是"如何利用被给予的东西"来改变对"我"的看法和利用方法。

青年：这是指更加积极、获得更强的自我肯定感、凡事都朝前看吗？

哲人：没必要特别积极地肯定自己，不是自我肯定而是自我接纳。

青年：不是自我肯定而是自我接纳？

哲人：是的，这两者有明显差异。自我肯定是明明做不到但还是暗示自己说"我能行"或者"我很强"，也可以说是一种容易导致优越情结的想法，是对自己撒谎的生活方式。

而自我接纳是指假如做不到就诚实地接受这个"做不到的自己"，然后尽量朝着能够做到的方向去努力，不对自己撒谎。

说得更明白一些就是，对得了 60 分的自己说"这次只是运气不好，真正的自己能得 100 分"，这就是自我肯定；与此相对，在诚实地接受 60 分的自己的基础上努力思考"如何才能接近 100 分"，这就是自我接纳。

青年：您是说即使得了 60 分也不必悲观？

哲人：当然，毫无缺点的人根本没有，这在说明优越性追求的时候已经说过了吧？人都处于"想要进步的状态"。

反过来说也就是，根本没有满分的人。这一点必须积极地承认。

青年：嗯，这话听起来似乎很积极，但同时又有消极的因素。

哲人：所以我要使用"**肯定性的达观**"这个词。

青年：肯定性的达观？

哲人：课题分离也是如此，**要分清"能够改变的"和"不能改变的"**。我们无法改变"被给予了什么"。但是，关于"如何去利用被给予的东西"，我们却可以用自己的力量去改变。这就是不去关注"无法改变的"，而是去关注"可以改变的"。这就是我所说的自我接纳。

青年：……可以改变的和无法改变的。

哲人：是的。接受不能更换的事物，接受现实的"这个我"，然后，关于那些可以改变的事情，拿出改变的"勇气"。这就是自我接纳。

青年：哦，这么一说……以前有位作家曾引用过这样的话，"**上帝，请赐予我平静，去接受我无法改变的；给予我勇气，去改变我能改变的；赐我智慧，分辨这两者的区别。**"来自一部小说。

哲人：是的，我知道，这是广为流传的"尼布尔的祈祷文"，是一段非常有名的话。

青年：而且，这里也使用了"勇气"这个词。我本以为对这段话已经烂熟于心了，但现在才察觉到它的意思。

哲人：是的，**我们并不缺乏能力，只是缺乏"勇气"**。一切都是"勇气"的问题。

信用和信赖有何区别?

青年：但是，这种"肯定性的达观"中总让人感觉有些悲观主义色彩。讨论了这么长时间就得出"达观"这个结论，这也太令人失望了。

哲人：是吗？达观一词本来就含有"看明白"的意思。看清事物的真理，这就是"达观"。这并不是什么悲观主义。

青年：看清真理……

哲人：当然，也并不是说做到了肯定性达观的自我接纳就可以获得共同体感觉。这是事实。还要把"对自己的执着"变成"对他人的关心"，这就是绝对不可以缺少的第二个关键词——"他者信赖"。

青年：他者信赖也就是相信他人吗？

哲人：在这里需要把"相信"这个词分成信用和信赖来区别考虑。首先，信用有附加条件，用英语讲就是"credit"。例如，想要从银行贷款，就必须提供某些抵押。银行会估算抵押价值然后贷给你相应的金额。"如果你还的话我就借给你"或是"只借给你能够偿还的份额"，这种态度并不是信赖，而是信用。

青年：是啊，银行融资本来就是这样嘛。

哲人：与此相对，阿德勒心理学认为人际关系的基础不应该是"信用"，而应该是"信赖"。

青年：这里的信赖是指什么呢？

哲人：在相信他人的时候不附加任何条件。即使没有足以构成信用的客观依据也依然相信，不考虑抵押之类的事情，无条件地相信。这就是信赖。

青年：无条件地相信？又是先生您津津乐道的邻人爱吗？

哲人：当然，无条件地相信他人有时也会遭遇背叛，就好比贷款保证人有时也会蒙受损失一样。即使如此却依然继续相信的态度就叫作信赖。

青年：这是缺心眼儿的老好人！先生也许支持性善说，但我却主张性恶说，无条件地相信陌生人会遭人利用！

哲人：也许会被欺骗、被利用。但是，请你站在背叛者的立场上去想一想。如果有人即使被你背叛了，也依然继续无条件地相信你，无论遭受了什么样的对待依然信赖你。你还能对这样的人屡次做出背信弃义的行为吗？

青年：……不。哎呀，但是这……

哲人：一定很难做到吧。

青年：什么呀？您是说最终还是要诉诸感情吗？像圣人一样地用信赖去打动对方的良心吗？阿德勒一边不谈道德，但最终不还是要回到道德的话题上吗？！

哲人：不是这样！信赖的反面是什么？

青年：信赖的反义词？……哎哎，这个……

哲人：是怀疑。假设你把人际关系的基础建立在"怀疑"之上。怀疑他人、怀疑朋友，甚至怀疑家人或恋人，生活中处处充满怀疑。

那么，这样究竟会产生什么样的关系呢？对方也能够瞬时感觉到你怀疑的目光，会凭直觉认为"这个人不信赖我"。你认为这样还能建立起什么积极的关系吗？只有我们选择了无条件的信赖，才可以构筑更加深厚的关系。

青年：……嗯。

哲人：阿德勒心理学的观点很简单。你现在认为"无条件地信赖别人只会遭到背叛"。但是，决定背不背叛的不是你，那是他人的课题。**你只需要考虑"我该怎么做"。**"如果对方讲信用我也给予信任"，这只不过是一种基于抵押或条件的信用关系。

青年：您是说这也是课题分离？

哲人：是的。就像我反复提到的一样，如果能够进行课题分离，那么人生就会简单得令你吃惊。但是，即使理解课题分离的原理和原则比较容易，实践起来也非常困难。这一点我也承认。

青年：那么，难道我们就应该信赖所有人，即使遭到欺骗依然继续相信，一直做个傻瓜式的老好人吗？这种论调既不是哲学也不是心理学，这简直是宗教家的说教！

哲人：这一点我要明确否定。阿德勒心理学并没有基于道德价值观去主张"要无条件地信赖他人"。无条件的信赖是搞好人际关系和构建"横向关系"的一种"手段"。

如果你并不想与那个人搞好关系的话，也可以用手中的剪刀彻底剪断关系，因为剪断关系是你自己的课题。

青年：那么，假设我为了和朋友搞好关系，给予了对方无条件的信赖。为朋友四处奔走，不计回报地慷慨解囊，总之就是费时又费力。即使如此依然会遭到背叛。怎么样呢？如果遭到如此信赖的朋友的背叛，那一定会导致"他者即敌人"的生活方式。不是这样吗？

哲人：你好像还没能理解信赖的目的。例如，你在恋爱关系中怀疑"她可能不专一"，并且还积极寻找对方不专一的证据。你认为结果会怎样呢？

青年：哎呀，这种事要看情况而定。

哲人：不，任何情况下都会发现像山一样的不专一证据。

青年：啊？为什么？

哲人：对方无意的言行、与别人通电话时的语气、联系不上的时间……如果用怀疑的眼光去看，所有的事情看上去都会成为"不专一的证据"，哪怕事实并非如此。

青年：……嗯。

哲人：你现在一味地担心"被背叛"，也只关注因此受到的伤痛。但是，**如果不敢去信赖别人，那最终就会与任何人都建立不了深厚的关系。**

青年：哎呀，我明白您的意思。建立深厚关系是信赖的重大目标。但是，害怕被别人背叛也是一种无法克服的事实吧？

哲人：如果关系浅，破裂时的痛苦就会小，但这种关系在生活中产生的喜悦也小。只有拿出通过"他者信赖"进一步加深关系的勇气之后，人际关系的喜悦才会增加，人生的喜悦也会随之增加。

青年：不对！先生又在岔开我的话。克服对背叛的恐惧感的勇气从哪里来呢？

哲人：自我接纳。只要能够接受真实的自己并看清"自己能做到的"和"自己做不到的"，也就可以理解背叛是他人的课题，继而也就不难迈出迈向他者信赖的步伐了。

青年：您是说是否背叛是他人的课题，不是自己所能左右的事情？要做到肯定性的达观？先生的主张总是忽视感情！遭到背叛时的怒气和悲伤又该怎么办呢？

哲人：悲伤的时候尽管悲伤就可以。因为，正是想要逃避痛苦或悲伤才不敢付诸行动，以至于与任何人都无法建立起深厚的关系。

请你这样想。我们可以相信也可以怀疑；并且，我们的目标是把别人当作朋友。如此一来，是该选择信任还是怀疑，答案就非常明显了。

工作的本质是对他人的贡献

青年： 明白了。那么，假设我能够做到"自我接纳"，并且也能够做到"他者信赖"。那我会因此有什么样的变化呢？

哲人： 首先，真诚地接受不能交换的"这个我"，这就是自我接纳。同时，对他人寄予无条件的信赖即他者信赖。

既能接纳自己又能信赖他人，这种情况下，对你来说的他人会是怎样的存在呢？

青年： ……是伙伴吗？

哲人： 正是如此。对他人寄予信赖也就是把他人看成伙伴。正因为是伙伴，所以才能够信赖。如果不是伙伴，也就做不到信赖。

并且，如果把他人看作伙伴，那你也就能够在所属的共同体中找到自己的位置，继而也就能够获得"可以在这里"的归属感。

青年： 也就是说，要想获得归属感就必须把他人看作伙伴，而要做到视他人为伙伴就需要自我接纳和他者信赖。

哲人： 是的，你理解得越来越快啦！并且，视他人为敌的人既做不到自我接纳，也无法充分做到他者信赖。

青年： 好吧。人的确都在寻找一种"可以在这里"的归属感，因此就需要自我接纳和他者信赖。这一点我没有异议。

但是，仅凭把他人看作伙伴并给予信赖就可以获得归属感吗？

哲人：当然，共同体感觉并不是仅凭自我接纳和他者信赖就可以获得的。这里还需要第三个关键词——"他者贡献"。

青年：他者贡献？

哲人：对作为伙伴的他人给予影响、做出贡献，这就是他者贡献。

青年：贡献也就是发扬自我牺牲精神为周围人效劳吧？

哲人：他者贡献的意思并不是自我牺牲。相反，阿德勒把为他人牺牲自己人生的人称作"过度适应社会的人"，并对此给予警示。

并且，请你想一想。我们只有在感觉到自己的存在或行为对共同体有益的时候，也就是体会到"我对他人有用"的时候，才能切实感受到自己的价值。是这样吧？

也就是说，**他者贡献并不是舍弃"我"而为他人效劳，它反而是为了能够体会到"我"的价值而采取的一种手段。**

青年：贡献他人是为了自己？

哲人：是的，不需要自我牺牲。

青年：哎呀哎呀，您的论调越来越危险了吧？这可真是自掘坟墓啊！为了满足"我"而去为他人效劳，这不正是伪善的定义吗？！所以我才说您的主张全都是伪善！您的论调全都不可信！算了吧，先生！比起满口道德谎言的善人，我宁愿相信那些忠实于自己欲望的恶徒！

哲人：言之过早了。你还没有真正理解共同体感觉。

青年：那么，关于先生主张的他者贡献，请您举个具体例子吧。

哲人：最容易理解的他者贡献就是工作——到社会上去工作或者做家务。劳动并不是赚取金钱的手段，我们通过劳动来实现他者贡献、参与共同体、体会"我对他人有用"，进而获得自己的存在价值。

青年：您是说工作的本质是对他人的贡献？

哲人：当然，赚钱也是一个重大要素。正如你之前查到的陀思妥耶夫斯基所说的"被铸造的自由"一样。但是，有些富豪已经拥有了一生也花不完的巨额财产，但他们中的多数人至今依然继续忙碌工作着。为什么要工作呢？是因为无底的欲望吗？不是。这是为了他者贡献继而获得"可以在这里的"归属感。获得巨额财富之后便致力于参加慈善活动的富豪们，也为了能够体会自我价值、确认"可以在这里"的归属感而进行着各种各样的活动。

青年：嗯，这也许是一个真理。但是……

哲人：但是？

真诚接受不可交换的"这个我"的自我接纳；主张应该毫不怀疑人际关系基础，从而做到无条件的他者信赖。对于青年来说，这两条都还可以接受。但是，他对于他者贡献却不太明白。如果这种贡献是"为了他人"，那就势必会是充满痛苦的自我牺牲。另一方面，如果这种贡献是"为了自己"，那就是一种彻底的伪善。这一点必须得弄清楚。青年以坚定的口吻开始辩论。

年轻人也有胜过长者之处

青年：我承认工作有他者贡献的一面。但是，表面上是贡献他人，但最终是为了自己。这种逻辑无论怎么想都是伪善。先生，您如何解释这一点呢？

哲人：请你想象一下这种情况。在某个家庭里，晚饭结束之后，餐桌上满是餐具。孩子们回了自己的房间里，丈夫坐在沙发上看电视。只有妻子（我）在收拾。而且，家人都认为这是理所当然的，没有一个人打算帮忙。如果按照常理考虑，这种情况下，妻子（我）就会产生"为什么不来帮我？"或者"为什么只有我干？"之类的怨言。

但是，这时候即使听不到家人的"谢谢"，也应该一边收拾餐具一边想"我对家人有用"。**我们应该思考的不是他人为我做了什么，而是我能为他人做什么，并积极地加以实践。**只要拥有了这种奉献精神，眼前的现实就会带有截然不同的色彩。

事实上，此时如果非常焦躁地洗餐具，不仅自己不会觉得有趣，就连家人也不愿靠近。另一方面，如果是一边愉快地哼着歌一边洗餐具，孩子们也许会过来帮忙，或至少营造出一种容易帮忙的氛围。

青年：是啊，如果就这种情况来说也许如此。

哲人：那么，这里为什么会有奉献精神呢？这是因为能够把家人视为"伙伴"。若非如此，肯定会产生"为什么只有我干？"或者"为什么大家都不帮我？"之类的想法。

在视他人为"敌人"的状态下所做出的贡献也许是伪善的。但是，如果他人是"伙伴"，所有的贡献也就不会是伪善了。你之所以一直纠结于伪善这个词，那是因为还没能理解共同体感觉。

青年：嗯。

哲人：为了方便起见，前面我一直按照自我接纳、他者信赖、他者贡献这种顺序来进行说明。但是，这三者是缺一不可的整体。

正因为接受了真实的自我——也就是"自我接纳"——才能够不惧背叛地做到"他者信赖"；而且，正因为对他人给予无条件的信赖并能够视他人为自己的伙伴，才能够做到"他者贡献"；同时，正因为对他人有所贡献，才能够体会到"我对他人有用"进而接受真实的自己，做到"自我接纳"。

你前些天做的笔记还带着吗？

青年：啊，是那个关于阿德勒心理学所提出的目标的笔记吧。自那天之后我就一直随身携带。在这里。

行为方面的目标：

① 自立。

② 与社会和谐共处。

支撑这种行为的心理方面的目标：

①"我有能力"的意识。

②"人人都是我的伙伴"的意识。

哲人：如果把这个笔记与刚才的话结合起来看，应该能够理解得更加深刻。

也就是说，①所说的"自立"与"我有能力的意识"是关于自我接纳的话题。②所说的"与社会和谐共处"和"人人都是我的伙伴的意识"则与他者信赖和他者贡献有关。

青年：……的确如此。人生的目标应该就是共同体感觉吧。但是，这似乎需要一定的时间进行整理。

哲人：恐怕的确如此。阿德勒自己也说："理解人并不容易。个体心理学恐怕是所有心理学中最难学习和实践的一种心理学了。"

青年：就是这样！即使理解了理论，也很难实践！

哲人：甚至也有人说要想真正理解阿德勒心理学直至改变生活方式，**需要"相当于自身岁数一半的时间"**。也就是说，如果40岁开始学的话，需要20年也就是到60岁才能学会。20岁开始学的话，加上10年，得到30岁才能学会。

你还年轻，学得越早就越有可能早日改变。在能够早日改变这个意义上，你比世上的长者们都要超前一步。为了改变自己创造一个新的世界，在某种意义上你比我更超前。可以迷路也可以走偏，只要不再从属于"纵向关系"，不畏惧惹人讨厌地自由前行就可以。如果所有人都能够认为"年轻人更超前"的话，世界就会发生重大改变。

青年：我比先生更超前？

哲人：没错。处在同一地平线上，但比我更超前。

青年：哈哈，我还是第一次听到有人对与自己的孩子年龄差不多的人说这样的话呢！

哲人：我希望更多的年轻人了解阿德勒思想，但同时也希望更多的长者了解。因为无论在什么年龄，人都可以改变。

"工作狂"是人生谎言

青年：明白了。我承认自己的确没有迈向自我接纳和他者信赖的"勇气"。但是，这真的只是"我"的错吗？那些蛮不讲理地指责、攻击我的人也有问题。

哲人：的确，世上并非全是好人，人际关系中也会遭遇诸多不愉快的事情。但是，在这里绝对不可以搞错这样一个事实：**任何情况下都只是攻击我的"那个人"有问题，而绝不是"大家"的错**。

具有神经质生活方式的人常常使用"大家""总是"或者"一切"之类的词语。"大家都讨厌自己""总是只有自己受损失"或者"一切都不对"等。如果你常常说这种一般化的词语，那就需要注意了。

青年：……是啊，倒也有些道理。

哲人：阿德勒心理学认为这种生活方式是**缺乏"人生和谐"的生活方式**，是一种只凭事物的一部分就来判断整体的生活方式。

青年：人生和谐？

哲人：犹太教教义中有这么一段话："假如有 10 个人，其中势必会有 1 个人无论遇到什么事都会批判你。他讨厌你，你也不喜欢他。而且，10 个人中也会有 2 个人能够成为与你互相接纳一切的好朋友。剩下的 7 个人则两者都不是。"

这种时候，是关注讨厌你的那个人呢？还是聚焦于非常喜欢你的那 2 个人？抑或是关注其他作为大多数的 7 个人？缺乏人生和谐的人就会只关注讨厌自己的那个人来判断"世界"。

青年：嗯。

哲人：例如，我曾经参加过一个由口吃者和其家人参加的研讨会。你周围有口吃的人吗？

青年：啊，我以前上学的初中也有一位口吃的学生。这一点无论是本人还是家人都很痛苦吧。

哲人：口吃为什么会很痛苦呢？阿德勒心理学认为苦恼于口吃的人只关心"自己的说话方式"，从而感到自卑和痛苦。因此，自我意识就会变得过剩，说话也会更加不顺畅。

青年：只关心自己的说话方式？

哲人：是的。笑话别人口吃的人只是极少数。用刚才的话说，充其量就是"10 人中的 1 人"。并且，采取这种嘲笑态度的愚蠢的人，我们可以主动与其切断关系。但是，如果缺乏人生和谐，那就会只关注这 1 个人，并认为"大家都嘲笑我"。

青年：但是，这也是人之常情吧！

哲人：我定期举办读书会，参加者中也有口吃者。他在朗读的时候，语言有时会顿住。但没有一个人因此嘲笑他，大家都安静地、自然地等着。这应该并不是只有在我的读书会上才能看到的光景。

人际关系不顺利既不是因为口吃也不是因为脸红恐惧症，真正的问题在于无法做到自我接纳、他者信赖和他者贡献，却**将焦**

点聚集到微不足道的一个方面并企图以此来评价整个世界。这就是缺乏人生和谐的错误生活方式。

青年：先生，难道您就对口吃者说如此严厉的话吗？

哲人：当然。最初他们也根本不认同，但3天的研讨会结束时，大家都深深信服了。

青年：嗯。这的确是很有趣的讨论。但是，口吃者还是有些特殊的例子。还有别的什么事例吗？

哲人：例如，那些是"工作狂"的人。这些人也缺乏人生和谐。

青年：工作狂也是？为什么？

哲人：口吃者是只看事物的一部分便来判断其整体。与此相对，工作狂则是只关注人生特定的侧面。

也许他们会辩解说："因为工作忙，所以无暇顾及家庭。"但是，这其实是人生的谎言。只不过是**以工作为借口来逃避其他责任**。本来人们对于家务、育儿、交友或兴趣等方面应该全都给予关心，阿德勒不认可任何一方面突出的生活方式。

青年：啊……我父亲就是这样的人。他是个工作狂，一心只想着在工作上出成绩；并且，还以自己挣钱为理由来支配家人；是个非常封建的人。

哲人：在某种意义上来说，这是一种不敢正视人生课题的生活方式。"工作"并不仅仅是指在公司上班。家庭里的工作、育儿、对地域社会的贡献、兴趣等，这一切都是"工作"，公司等只不过是一小部分而已。只考虑公司的工作，那是一种缺乏人生和谐的生活方式。

青年：哎呀，正是如此！而且，被抚养的家人还根本不能反驳。对于父亲"想想你是靠谁才吃上饭的吧！"这种近似暴力的语言也不能反驳。

哲人：也许这样的父亲只能靠**"行为标准"来认可自己的价值**。认为自己工作了这些时间、挣了足以养活家人的钱、也得到了社会的认可，所以自己就是家里最有价值的人。

但是，任何人都有自己不再是生产者的时候。例如，上了年纪退休之后不得不靠退休金或孩子们的赡养生活；或者虽然年轻但因为受伤或生病而无法劳动。这种时候，只能用"行为标准"来接受自己的人总会受到非常严重的打击。

青年：也就是那些拥有"工作就是一切"这种生活方式的人吧？

哲人：是的。是缺乏人生和谐的人。

青年：……如此想来，我似乎能够理解先生上次所说的"存在标准"的意思了。我的确没有认真想过自己无法劳动、在"行为标准"上做不了任何事时候的情况。

哲人：是按照"行为标准"来接受自己还是按照"存在标准"来接受自己，这正是一个有关"获得幸福的勇气"的问题。

从这一刻起，就能变得幸福

青年：……获得幸福的勇气。那么，我要问一下这种"勇气"的具体状态。

哲人：是的，这是非常重要的一点。

青年：先生您说"一切烦恼皆是人际关系的烦恼"。反过来说就是，我们的幸福也在人际关系之中。但是，我还无法理解这一点。

对人而言的幸福不过就是"良好的人际关系"吗？也就是说，我们的生命就为了这么渺小的港湾或喜悦而存在吗？

哲人：我明白你的问题。我第一次听阿德勒心理学报告的时候，担任讲师的奥斯卡·克里斯汀——他相当于阿德勒的徒孙——说了下面这段话："今天听了我的话的人，**从此刻起就能够获得幸福**。但是，做不到这一点的人也将永远无法获得幸福。"

青年：什么呀！简直像是骗子的措辞！难道先生您就那样上当了吗？

哲人：对人而言的幸福是什么？这是哲学一直探讨的主题之一。在那之前，我以心理学只不过是哲学的一个领域为理由，几乎从未关心过心理学整体。并且，作为哲学的门徒，关于"幸福是什么"这个问题，我有着自己的见解。因此，不得不承认，听到克里斯汀的话时我产生了一些排斥感。

但是，排斥的同时我也有所思考。的确，我也曾深入考虑过幸福的本质，而且一直在寻找答案。但是，关于"**自己如何能够获得幸福**"这个问题，却未必认真思考过。我虽是哲学的门徒，但也许并不幸福。

青年：的确如此。先生与阿德勒心理学的邂逅是始于不协调感吧？

哲人：是的。

青年：那么，我来问问您。先生最终得到幸福了吗？

哲人：当然。

青年：为什么您能够如此肯定呢？

哲人：对人而言，最大的不幸就是不喜欢自己。对于这种现实，阿德勒准备了极其简单的回答——"我对共同体有益"或者"我对他人有用"这种想法就足以让人体会到自己的价值。

青年：也就是您刚才提到的他者贡献吧？

哲人：是的。并且，还有非常重要的一点，那就是这里所说的**他者贡献也可以是看不见的贡献。**

青年：可以是看不见的贡献？

哲人：判断你的贡献是否起作用的不是你，那是他人的课题，是你无法干涉的问题。是否真正做出了贡献，从原理上根本无从了解。也就是说，进行他者贡献时候的我们即使做出看不见的贡献，**只要能够产生"我对他人有用"的主观感觉即"贡献感"也可以。**

青年：请等一下！这么说来，先生认为的幸福就是……

哲人：你已经察觉到了吧？也就是**"幸福即贡献感"**。这就是幸福的定义。

青年：但、但是，这……

哲人：怎么啦？

青年：我不能认可这么简单的定义！先生的话我还记得，就是您以前说过的"即使在行为标准上对谁都没有用，但从存在标准上考虑人人都有用"那句话。如果是这样的话，那岂不是成了所有的人都幸福吗？！

哲人：所有的人都能够获得幸福。但是，这并不等于"所有的人都幸福"，你必须首先理解这一点。无论是用行为标准还是存在标准，都需要"感受"到自己对他人有用，也就是贡献感。

青年：那么，按照先生所言，我之所以不幸福是因为不能够获得贡献感的缘故吧？

哲人：没错。

青年：那么，如何才能获得贡献感呢？是劳动？还是志愿者活动？

哲人：例如，以前说起过认可欲求的问题。对于我所说的"不可以寻求认可"这句话，你曾反驳说"认可欲求是普遍性的欲求"。

青年：是的，坦白说，我还并不能完全接受。

哲人：但是，人们寻求认可的理由现在已经很清楚了吧。人们想要喜欢自己，想要感觉自己有价值，为此就想要拥有"我对他人有用"的贡献感，而获得贡献感的常见手段就是寻求他人认可。

青年：您是说认可欲求是获取贡献感的手段？

哲人：有什么不对吗？

青年：不不，这可与您之前的话互相矛盾呀！寻求他人认可是获得贡献感的手段吧？另一方面，先生又说"幸福就是贡献感"。如果是这样，那岂不是满足了认可欲求就等于是获得幸福了吗？哈哈哈，先生在这里又承认认可欲求的必要性了吧！

哲人：你忘了一个非常重要的问题。获得贡献感的手段一旦成了"被他人认可"，最终就不得不按照他人的愿望来过自己的人生。通过认可欲求获得的贡献感没有自由。但我们人类是在选择自由的同时也在追求幸福。

青年：您是说幸福得以自由为前提？

哲人：是的。作为制度的自由因国家、时代或文化而有所差异。但是，人际关系中的自由却具有普遍性。

青年：先生您是无论如何都不肯承认认可欲求吧？

哲人：如果能够真正拥有贡献感，那就不再需要他人的认可。因为即使不特意去寻求他人的认可，也可以体会到"我对他人有用"。也就是说，受认可欲求束缚的人不具有共同体感觉，还不能做到自我接纳、他者信赖和他者贡献。

青年：您是说，只要有了共同体感觉，认可欲求就会消失吗？

哲人：会消失。**不再需要他人的认可。**

总结一下哲人的主张，就是这样：人只有在能够感觉到"我对别人有用"的时候才能体会到自己的价值。但是，这种贡献也可以通过看不见的形式实现。只要有"对别人有用"的主观感觉，即"贡献感"就可以。并且，哲人还得出了这样的结论：幸福就是"贡献感"。的确，这也是真理的一面。但是，幸福就仅止于此吗？我所期待的幸福并不是这样的！

追求理想者面前的两条路

青年：但是，先生还没有回答我的问题。也许我的确可以通过他者贡献喜欢上自己，也可以感受到自己的价值或者体会到自己并非无价值的存在。

但是，仅凭这一点人就会幸福吗？既然来到这个世上，如果不成就一番名垂后世的大事业或者不证明我是"独一无二的我"的话，那就不可能得到真正的幸福。

先生把一切都归于人际关系之中，根本不想提及自我实现式的幸福！如果让我说的话，这就是一种逃避！

哲人：的确如此。我有一点不太明白，你所说的自我实现式的幸福具体是指什么呢？

青年：这要因人而异。既有希望获得社会性成功的人，也有人拥有更加个人性的目标，比如想要开发出针对难治之症的特效药的研究者，还有想要留下满意作品的艺术家。

哲人：那你呢？

青年：我还不太清楚自己在寻找什么以及将来想要干什么。但是，我知道必须得做些事情。也不可以一直在大学图书馆里工作。只有在找到值得自己毕生追逐的梦想并能够达成自我实现的时候，我才能体会到真正的幸福。

实际上，我的父亲就一直埋头于工作，我也不知道这对他而言是不是幸福，但至少在我的眼里，整天忙于工作的父亲并不幸福。我不想过这样的生活。

哲人：明白了。关于这一点，也许以陷入问题行为的孩子为例进行考虑会更容易理解。

青年：问题行为？

哲人：是的。首先，我们人类都具有"优越性追求"这种普遍性的欲求。这一点我以前也说过吧？

青年：是的。简单说就是指"希望进步"或者"追求理想状态"吧。

哲人：并且，大多数孩子在最初的阶段都是"希望特别优秀"。具体说就是，听从父母的教导、行为中规中矩并竭尽全力地去学习、运动和掌握技能。他们想要通过这样做来获得父母的认可。

但是，希望特别优秀的愿望无法实现的时候——例如学习或运动进展不顺利的时候——就会转而"希望特别差劲"。

青年：为什么？

哲人：无论是希望特别优秀还是希望特别差劲，其目的都一样——**引起他人的关注、脱离"普通"状态、成为"特别的存在"**。这就是他们的目的。

青年：嗯。好吧，请您继续说！

哲人：本来，无论是学习还是运动，为了取得某些成果就需要付出一定的努力。但是，"希望特别差劲"的孩子，也就是陷入问题行为的孩子却可以在不付出这种健全努力的情况下也获得他人的关注。阿德勒心理学称之为**"廉价的优越性追求"**。

例如，有些问题儿童在上课的时候通过扔橡皮或者是大声说话来妨碍上课，如此一来肯定会引起同学或老师的注意，此刻其就可以成为特别的存在。但这是"廉价的优越性追求"，是一种不健全的态度。

青年：也就是说，陷入不良行为的孩子也属于"廉价的优越性追求"？

哲人：是这样的。所有的问题行为，例如逃学或者割腕以及未成年人饮酒或吸烟等，一切都是"廉价的优越性追求"。你刚开始提到的那位闭门不出的朋友也是一样。

孩子陷入问题行为的时候，父母或周围的大人们会加以训斥。被训斥这件事对孩子来说无疑是一种压力。但是，即使是以被训斥这样一种形式，孩子也还是希望得到父母的关注。无论什么形式都可以，就是想成为特别的存在；无论怎么被训斥孩子都不停止问题行为，这在某种意义上来说是理所当然的事情。

青年：您是说正因为父母训斥，他们才不停止问题行为？

哲人：正是。因为父母或大人们通过训斥这种行为给予了他们关注。

青年：嗯，但先生以前关于问题行为也说过"报复父母"这个目的吧？这两者有什么关系吗？

哲人：是的，"复仇"和"廉价的优越性追求"很容易联系起来。这就是在让对方烦恼的同时还想成为"特别的存在"。

甘于平凡的勇气

青年：但是，不可能所有人都"特别优秀"吧？人都有擅长的和不擅长的，都有差异。这个世上的天才毕竟只是少数，也不可能谁都成为优等生。如果是这样的话，失败者都只能"特别差劲"了。

哲人：是的，正如苏格拉底的悖论"没有一个人想要作恶"。对于陷入问题行为的孩子来说，就连暴行或盗窃也是一种"善"的存在。

青年：太荒谬了！这岂不是没有出口的理论吗？！

哲人：这就需要说到阿德勒心理学非常重视的"甘于平凡的勇气"。

青年：甘于平凡的勇气……？

哲人：为什么非要"特别"呢？这是因为无法接受"普通的自己"。所以，在"特别优秀"的梦想受挫之后便非常极端地转为"特别差劲"。

但是，普通和平凡真的不好吗？有什么不好呢？实际上谁都是普通人，没有必要纠结于这一点。

青年：……先生是要我甘于"普通"？

哲人：自我接纳就是其中的重要一步。如果你能够拥有"甘于平凡的勇气"，那么对世界的看法也会截然不同。

青年：但、但是……

哲人：拒绝普通的你也许是把"普通"理解成了"无能"吧。普通并不等于无能，**我们根本没必要特意炫耀自己的优越性。**

青年：不，我承认追求"特别优秀"有一定的危险性。但是，真的有必要选择"普通"吗？平平凡凡地度过一生，不留下任何痕迹，也不被任何人记住；即使这样庸庸碌碌地度过一生，也必须要做到自我满足吗？我可以非常认真地说这样的人生我现在就可以舍弃！

哲人：你是无论如何都想要"特别"吧？

青年：不对！先生所说的甘于"普通"其实就是肯定懒惰的自己！认为自己反正就是这样了。我坚决否定这种懒惰的生活方式！

例如拿破仑或者亚历山大大帝，还有爱因斯坦或马丁·路德·金，以及先生非常喜欢的苏格拉底和柏拉图，您认为他们也甘于"平凡"吗？绝不可能！他们肯定是怀着远大的理想和目标在生活吧！但按照先生的道理来讲，一个拿破仑也不会产生！您是在扼杀天才！

哲人：你是说人生需要远大的目标？

青年：那是当然！

甘于平凡的勇气。这是多么可怕的语言。阿德勒还有这个哲人难道要我选择那样的道路吗？难道要和大多数人一样过完庸庸碌碌的一生吗？当然，我并不是天才，也许我只能选择"普通"，也许我只能接受平庸的我、置身于平庸的日常生活。但是，我要奋斗。无论结果如何，我都要和这个男人争论到最后，也许我们的辩论现在已经接近核心。青年的心跳越来越快，紧紧握着的手心在这个季节里竟有汗水渗出。

人生是一连串的刹那

哲人： 明白了。你所说的远大目标就好比登山时以山顶为目标。

青年： 是的，就是这样。人人都会以山顶为目标吧！

哲人： 但是，假如人生是为了到达山顶的登山，那么人生的大半时光就都是在"路上"。也就是说，"真正的人生"始于登上山顶的时候，那之前的路程都是"临时的我"走过的"临时的人生"。

青年： 可以这么说。现在的我正是在路上的人。

哲人： 那么，假如你没能到达山顶的话，你的人生会如何呢？有时候会因为事故或疾病而无法到达山顶，登山活动本身也很有可能以失败告终。"在路上""临时的我"，还有"临时的人生"，人生就此中断。这种情况下的人生又是什么呢？

青年： 那……那是自作自受！我没有能力、没有足以登上山顶的体力、没有好的运气、没有足够的实力，仅此而已！是的，我也做好了接受这种现实的准备！

哲人： 阿德勒心理学的立场与此不同。把人生当作登山的人其实是把自己的人生看成了一条"线"。自降生人世那一瞬间便已经开始的线，画着大大小小形形色色的曲线到达顶点，最终迎来"死"这一终点。但是，这种把人生理解为故事的想法与弗洛伊德式的原因论紧密相关，而且会把人生的大半时光当作"在路上"。

青年：那么，您认为人生是什么样的呢？

哲人：请不要把人生理解为一条线，而要理解成点的连续。

如果拿放大镜去看用粉笔画的实线，你会发现原本以为的线其实也是一些连续的小点。看似像线一样的人生其实也是点的连续，也就是说**人生是连续的刹那**。

青年：连续的刹那？

哲人：是的，是"现在"这一刹那的连续。**我们只能活在"此时此刻"**，我们的人生只存在于刹那之中。

不了解这一点的大人们总是想要强迫年轻人过"线"一样的人生。在他们看来，上好大学、进好企业、拥有稳定的家庭，这样的轨道才是幸福的人生。但是，人生不可能是一条线。

青年：您是说没必要进行人生规划或者职业规划？

哲人：如果人生是一条线，那么人生规划就有可能。但是，我们的人生只是点的连续。**计划式的人生不是有没有必要，而是根本不可能**。

青年：哎呀，太无聊了！多么愚蠢的想法！

舞 动 人 生

哲人： 哪里有问题呢？

青年： 您的主张不仅否定了人生的计划性，甚至还否定了努力！例如，自幼便梦想着成为小提琴手而拼命练习的人，最终进入了梦寐以求的乐团；或者是拼命学习通过司法考试的人最终成了律师。这些都是没有目标和计划的人绝对不可能实现的人生！

哲人： 也就是他们以山顶为目标默默前行？

青年： 当然！

哲人： 果真如此吗？也许是这些人在人生的每一个瞬间都活在"此时此刻"吧。也就是说，不是活在"在路上"的人生之中，而是时常活在"此时此刻"。

例如，梦想着成为小提琴手的人也许总是只看见眼前的乐曲，将注意力集中于这一首曲子、这一个小节、这一个音上面。

青年： 这样能够实现目标吗？

哲人： 请你这样想。**人生就像是在每一个瞬间不停旋转起舞的连续的刹那**。并且，蓦然四顾时常常会惊觉："已经来到这里了吗？"

在跳着小提琴之舞的人中可能有人成了专业的小提琴手，在跳着司法考试之舞的人中也许有人成为律师，或许还有人跳着写作之舞成了作家。当然，也有可能有着截然不同的结果。但是，所有的人生都不是终结"在路上"，**只要跳着舞的"此时此刻"充实就已经足够。**

青年：只要跳好当下就可以？

哲人：是的。在舞蹈中，跳舞本身就是目的，最终会跳到哪里谁都不知道。当然，作为跳的结果最终会到达某个地方。因为一直在跳动所以不会停在原地。但是，**并不存在目的地**。

青年：怎么能有不存在目的地的人生呢？！谁会承认这种游移不定、随风飘摇的人生呢？！

哲人：你所说的想要到达目的地的人生可以称为"潜在性的人生"。与此相对，我所说的像跳舞一样的人生则可以称为**"现实性的人生"**。

青年：潜在性和现实性？

哲人：我们可以引用亚里士多德的说明。一般性的运动——我们把这叫作移动——有起点和终点。从起点到终点的运动最好是尽可能地高效而快速。如果能够搭乘特快列车的话，那就没有必要乘坐各站都停的普通列车。

青年：也就是说，如果有了想要成为律师这个目的地，那就最好是尽早尽快地到达。

哲人：是的。并且，到达目的地之前的路程在还没有到达目的地这个意义上来讲并不完整。这就是潜在性的人生。

青年：也就是半道？

哲人：是这样。另一方面，现实性运动是一种"当下做了当下即完成"的运动。

青年：当下做了当下即完成？

哲人：用别的话说也可以理解为"把过程本身也看作结果的运动"，跳舞是如此，旅行等本身也是如此。

青年：啊，我有些乱了……旅行究竟是怎么回事呢？

哲人：旅行的目的是什么？例如你要去埃及旅行。这时候你会想尽早尽快地到达胡夫金字塔，然后再以最短的距离返回吗？

如果是这样的话，那就不能称为旅行。跨出家门的那一瞬间，"旅行"已经开始，朝着目的地出发途中的每一个瞬间都是旅行。当然，即使因为某些事情而没能够到达金字塔，那也并非没有旅行。这就是现实性的人生。

青年：哎呀，我还是不明白啊。您刚才否定了以山顶为目标的价值观吧？

那如果把这种现实性的人生比喻为登山又会如何呢？

哲人：如果登山的目的是登上山顶，那它就是潜在性的行为。说得极端点儿，乘坐电梯登上山顶，逗留 5 分钟，然后再乘电梯回来也可以。当然，如果没能到达山顶的话，其登山活动就等于失败。

但是，如果登山的目的不是登顶而是登山本身，那就可以说是现实性的活动。最终能不能登上山顶都没有关系。

青年：这种论调根本不成立！先生，你完全陷入了自我矛盾之中。在你于世人面前丢脸之前，让我先来揭穿你吧！

哲人：哦，那太好了！

最重要的是"此时此刻"

青年：先生在否定原因论的时候也否定了关注过去。您说过去并不存在，过去没有意义。这一点我同意。过去的确无法改变，能改变的只有未来。

但是，现在通过说明现实性生活方式又否定了计划性，也就是否定了按照自己的意思改变未来。

您既否定往后看，同时也否定朝前看。这简直就是说要在没路的地方盲目前行呀！

哲人：你是说既看不见后面也看不到前面？

青年：看不见！

哲人：这不是很自然的事情吗？究竟哪里有问题呢？

青年：您、您说什么？！

哲人：请你想象一下自己站在剧场舞台上的样子。此时，如果整个会场都开着灯，那就可以看到观众席的最里边。但是，如果强烈的聚光灯打向自己，那就连最前排也看不见。

我们的人生也完全一样。正因为把模糊而微弱的光打向人生整体，所以才能够看到过去和未来；不，是感觉能够看得到。但是，**如果把强烈的聚光灯对准"此时此刻"，那就会既看不到过去也看不到未来。**

青年：强烈的聚光灯？

哲人：是的。我们应该更加认真地过好"此时此刻"。如果感觉能够看得到过去也能预测到未来，那就证明你没有认真地活在"此时此刻"，而是生活在模糊而微弱的光中。

人生是连续的刹那，根本不存在过去和未来。你是想要通过关注过去或未来为自己寻找免罪符。**过去发生了什么与你的"此时此刻"没有任何关系，未来会如何也不是"此时此刻"要考虑的问题。** 假如认真地活在"此时此刻"，那就根本不会说出那样的话。

青年：但、但是……

哲人：如果站在弗洛伊德式原因论的立场上，那就会把人生理解为基于因果律的一个长故事。何时何地出生、度过了什么样的童年时代、从什么样的学校毕业、进了什么样的公司，正是这些因素决定了现在的我和将来的我。

的确，把人生当作故事是很有趣的事情。但是，在故事的前面部分就能看到"模糊的将来"；并且，人们还会想要按照这个故事去生活。我的人生就是这样，所以我只能照此生活，错不在我而在于过去和环境。这里搬出来的过去无非是一种免罪符，是人生的谎言。

但是，人生是点的连续、是连续的刹那。如果能够理解这一点，那就**不再需要故事**。

青年：如果这么说的话，阿德勒所说的生活方式不也是一种故事吗？！

哲人：生活方式说的是"此时此刻"，是可以按照自己意志改变的事情。像直线一样的过去的生活只不过是在你反复下定决心"不做改变"的基础上才貌似成了直线而已。并且，将来的人生也完全是一张白纸，并未铺好行进的轨道。这里没有故事。

青年：但是，这是一种逍遥主义！不，应该说是更加恶劣的享乐主义！

哲人：不！聚焦"此时此刻"是认真而谨慎地做好现在能做的事情。

对决"人生最大的谎言"

青年：认真而谨慎地生活？

哲人：例如，虽然想上大学但却不想学习，这就是没有认真过好"此时此刻"的态度。当然，考试也许是很久之后的事情，也不知道该学到什么程度，所以也许会感到麻烦。但是，每天进步一点点也可以，解开一个算式或者记住一个单词都可以。也就是要不停地跳舞。如此一来，势必会有"今天能够做到的事情"。今天这一天就为此存在，而不是为遥远的将来的考试而存在。

又或者，你父亲也是在认真地做好每一天的工作，与远大目标或者那种目标的实现没有关系，只是认真地过好"此时此刻"。假若如此，你父亲的人生应该是很幸福的。

青年：您是对我说应该肯定那种生活方式？认可父亲那种整日忙于工作的姿态？

哲人：没有必要勉强去认可。只是，不要用线的形式去看其到达了哪里，而是应该去**关注其如何度过这一刹那**。

青年：关注刹那……

哲人：你自己的人生也同样。为遥远的将来设定一个目标，并认为现在是其准备阶段。一直想着"真正想做的是这样的事情，等时机到了就去做"，是一种拖延人生的生活方式。只要在拖延人生，我们就会无所进展，只能每天过着枯燥乏味的单调生活。因为在这种情况下，人就会认为"此时此刻"只是准备阶段和忍耐阶段。

但是，为了遥远将来的考试而努力学习的"此时此刻"却是真实的存在。

青年：是的，我承认！认真过好"此时此刻"、不去设定根本不存在的线，这些我的确认同！但是先生，我找不到理想和目标，就连应该跳什么舞都不知道，我的"此时此刻"只有一些毫无用处的刹那！

哲人：没有目标也无妨。**认真过好"此时此刻"，这本身就是跳舞。**不要把人生弄得太深刻。请不要把认真和深刻混为一谈。

青年：认真但不深刻？

哲人：是的。人生很简单，并不是什么深刻的事情。如果认真过好了每一个刹那，就没有什么必要令其过于深刻。

并且还要记住一点。站在现实性角度的时候，**人生总是处于完结状态。**

青年：完结状态？

哲人：你还有我，即使生命终结于"此时此刻"，那也并不足以称为不幸。无论是 20 岁终结的人生还是 90 岁终结的人生，全都是完结的、幸福的人生。

青年：您是说假如我认真过好了"此时此刻"，那每一个刹那就都是一种完结？

哲人：正是如此。前面我说过好几次"人生谎言"这个词。最后，我还要说一下人生中最大的谎言。

青年：洗耳恭听。

哲人：**人生中最大的谎言就是不活在"此时此刻"**。纠结过去、关注未来，把微弱而模糊的光打向人生整体，自认为看到了些什么。你之前就一直忽略"此时此刻"，只关注根本不存在的过去和未来。对自己的人生和无可替代的刹那撒了一个大大的谎言。

青年：……啊！

哲人：来吧，甩开人生的谎言，毫不畏惧地把强烈的聚光灯打向"此时此刻"。你一定能做到！

青年：我……我能做到吗？不依赖人生谎言、认真过好每一个刹那，您认为我有这种"勇气"吗？

哲人：因为过去和未来根本不存在，所以才要谈现在。**起决定作用的既不是昨天也不是明天，而是"此时此刻"。**

人生的意义，由你自己决定

青年：……什么意思呢？

哲人：讨论已经到达了"水边"，是否喝水就看你的决心了。

青年：啊，阿德勒心理学还有先生的哲学也许的确想要改变我；我也许会放弃"不做改变"的决心，选择新的生活方式……但是，最后请允许我再问一个问题！

哲人：是什么？

青年：当人生是连续刹那的时候，当人生只存在于"此时此刻"的时候，人生的意义究竟是什么呢？我是为了什么出生、经受满是苦难的生命、最后迎来死亡的呢？我不明白其中的原因。

哲人：人生的意义是什么？人为了什么而活？当有人提出这个问题的时候，阿德勒的回答是：**"并不存在普遍性的人生意义。"**

青年：人生没有意义？

哲人：例如战祸或天灾，我们所居住的世界充满了各种不合理的事情。我们也不可能在被卷入战祸而丧命的孩子们面前谈什么"人生意义"。也就是说，人生并不存在可以作为常识来讲的意义。

但是，如果面对这种不合理的悲剧而不采取任何行动的话，那就等于是在肯定已经发生的悲剧。无论发生何种状况，我们都必须采取一些行动，必须对抗康德所说的倾向性。

青年：是的！是的！

哲人：那么，假如遭受了重大天灾，按照原因论的角度去回顾过去以及追问"为什么会发生这样的事情"，这又有多大意义呢？

正因为这样，我们在遭遇困难的时候才更要向前看，更**应该思考"今后能够做些什么？"**

青年：的确如此！

哲人：所以阿德勒在说了"并不存在普遍性的人生意义"之后还说："**人生意义是自己赋予自己的。**"

青年：自己赋予自己？什么意思？

哲人：年轻时，我祖父的脸部曾受到了重创，这实在是不合理、非人道的灾难。当然，也可能有人会因此而选择"世界太残酷"或者"人们都是我的敌人"之类的生活方式。但是，我相信祖父一定是选择了"人们都是我的伙伴，世界非常美妙"这样的生活方式。

阿德勒所说的"人生的意义是由你自己赋予自己的"，就正是这个意思。人生没有普遍性的意义。但是，你可以赋予这样的人生以意义，而能够赋予你的人生以意义的只有你自己。

青年：……那么，请您教教我。我怎样才能给自己无意义的人生赋予应有的意义？我还没有那样的自信！

哲人：你对自己的人生感到茫然。为什么茫然呢？那是因为你想要选择"自由"，也就是想要选择不惧招人讨厌、不为他人而活、只为自己而活的道路。

青年：是的！我想要选择幸福、选择自由！

哲人：人想要选择自由的时候当然就有可能会迷路。所以，作为自由人生的重大指针，阿德勒心理学提出了**"引导之星"**。

青年：引导之星？

哲人：就像旅人要依靠北极星旅行一样，我们的人生也需要"引导之星"。这是阿德勒心理学的重要观点。这一巨大理想就是：只要不迷失这个指针就可以，只要朝着这个方向前进就可以获得幸福。

青年：那颗星是什么呢？

哲人：他者贡献。

青年：他者贡献！

哲人：无论你过着怎样的刹那，即使有人讨厌你，**只要没有迷失"他者贡献"这颗引导之星，那么你就不会迷失，而且做什么都可以。**即使被讨厌自己的人讨厌着也可以自由地生活。

青年：只要自己心中有他者贡献这颗星就一定能够有幸福相伴，有朋友相伴！

哲人：而且，我们要像跳舞一样认真过好作为刹那的"此时此刻"，既不看过去也不看未来，只需要过好每一个完结的刹那。没必要与谁竞争，也不需要目的地，只要跳着，就一定会到达某一个地方。

青年：到达谁都不知道的"某个地方"！

哲人：现实性的人生就是这样。我自己无论怎样回顾之前的人生也无法解释自己为什么会走到"此时此刻"。

本以为在学习希腊哲学，但不知不觉间同时学习了阿德勒心理学，又像现在这样与你这位不可替代的朋友热烈交谈。这正是跳好每一个刹那的结果。对你而言的人生意义在认真跳好"此时此刻"的时候就会逐渐明确。

青年：……会明确吧？我、我相信先生！

哲人：是的，请相信我！我常年与阿德勒思想为伴，逐渐发现了一件事情。

青年：什么？

哲人：那就是"一个人的力量很大"。不！应该说是"**我的力量无穷大**"。

青年：怎么回事呢？

哲人：也就是，如果"我"改变，"世界"就会改变。**世界不是靠他人改变而只能靠"我"来改变**。在了解了阿德勒心理学的我的眼中，世界已经不是曾经的世界了。

青年：如果我改变，世界也会改变。我之外的任何人都不会为我改变世界……

哲人：这就类似于常年近视的人初次戴上眼镜时的冲击。原本模糊的世界轮廓一下子变得清晰起来，就连颜色也鲜艳了许多。而且，不是视野的一部分变得清晰，而是能够看到的一切世界都变得清晰起来。我想你如果能够有同样的体验，那一定会无比幸福。

青年：……啊，我真遗憾！发自心底地遗憾！早上 10 年，不，哪怕 5 年也好，真想早一些了解。如果 5 年前的自己、就职以前的自己已经了解了阿德勒思想的话……

哲人：不，这不对。你认为"想要在 10 年前了解"，那正是因为阿德勒思想影响了"现在的你"。谁也不知道 10 年前的你会有什么样的感受。你就应该现在听到这种思想。

青年：……是的，的确如此！

哲人：再送给你一句阿德勒的话："必须有人开始。即使别人不合作，那也与你无关。我的意见就是这样。应该由你开始，不用去考虑别人是否合作。"

青年：我还不知道自己和自己所看到的世界是否会改变。但是，我可以确信地说"'此时此刻'正散发着耀眼的光芒！"是的，那种光强烈到根本看不到明天之类的事情。

哲人：我相信你已经喝了水。来吧！走在前面的年轻朋友！我们一起前进吧！

青年：……我也相信先生。一起前进吧！谢谢您这么长时间的指导！

哲人：我也要谢谢你！

青年：今后我一定还会再来拜访！是的，作为一名无可替代的朋友！绝不会再提什么驳倒之类的事情！⊖

哲人：哈哈哈，你终于露出年轻人应有的笑容啦！好吧，已经很晚了。让我们度过各自的夜晚，然后迎来新的早晨吧！

青年慢慢系上鞋带，离开了哲人的家。什么时候开始下雪的呢？门外一片雪景。天空中的满月柔和地照着脚下的雪。多么清新的空气！多么夺目的光芒！我踏着新下的雪，迈出了一步。青年深深吸了一口气，摸了摸短短的胡须，清楚地自语道："世界很简单，人生也是一样！"

⊖ 青年与哲人都未料到，这句话成了三年后另一个辩论的缘起。详见续作《幸福的勇气》。

后　记

人生中有时候无意间拿起的一本书就会完全改变之后的人生。

1999 年的冬天，当时还是 20 多岁的"青年"的我在池袋的一家书店里非常幸运地邂逅了这样的一本书——岸见一郎先生的《阿德勒心理学入门》。

浅显易懂的语言、深刻睿智而又简单实用的思想，那种否定心灵创伤、把原因论转换为目的论的哥白尼式的转变，使之前一直被弗洛伊德派或荣格派言论所吸引的我受到了极大的冲击。究竟阿尔弗雷德·阿德勒是什么人呢？为什么自己之前一直不知道他的存在呢？我开始到处搜购关于阿德勒的书并埋头研读。

但是，我逐渐察觉到一个事实。我所探求的不单单是"阿德勒心理学"，而是通过岸见一郎这位哲学家过滤之后，可以称为"岸见—阿德勒学"的思想。

根据苏格拉底或柏拉图等希腊哲学进行说明的岸见先生的阿德勒心理学告诉我们：阿德勒不仅属于临床心理学的范畴，他还是一位思想家和哲学家。例如，"人只有在社会背景下才能成为个人"这样的话简直就像是黑格尔，比起客观事实更重视主观性的解释这一点又是尼采的世界观。此外，与胡塞尔或海德格尔的现象学相通的思想也有很多。

　　并且，根据这些哲学性洞察，提出"一切烦恼皆源于人际关系""人可以随时改变并能够获得幸福""问题不在于能力而在于勇气"等主张的阿德勒心理学一下子改变了彼时正是烦恼不已的"青年"的我的世界观。

　　虽说如此，周围却几乎没有知道阿德勒心理学的人。不久我便希望"能够与岸见先生一起出一本堪称阿德勒心理学（岸见—阿德勒学）指南的书"。之后便联系了几位编辑，终于等到了这样的一个机会。2010 年 3 月，我终于有幸见到了住在京都的岸见先生，这距离我邂逅《阿德勒心理学入门》这本书已经过了十多年。

　　此时，作为对岸见先生"苏格拉底的思想被柏拉图所留传，而我想成为阿德勒的柏拉图"这句话的回答，我脱口而出的"那么，我要成为岸见先生的柏拉图"这句话便是本书的起源。

　　简单而又具有普遍性的阿德勒思想也许会被认为是讲述了"理所当然的事情"，又或者会被认为是在提倡根本不可能实现的理想论。

　　所以，为了慎重解答读者们可能存在的疑问，本书决定采用哲人和青年间的对话篇形式。

　　就像本书中提到的那样，把阿德勒思想当作自己的思想去实践并没有那么容易。想要排斥的地方、难以接受的言论、令人费解的建议，这些都可能会存在。

　　但是，就像十几年前的我一样，阿德勒思想拥有改变人一生的力量。剩下的就只有能否鼓起迈出一步的"勇气"了。

最后，衷心感谢把年轻的我不当作徒弟而是当作"朋友"看待的岸见一郎先生、给予了莫大支持的编辑柿内芳文先生，还有诸位敬爱的读者。

非常感谢！

古贺史健

　　即使在阿德勒死后已经过了半个多世纪的现在，他思想的创新性依然为时代所不能及。在今天的日本，虽然阿德勒的名字不像弗洛伊德或荣格那样广为人知，但阿德勒的主张却被称为是"谁都可以从中挖出点儿什么的'共同采石场'"。即使阿德勒的名字不被提及，但其思想也影响着许多人。

　　十几岁便开始学习哲学的我是在 30 多岁已经有了孩子之后，才遇见了阿德勒心理学。探求"幸福是什么"的幸福论是西洋哲学的中心主题，我常年来也一直在思考这个问题。所以，在第一次听阿德勒心理学演讲的时候，当听到讲台上的讲师说"听了我今天的话的人，从此刻起便能够获得幸福"时，我产生了极大的反感。

　　但是，同时我也意识到自己竟从未认真思考过"自己怎么做才能获得幸福"，并对主张"获得幸福本身也许非常简单"的阿德勒心理学产生了兴趣。

　　就这样，我在学习哲学的同时开始学习阿德勒心理学，但这对我来说并不是分别学习两门不同的学问。

　　例如，"目的论"这种观点并不是阿德勒时代才突然出现的主张，它在柏拉图或亚里士多德的哲学中已经出现过。阿德勒心理学是与希腊哲学处于同一条线上的思想。并且，我还注意到，在柏拉图的著作中永远流传下来的苏格拉底与青年们进行的对话，在今天来讲可以叫作心理辅导。

　　一听到哲学也许很多人会认为难懂。但是，柏拉图的对话篇中没用到一个专业术语。哲学用只有专家才能看懂的语言来叙述，这原本就很奇怪。因为哲学真正的意义不在于"知识"而在于"热爱知识"，想要了解不了解的事物以及获得知识的过程非常重要。最终能否到达"知"，这不是问题的关键。

今天，阅读柏拉图对话篇的人也许会对探求"勇气是什么"的对话最终并未得出结论而感到吃惊。与苏格拉底对话的青年最初都很难认同苏格拉底的主张，他们往往会进行非常彻底的反驳。本书采用哲人与青年之间对话这一形式，也是遵循苏格拉底以来的哲学传统。

我自从了解了"另一门哲学"阿德勒心理学开始，就不再满足于仅仅阅读并解释先人留下的著作这样一种研究者的生活方式了。我想要像苏格拉底一样进行对话，于是不久便在精神科医院等处开始了心理辅导。

所以，我遇到过许多"青年"。

青年们都想认真地生活，但很多人往往被自以为无所不知、通晓世故的年长者提醒"必须要更加现实"，进而不得不放弃当初的梦想；同时因为纯真，所以被复杂的人际关系所累，感觉疲惫不堪。

想要认真生活非常重要，但仅仅如此还不够。阿德勒说："人的烦恼皆源于人际关系。"如果不懂得如何构筑良好的人际关系，有时候就会因为想要满足他人期待或者不想伤害他人而导致虽有自己的主张但无法传达，最终不得不放弃自己真正想做的事情。

这样的人的确很受周围人的欢迎，或许讨厌他（她）们的人也很少；但是，他（她）们也无法过自己的人生。

　　对于像本书中出现的青年一样，已经接受了现实洗礼、烦恼多多的年轻人来说，哲人所说的"这个世界无比简单，任何人都可以随时获得幸福"这样的话也许很不可思议。

　　自称"我的心理学是所有人的心理学"的阿德勒也像柏拉图一样没有使用专业术语，而且提出了改善人际关系的"具体对策"。

　　如果有人认为难以接纳阿德勒思想，那是因为这种思想是反常识观点的集大成者，而且要想理解它也需要日常生活中的实践；即使没有语言方面的难度，或许也会有像在严冬里想象酷暑一样的困难。但我还是希望大家能够掌握解开人际关系问题的关键。

　　共著者，同时也负责本书对话创作的古贺史健先生到我书斋来的那天说："我要成为岸见先生的柏拉图。"

　　今天，我们之所以能够了解一本书也没有留下的苏格拉底的哲学正是因为柏拉图所写的对话篇，但柏拉图也并不仅仅是写下了苏格拉底所说的话。正因为柏拉图正确理解了苏格拉底的话，苏格拉底的思想才能流传到今天。

　　本书也正是因为反复耐心地斟酌并修正对话的古贺先生的非凡的理解力，才得以顺利问世。本书中的"青年"正是学生时代曾遍访名师的我或古贺先生，更是拿到本书的您。虽然抱有疑问，但如果本书能让你通过与哲人的对话增加不同环境下的决心，那我将不胜荣幸。

　　　　　　　　　　　　　　　　　　　　岸见一郎

作译者简介

岸见一郎

哲学家。1956 年生于京都，现居京都。高中时便以哲学为志向，进入大学后屡次到老师府上进行辩论。京都大学研究生院文学研究系博士课程满期退学。与专业哲学（西洋古代哲学特别是柏拉图哲学）同时开始，于 1989 年起致力于研究阿德勒心理学。主要活动领域是阿德勒心理学及古代哲学的执笔与演讲，同时还在精神科医院为许多"青年"做心理辅导。日本阿德勒心理学会认定顾问。译著有阿尔弗雷德·阿德勒的《个体心理学讲义》和《人为什么会患神经症》，著有《阿德勒心理学入门》等多部作品。本书由其负责原案。

古贺史健

自由作家。1973 年出生。以对话创作（问答体裁的执笔）为专长，出版过许多商务或纪实文学方面的畅销书。他创作的极具现场感与节奏感的采访稿广受好评。采访集"16 岁的教科书"系列累计销量突破 70 万册。近 30 岁的时候邂逅阿德勒心理学，并被其颠覆常识的思想所震撼。之后，连续数年拜访京都的岸见一郎并向其请教阿德勒心理学的本质。本书中，他以希腊哲学的古典手法"对话篇"进行内容呈现。著有《给 20 岁的自己的文章讲义》。

渠海霞

女，1981 年出生，日语语言文学硕士，现任教于山东省聊城大学外国语学院日语系。曾公开发表学术论文多篇，翻译出版《感动顾客的秘密：资生堂之"津田魔法"》《平衡计分卡实战手册》《一句话说服对方》《日产，这样赢得世界》《简明经济学读本》和《家庭日记：森友治家的故事》等书。

幸福的勇气

"自我启发之父"阿德勒的哲学课 *2*

去爱的勇气，
就是变得幸福的勇气

[日] 岸见一郎 古贺史健 ——— 著

渠海霞 ——————— 译

机械工业出版社
CHINA MACHINE PRESS

"勇气"两部曲是一个上下两篇的故事。

如果说《被讨厌的勇气》是地图,《幸福的勇气》就是行动指南。

《被讨厌的勇气》探究"该怎么做,人才能获得自由"。

《幸福的勇气》探究"该怎么做,人才能变得幸福"。

这个故事发生于上次对谈的三年之后。

当时的青年已经成为一名小学老师,生活和工作实践中的挫败,让他对阿德勒思想感到绝望。日常生活中究竟要如何实践阿德勒思想?为什么"去爱的勇气,就是变得幸福的勇气"?

"猛药"级的哲学对谈,再次开始……

SHIAWASE NI NARU YUKI
by ICHIRO KISHIMI; FUMITAKE KOGA
Copyright © 2016 ICHIRO KISHIMI; FUMITAKE KOGA
Simplified Chinese translation copyright ©2021 by China Machine Press
All rights reserved.
Original Japanese language edition published by Diamond, Inc.
Simplified Chinese translation rights arranged with Diamond, Inc.
through Shanghai To-Asia Culture Co., Ltd

北京市版权局著作权合同登记　图字:01-2017-1356 号。

图书在版编目(CIP)数据

"勇气"两部曲精装纪念套装:"自我启发之父"阿德勒的哲学课. 2,幸福的勇气 /(日)岸见一郎,(日)古贺史健著;渠海霞译. —北京:机械工业出版社,2022.5

ISBN 978-7-111-70470-6

Ⅰ. ①勇… Ⅱ. ①岸… ②古… ③渠… Ⅲ. ①人生哲学—通俗读物 Ⅳ. ①B821-49

中国版本图书馆 CIP 数据核字(2022)第 051678 号

机械工业出版社(北京市百万庄大街22 号　邮政编码　100037)
策划编辑:廖 岩　责任编辑:廖 岩 李佳贝
责任校对:李 伟　责任印制:单爱军
北京尚唐印刷包装有限公司印刷
2022 年 6 月第 1 版第 1 次印刷
145mm×210mm · 7.5 印张 · 3 插页 · 141 千字
标准书号:ISBN 978-7-111-70470-6
定价:199.00 元

电话服务　　　　　　　　网络服务

客服电话:010-88361066　机工官网:www.cmpbook.com
　　　　　010-88379833　机工官博:weibo.com/cmp1952
　　　　　010-68326294　金书网:www.golden-book.com
封底无防伪标均为盗版　机工教育服务网:www.cmpedu.com

これまでの人生がどれほど辛いものだったとしても、予測不可能で理不尽な出来事に遭っても、生きる勇気を失わず、幸福に生きることはできます。どう考えればいいかを哲人と青年の対話から学んでください。

岸見一郎

　　无论之前的人生吃过多少苦，遭遇过多少始料未及、不可理喻的事情，只要没有失去生活的勇气，就能够幸福地生活下去。请大家从哲人与年轻人的对话过程中，学会思考问题的方法。

岸见一郎

私達に足りないのは、知識でも、
お金でも、美貌でも、能力でもありません。
ただ勇気だけが足りていないのです。
他者から嫌われることを恐れず、
自分の足で踏み出す勇気を
持つことができれば、それだけで
人生は変わります。

古賀史健

　　我们缺少的不是知识，不是金钱，不是美貌，也不是能力，我
们缺少的仅仅是勇气而已。只要我们不害怕被他人讨厌，有勇气用
自己的双腿向前迈进，人生就会发生改变。

古贺史健

没有足够勇气，你就无法幸福

在很多人的印象里，幸福是一件慵懒的事，就好像学佛是一件随性的事一样。然而恰恰相反，古人说，学佛乃大丈夫事！没有足够的毅力和勇气，磕头、烧香、持咒、念佛都只是邪道，不得见如来。现代人学佛常常有买保险的心态。已经衣食无忧了，也买了足够的商业、意外、人寿、财产各种险，但还是隐隐约约觉得不安稳。因为总有一个无常悬在头顶，所以再找个信仰吧！可能那些缭绕的香烟能够带来安慰剂的效应。但真正的修行，首先是放下对于恒常的追求，坦然接受无常的发生。这种勇气，没有足够的智慧和福德，是难以拥有的。

幸福也是一样。如果你所理解的幸福就是什么不开心的事都尽量不发生，平安喜乐地过一辈子，那么多半你是要失望了。就像这本书中的青年一样，了解了一点阿德勒的理论，就希望药到病除，魔术一般地改变周围的环境。那跟烧香拜佛、回头还愿实在是没有什么区别！我们无法"学会哲学"，我们只能"从事哲学"。哲学是一条没有尽头的道路，有勇气的人才能百尺竿头更进一步。

阿德勒所发现的哲学路径显然是影响巨大的。我最近阅读的多本书都不约而同地指向阿德勒的理论。张五常教授写过一篇文章叫作《学术中的老人与海》，一个学者的价值不在于写了多少书和文章，而是你的理论被引用的次数和时间。阿德勒距离我们也有将近100年了，在这100年里很多理论和技术都过时了，但人性没变，人们对于自卑与超越的矛盾没变。因此在今天读阿德勒的理论依然觉得切中要害。

这本书的作者是阿德勒的痴迷者，这一辈子就研究这一个人，这种事我是做不来的。所以他对于阿德勒的理解又比我们这些门外汉更接近真相。

在哲人与青年的对话过程中，通过青年之口，把一切世人常见的贪嗔痴慢疑惧都呈现了出来。这种写法是很容易引起读者共鸣的，因为能够毫无保留地接受一个理论也是需要勇气的。大部分的人爱质疑。当你获得了这一切问题的答案，却发现原因是你需要面对自己童年时受过的伤、用爱而不是恨来对待这个给过你伤害的世界，这种感受是令人震惊的。不是理论没用，而是你自己的病还没治好。

相对于爱，人们更愿意选择恨。因为恨比爱容易，操作简单而且责任不在我，甚至让我更有力量！但恨的结果就是相互对抗，两败俱伤。你内心的伤痛永远得不到疗愈的机会，一遇到风吹草动就会沉渣泛起、雷霆万钧。

要选择爱，首先要过伤害这一关。明明遭遇过伤害，却要报之以琼瑶。这里需要的不仅仅是勇气，更是知识和智慧。理解了，才能接受。很多情侣宁愿吵架也不愿意剖析内心的伤痛，是因为愤怒比心碎好过得多。如果你相信真正的幸福不是假装没事的云淡风轻，如果你想要追求明白通达的幸福感，第一个要具备的就是直面自己内心伤痛的勇气。而这，才是阿德勒哲学之路的第一步。

所以，没有足够的勇气，请不要跟我说你渴望幸福。

樊登

2017 年 3 月 24 日

"自立"尽头的爱

禅师和青年的故事有两个版本。理想的版本是青年遇到禅师，受了点拨，顿悟了，从此过上了幸福生活。现实版本则是青年受了点拨，觉得自己顿悟了，可回去没多久，发现"知道了很多道理，却依然过不好这一生"。青年或失望或愤怒，再也不相信鸡汤了。如果这时候青年再遇禅师，他会说些什么呢？而禅师又会对他说些什么呢？

作为《被讨厌的勇气》的续集，这本书就是从自觉受骗的青年再遇到研习阿德勒的哲人开始的。和几年前相比，这个青年可不再单纯了。他从图书管理员变成了一位教师，有了很多自己的实践经验（大部分是失败经验），对人生又多了些自己的理解和判断。他对阿德勒哲学的态度，也经历了从盲目崇拜到满腹狐疑的转变。现在，他来到了哲人的书房。以思想为利剑，代表常识的青年和代表阿德勒哲学的哲人，开始了最后的决斗。

他说了些什么，是否在理，作为读者的您自然会在书中找到答案。青年"质疑"的行为本身，却颇有几分道理。任何一种学说，都要走出书斋，去接受现实的考验和质疑。当初阿德勒的哲学在两个领域应用深广：心理咨询和教育。现在，哲人需要在实践中证明阿德勒哲学的生命力。

与上本书一样，在辩论的刀光剑影下，读者还会有很多观念被刷新的快感。阿德勒思想违背常理，但细思又很有几分道理。那为什么大家都没想到，或者即使想到了，也不愿去践行阿德勒的思想呢？因为这些思想并不让人舒服，相反，它让人有些恐惧。所以哲人才会把阿德勒的思想形容为人生的"一剂猛药"。

比如，你是否能接受：

无论你经历了怎么样的过去，遭受了怎么样的迫害和不幸，你都不该以"受害者"自居。在"可怜的自己"和"可恶的他人"之外，最重要的是要想"怎么办"……

如果你和老板意见不合，你要遵循"课题分离"的原则。你以你的方式工作，那是你的事，而老板要骂你开除你，那是老板的事……

对孩子，既不应该批评，更不应该表扬，而应该把他当作一个平等独立的个体去尊重。不应该鼓励孩子的竞争，也不应该树立家长和老师的权威……

如果你决定信赖一个人，就要无条件地信赖，不计后果，不怕伤害。否则你就不是真的信赖他……

在爱情中不存在所谓对的人或错的人，如果你决定爱他，那就是对的人。所谓的命中注定，不过是你的决定和行动……

我爱他，跟他无关……

是不是怎么看都不觉得这哲人像是结了婚的人？这样的人就该注定孤独一生才对嘛！

　　阿德勒说，自己的理论也是以教育为目的，归根到底是教人"自立"。如果你能看清阿德勒式"自立"的含义，你就会明白"自立"这简单两字所包含的艰难和沉重。一个人要有多大的勇气，才能放弃对他人和环境的控制期待，以换取自己的自主权和控制感！他要有多坚韧的赤子之心，才能在跟人交往时，不计过去，不畏将来，不求认可和回报！

　　更何况，即使他有了这样的勇气，也未必能过上他想要的生活——这跟车子房子没半点关系，每天该挤公交还挤公交，该挤地铁还挤地铁。他也不会因为信奉了这种哲学就高朋满座受人尊重——相反，他倒是很有可能会成为大家眼里的怪人。而且哲人还说，"自立"的最终目的，就在于消除自我，承认我们只是普通人，不从社会序列和他人的认同中去寻求自我价值，而只从自己的所作所为中去寻找自我价值。

　　如果说这就是阿德勒式的"幸福"，这样的"幸福"，你还想要吗？

　　怪不得书里的青年觉得，这位宣扬阿德勒思想的哲人就是古希腊用"歪理邪说"蛊惑年轻人的苏格拉底，活该被处死啊。

　　可是通过这种自立，我们又得到了什么呢？因为我们能够选择自己对待生活的态度，我们也在这种选择中获得了一种全然的自由。

　　一个信奉阿德勒哲学的人，是人群中的隐者。"自立"的背后是无边的孤独。一个自立的人，是一个在心理上真正断乳的人。当他遇到麻烦时，不再对亲人、朋友、同事怀有"理所当然"的期待。当然他可以求助，这是他自己的课题。但是亲人朋友是否伸出援手，这是他们自己的课题，与他无关。或者他也可以期待，但这种期待是否被满足，也是他自己的事，与他人无关。从自立那天起，他就失去了抱怨的资格。当然他也不再需要对他人的情绪负有什么"理所当然"的责任，因为这也是他们自己的课题。去掉了人们习以为常的以控制和期待来相互联系的方式，在一个个彼此独立的课题面前，他怎么能不孤独呢？

看着阿德勒的哲学，我经常想，一个自立的人，应该是很孤独的。他不处在表面热闹的人际关系中。哪怕在爱里，他仍然孤独。但这种孤独，也许正是人生的某种真相吧。

可是另一方面，正是去掉了这些不纯粹的联系，才能剩下了阿德勒一直在强调的"爱"：作为独立个体，彼此发自内心的尊重、关心和兴趣，作为社会共同体的相互支撑，全情投入的信赖、不求回报的奉献。而这种爱，才是阿德勒式"幸福"的含义。

动机在杭州

浙江大学心理学博士，心理咨询师，幸福课公众号作者

我遇见了所有的悲伤，但我依然愿意前往

我认为，阿德勒思想的智慧是非常伟大的。

它内容的核心是要为自己负责，并打破一切幻觉和不合理的信念，然后寻找到属于自己的心灵力量，从而选择不一样的人生。

从过去获得物质上的满足到现代社会获得心灵感受的满足，这是社会的进步。

老话说，"饱暖思淫欲"。

物质获得极大的满足之后，每一个人都开始了对自己心灵的探索、对优质生活和幸福感的追求。

怎样获得幸福感？

我们都在寻找幸福。有些人特别渴望别人给他幸福。

但不管怎样，幸福似乎无法描述。

阿德勒想表达的概念是：获得幸福真的需要勇气。

这不是说幸福到来的时候，我们无法去承受；只是说，获得幸福的体验需要我们改变自己。

幸福是有公式的。

2002年的诺贝尔经济学奖获得者，即著名的心理学家丹尼尔·卡尼曼，他从心理学的角度提出了幸福四要素，非常有趣。

第一个幸福要素是，我们总体的幸福感。

意思是对自己总体的生活状态基本满意，如没病没灾，有自己喜欢的东西，找到了一段自己较为满意的亲密关系。

这对大多数人来说，是较为完满的生活状态。

第二个幸福要素是，性格必须是快乐的。

性格有跨情境和跨时间的一致性和稳定性。

如果一个人性格多变，或性格中呈现严重的双面性，便要从自己的性格着手，改变自己。

因此，性格的一致性和稳定性跟幸福感有关。

幸福的人一般有快乐的性格，他们喜欢社会，喜欢他人，对未来充满着向往和期待。

第三个幸福要素是，积极的情绪。

人生在世，我们总喜欢追求快乐，排斥负面情绪。

但生活中总避免不了负面情绪的到来。我们会发现，有些人即使在负面情绪下，还是有很多积极的情绪产生，能感到幸福，同时内心还有感恩、同情、敬畏等感受。

为什么幸福的人会这样？

其实，这一切都建立在我们跟世界是怎样的关系上。

有时，我们会觉得世界好像是危险的。当我们感到世界是危险的时，往往我们对待世界的态度也是抗拒的、敌对的、敏感的、想逃脱的。在这过程中，我们很难体会到跟这个世界的良性互动。

所以，情绪影响着我们的幸福。

第四个幸福要素是，愉悦的感觉。

当我们喜欢某件事情时，就去实现，自然而然会产生愉悦的感觉。

例如，当我们吃着自己喜爱的食物时，在沙滩上漫步时，见到了旅途中各种优美的风景时，闻到了沁人心脾的花香时，都能体会到愉悦的感觉。

但不管是哪种要素，幸福一定是诸多元素积累在一起的。

有些人总觉得自己是一个不幸的人，面对不幸，我们总会寻找各式各样的理由阻碍成长。这时，我们的关注点都放在了这上面，对身边所发生的一切视而不见，包括能产生幸福感的事件。

人类对于未知的事情，总是充满好奇和恐惧。

如果我们能对世界或人际关系做出一个非常好的解释，也许就能拨开云雾见月明。尊重自己及世界的规律，这种规律也可以反过来保护我们。

面对真相，我们会害怕。

为了避免害怕，我们产生了很多的迷思和幻想。

阿德勒的伟大在于，他是一个能让我们看到人生真相的人。

这本书，通过描述一位青年和一位哲人的对话，慢慢地，抽丝剥茧，让读者一步步接近了解自己的真相。

生老病死，本是自然规律。

但有时，我们会想掌控世界。事实上，这是很不合理的认知偏差，可能也是我们对了解自我真相的抗拒。

我的一位来访者杨女士跟我讨论了，她经常挑剔丈夫给她买礼物的事。每次，丈夫给她买礼物，她都会挑剔，要么是价格太高，要么是质量不好。这导致她跟丈夫的关系非常紧张，也为此闹过不少矛盾。

有一天，她忽然意识到，挑剔是因为自己觉得配不上丈夫买的好礼物。顿时，她泪流满面。

表面上，她对别人跟自己的关系是非常看重的。实际上，她觉得自己不值得被别人很好地对待。于是，她用了一些方式，无意识地伤害了自己，伤害了他人，也伤害了关系。

所以，当她意识到自己做了一些事情，抗拒了本来可以获得的美好感受时，她十分悲伤。

这种悲伤，也促使她跟原先的模式告别。

细细地看这本书，你会有这样的心路历程：刚开始确认自己所有的东西，然后怀疑，渐渐地接近真相，最后忍不住悲伤。

当然，在悲伤的那一刻，改变也正在发生。

我经常会跟自己和身边的人讲，生命就是一个淡淡的悲伤的过程。

因为我们要不断地跟过去告别，跟亲人告别，跟很多东西告别。但不管怎样，即使我预见到了前路有许多悲伤，依然愿意前行。这是一种勇气，也是我们开始追寻幸福的勇气。

关系心理学家　著名心理咨询师
胡慎之

勇者不惧，不惧者幸福

手上捧着《幸福的勇气》译本样稿，思绪回到了两年前初读《被讨厌的勇气》并为之作序的时光。如今再次进入哲人的房间，聆听青年和哲人的长谈，感觉还是那么熟悉，那么如师在侧、如友在邻。

如后记所引岸见先生所言："假如苏格拉底或柏拉图生活在当今时代，也许他们会选择精神科医生之路，而不是哲学。"这句话可能会冒犯到学院里的职业哲学教授们，他们习惯于、专精于具体的哲学问题和哲学论证，而会对诸如"人为什么活着？""什么是幸福？"之类的问题不屑一顾。殊不知苏格拉底就是把眼光从宇宙拉回到人世，才开创了西方哲学的传统的。今天的哲学文本几乎没有柏拉图对话录那样的表述形式，而惯于大部头的著作或结构严格的论文，这使得哲学离个人的生活越来越远，无法为人们的痛苦提供理解和出路。

而这部著作如同其前篇一样延续了对话体的写作方式。在读书的时候，我常常有种就坐在哲人和青年的对面的感觉，甚至好多次都想要"插嘴"。这可能是由于我自上一次写序以来读了几部阿德勒的著作，所以内心中已经与其有了不少"内隐"的对话了吧。这次阅读其实有很多次我都发现自己蛮认同发问的青年，而且发现比起上一部，这次青年有更多的勇气质疑哲人的观点，可见《被讨厌的勇气》一书的确是能增加我们"被讨厌的勇气"，使得作为读者的我也增添了几分质疑的勇气。

坊间有很多有关"幸福"的书籍。诚然，几乎没有人不想过幸福的生活，尽管对幸福的定义各自不同。阿德勒的半个前辈和曾经的好友弗洛伊德怀疑纯粹幸福的存在，在他看来幸福不过是痛苦的减少，而减少的方法不过是："如果我们能把神经症性的痛苦转化为寻常的不愉快，收获就相当可观了。"阿德勒在这一点上似乎有相当乐观的立场，如书中所引"幸福即贡献感"，而贡献的出发点是"共同体感觉"（Gemeinschaftsgefühl）！别忘了阿德勒所开创的学派名为"个体心理学"。（这里容笔者提醒一下，第一次世界大战刺激了弗洛伊德提出了"死亡本能"的概念，而启发阿德勒提出的却是"共同体感觉"。）个体的幸福出发点居然在于共同体，这不由得让深受浓厚儒家文化影响的我们感到几分亲近。而书中的哲人进一步引申到："为了获得幸福生活，就应该让自我消失。"这几乎快要成了禅宗了！然而正如哲人反复提醒青年的是，阿德勒的心理学并非一种宗教，我们也并不需要把阿德勒的见地视为信条。我想，这也许是阿德勒和岸见一郎先生都希望我们拥有的勇气吧！

本人长期受训于弗洛伊德所开创的传统，后来也受到荣格的部分影响。弗洛伊德走向人的内心，而荣格走得更深，从个人无意识走向了集体无意识。这固然对理解人性很有帮助，但如果只持"越深越好"的视角，难免会使我们产生一种外界社会几乎不存在的"负性幻觉"，而阿德勒的心理学实在是一帖针对"内向病"的良药。其实在弗洛伊德的后继者当中，多人都受到了阿德勒的间接影响，如书中多次引用到的弗洛姆。而存在主义疗法的创始人之一罗洛梅曾经直接受教于阿德勒。如此说来做心理咨询与治疗的同道，最好是能处于弗洛伊德—荣格—阿德勒等边三角形的中心才不至于偏颇。

然而本书并不是一本临床心理手册，相反，本书非常适合一般读者阅读，尤其是教师和为人父母者。阿德勒有关教育的真知灼见，想必各位读后自有体会。

张沛超

哲学博士

资深心理咨询师

香港精神分析学会副主席

2017 年 3 月 28 日

译者序

在现实生活中我们都渴望有一片心灵净土，好让现代生活中疲惫的灵魂得到片刻的宁静。然而，繁杂的人际关系常常令人们苦不堪言。特别是现代发达的信息技术，使得人们之间的信息透明度越来越高，这更是大大增加了人们内心的焦躁。人与人之间貌似随时随地处于"朋友圈"的联系之中，但心与心之间的距离却越拉越远。如此，便产生了许许多多忙碌而又孤独的现代人。

那么，在现代社会，特别是现代都市社会中，我们怎样才能获得心灵的祥和与宁静呢？这部继《被讨厌的勇气》之后出版的"勇气两部曲"完结篇将告诉你如何在学会说"不"之后敞开心扉、关爱他人、拥抱世界、融入团体，继而获得真正的幸福。

与弗洛伊德、荣格并称"心理学三大巨头"的阿尔弗雷德·阿德勒作为个体心理学的创始人和人本主义心理学的先驱，有"现代自我心理学之父"之称。其基本思想已经在"勇气两部曲"第一部《被讨厌的勇气》中进行了较为详尽的介绍。本书主要针对阿德勒思想在现实生活中的实践进行详细阐释。它告诉我们如何在现实生活中不断完善自我，用自己的手一步步获得幸福。

本书沿用上一部作品《被讨厌的勇气》的写作体系，依然采用青年与哲人间"对话"的形式。通过在现实生活中实践了阿德勒思想但倍感困惑的青年再次访问哲人之后的转变与收获，告诉我们阿德勒心理学和阿德勒思想可以令这个世界更加美好、让人们的生活更加幸福。但它需要我们鼓足勇气、正视自我、直面世界、毫不气馁地坚持实践下去，并具体给出了详细可行的建议，即**"主动去爱、自立起来、选择人生"**。

正如阿德勒极其关注教育一样，本书作者也重点论述了教育问题。首先介绍问题儿童的**"问题行为五阶段"**："称赞的要求"阶段、"引起关注"阶段、"权力争斗"阶段、"复仇"阶段、"证明无能"阶段。然后详细分析了各问题阶段儿童的具体心理动机。最后作者还一一给出了相关对策，并指出教育的最终目的是帮助孩子自立。作为父母或教育者要想很好地帮助孩子自立，必须懂得尊重，而且首先自己必须成为一个真正自立、充满勇气的人。

本书还对爱情与婚姻问题提出了独到而宝贵的建议。那就是：要想在爱情和婚姻中获得幸福，必须摆脱自我中心式的生活方式，把人生的主语由"我"变为"我们"。并且，通过既不是对"你"也不是对"我"，而是对"我们"的贡献感，完成自立、获得勇气、走向幸福。最后，作者还由爱身边的人到爱全人类这个话题入手，详细阐释了**"共同体感觉"**。也就是，正如个体会不断成长进步一样，整个人类也应该在"共同体感觉"的引导下不断进步和完善。

如果说上一部作品《被讨厌的勇气》告诉我们如何通过"课

题分离"获得"做自己"的勇气，那么这部《幸福的勇气》就是告诉我们如何在"共同体感觉"的引导之下获得作为人的真正幸福。那么，让我们再次随"青年"和"哲人"慢慢走入阿德勒思想，走进自己真正的内心，逐渐获得追求幸福的勇气和决心！

聊城大学外国语学院

渠海霞

2017 年 1 月 22 日

引 言

　　自那之后的再次登门本该是更加愉快而友好的访问。那天临别之际，青年也确实有这样的话脱口而出："今后我一定还会再来拜访！是的，作为一名无可替代的朋友！绝不会再提什么驳倒之类的事情！"但是，时光流转，三年之后的今天，他怀着截然不同的目的再次来到这个男人的书房。

　　哲人：那么，开始咱们今天的谈话吧？

　　青年：好的。首先，我为什么再次来到这个书房呢？遗憾的是我并非来与先生悠然自得地叙旧。先生您很忙，我也不是无事可做的闲人。所以，再次造访自然是因为事情紧急。

　　哲人：那是自然。

　　青年：我也思考过了。极其充分地苦苦思考过。苦思冥想之后我下定了重大决心，今天就是专程来告诉您这件事。我知道您很忙，但请务必给我这一个晚上的时间。因为，这恐怕将会成为我最后的拜访。

　　哲人：是怎么回事呢？

　　青年：……该结束了吧？一直令我苦恼不已的课题。那就是"是否抛弃阿德勒思想"。

　　哲人：哦。

　　青年：我的结论就是——阿德勒思想是一场骗局。彻头彻尾的大骗局！不，不得不说它是一种影响恶劣的危险思想。先生自己信奉这种思想是您的自由，但是，如果可以的话希望您保持沉默。怀着这种想法，同时也为了当着您的面彻底抛弃阿德勒思想，我下定决心进行今晚这次最后的访问。

哲人： 你产生这种想法一定有什么缘由吧？

青年： 我这就给您从头道来。您还记得三年前咱们分别的最后一天的事情吧？

哲人： 当然记得。那是一个白雪皑皑的冬日。

青年： 是的。那是一个皓月当空的美妙夜晚。受到阿德勒思想感化的我自那天起便踏出了重大的一步。也就是，辞去之前大学图书馆的工作，在我的初中母校谋得一份教师的职业。我决意践行基于阿德勒思想的教育，尽己所能为孩子们带来阳光和温暖。

哲人： 这不是一个很了不起的决定吗？

青年： 是的。当时的我满怀理想。如此可以改变世界的伟大思想决不能一人独享，必须传播给更多的人。那么，传播给谁呢？……结论只有一个。适合了解阿德勒思想的人并不是复杂的成人。只有传播给将要创造下一个时代的孩子们，这种思想才会向前发展。这就是我被赋予的使命……就这样，我的心中激情澎湃，不能自己。

哲人： 果然不错。但你一直用"过去时"来叙述这件事啊？

青年： 正是如此，这已经完全是过去的事情了。不，请不要误解。我并不是对学生们失望，也不是对教育本身失望灰心。我只是对阿德勒思想失望，也就是对您失望。

哲人： 为什么呢？

青年：哈！其中的原因您也可以摸着胸口问问自己啊！阿德勒思想只不过是纸上谈兵，在现实社会中根本发挥不了任何作用！特别是其提倡的**"不可以表扬也不可以批评"**的教育方针。事先声明一下，我可是严格按照阿德勒的主张去做，既没有表扬也没有批评。考试得了满分不表扬，卫生打扫得好也不表扬。忘了做作业不批评，课堂上捣乱也不批评。您认为结果会怎样呢？

哲人：……教室里应该会一片混乱吧？

青年：正是。唉，现在想来，那也是很自然的事情。都是我的错，不应该被恶俗的骗局所蒙蔽。

哲人：那么，你接下来又是怎么做的呢？

青年：自不必说，我选择了严厉批评那些表现不好的学生。当然，先生您肯定会轻轻松松地断定这是个愚蠢的对策。但是，我并不是那种一味醉心于哲学、沉溺于空想的人。我是一名时刻生活在现实中必须对自己的职业以及学生们的生命和人生负责的教育工作者。并且，眼前的"现实"在一刻不停地发展变化着！情况实在是刻不容缓！

哲人：效果如何？

青年：当然，事情发展到这般地步，即使批评也无济于事了。因为学生们已经认定我是一个软弱可欺的人……老实说，我有时甚至羡慕以前允许体罚时代的老师们。

哲人：你有些不平静啊。

青年：为了避免误会，我还要补充一句，我这并不是冲动之下的"发怒"。这种"发怒"仅仅是基于理性的教育最终手段，可以说是在开一种名为"斥责"的抗生素。

哲人：所以，你就想要抛弃阿德勒思想？

青年：哎呀，这只不过是简单易懂的一个例子。阿德勒思想的确很棒。它大大颠覆传统价值观，让我们感觉人生似乎豁然开朗，看上去简直是无可非议的世界真理……但是，它只有在这个"书房"里才行得通！一旦走出这扇房门进入现实世界，阿德勒思想就显得过于天真。它只是一种空洞的理想论，毫无实用性。您也仅仅是在这个书房里虚构了一个自以为是的世界，整日沉溺于空想之中。您根本不了解外面那个乱象丛生的真实世界！

哲人：的确有些道理……然后呢？

青年：既不表扬也不批评的教育，借着自主性的名义对学生们放任自流的教育，这些只不过是在放弃教育者的职责！我今后要以完全不同于阿德勒思想的方式来面对孩子们。这种方式是否"正确"都无所谓。但是，我必须这么做。既要表扬也要批评。当然，必要的时候也必须得给予严厉的惩罚。

哲人：我确认一下，你不打算辞去教育工作吧？

青年：那是当然。我绝对不可能放弃教育事业。因为这是我自己选择的道路，对我来说它不是职业而是"生活方式"。

哲人：听你这么说我就放心了。

青年：难道您还认为这没什么吗？！假如要继续从事教育事业，我今天就必须在这里抛弃阿德勒思想！否则就等于是放弃教育者的责任，对学生弃而不顾……看呀，这就是一个非常急迫的问题。您要如何解答呢？！

人们误解了阿德勒思想

哲人： 首先，我要更正一点。刚才你用到了"真理"一词。但是，我并没有把阿德勒思想说成是绝对不变的真理。这就好比是在**配眼镜**。很多人通过镜片可以开阔视野，也有些人戴上眼镜之后视线更加模糊了。我并不想把阿德勒思想这副"镜片"强加给这些人。

青年： 等等，您这是在回避问题吧？！

哲人： 不是。我这么来回答你。**阿德勒心理学是一种最容易被误解也是最难理解的思想**。那些声称"了解阿德勒"的人大半都误解了他的教导。他们既没有拿出真正去理解的勇气，也不想正视阿德勒思想背后更广阔的风景。

青年： 人们误解了阿德勒？

哲人： 是的。假如有人一接触阿德勒思想便立即感激地说"活得更加轻松了"，那么这个人一定是大大误解了阿德勒。因为，如果真正理解了阿德勒对我们提出的要求，那就一定会震惊于他的严厉。

青年： 您是说我也误解了阿德勒？

哲人： 就你目前所说过的话来看，是这样。当然，也并不是只有你这样。很多阿德勒信徒（阿德勒心理学的实践者）都是从误解开始慢慢踏上理解的阶梯，你肯定是还没有找到应该继续攀登的阶梯。年轻时候的我也并不是轻而易举地就找到了方向。

青年：哦，先生是说您也有过一段迷茫的时期？

哲人：是的，有过。

青年：那么，我向您请教一下。通往理解的阶梯在哪里呢？所谓的阶梯究竟是什么？先生又是在哪里寻找到的呢？

哲人：我很幸运。了解阿德勒的时候，我正作为"主夫"在家里照看幼小的孩子。

青年：怎么回事呢？

哲人：通过照看孩子学习阿德勒，与孩子一起实践阿德勒思想，并在这个过程中不断加深理解得以确证。

青年：所以，我想知道您学到了什么又得到了什么样的确证！

哲人：一言以蔽之，那就是"爱"。

青年：您说什么？

哲人：……没必要再重复了吧？

青年：哈哈哈，这真是笑话！您是说"爱"？要了解真正的阿德勒思想就必须了解爱？

哲人：之所以认为这话可笑是因为你还没有了解爱。阿德勒所说的爱是一个最严肃也最能考验人们勇气的课题。

青年：哎？！总归就是说教式的"邻人爱"吧？我根本不想听这个！

哲人：这恰恰说明你现在对教育已经无计可施，对阿德勒思想充满了不信任感。不仅如此，你甚至想大声地喊出"放弃阿德勒思想，你也不要再说了"。你为什么如此气愤呢？原本你一定感觉阿德勒思想是魔法一样的东西，挥一挥魔杖，所有的愿望瞬间实现。

假如是这样的话，那你真该早些放弃阿德勒思想。**你应该抛弃之前对阿德勒的误解，去了解真正的阿德勒。**

青年：不是的！第一，我原本也没有期待阿德勒思想会是什么魔法。第二，您以前应该也这么说过，也就是**"任何人都随时可以获得幸福"。**

哲人：是的，我的确说过。

青年：您这话本身不就像是一种魔法吗？！您这好比是一边忠告人们"不要被假币所骗"，一边又让人们持有假币。这是典型的欺诈模式！

哲人：人人都随时可以获得幸福。这并不是什么魔法，而是非常严肃的事实。你也好，其他什么人也好，都可以踏出幸福的第一步。但是，**幸福并非一劳永逸的事情，必须在幸福之路上坚持不懈地努力向前。**这一点我有必要指出。

你已经踏出了最初的一步，踏出了重要的一大步。但是，你不但勇气受挫止步不前，现在甚至想要半路返回。你知道这是为什么吗？

青年：您是说我耐力不够吧？

哲人：不，你尚未做出**"人生最大的选择"。**仅此而已。

青年：人生最大的选择？！您让我选择什么呢？

哲人：我刚才已经说过了，是**"爱"。**

青年：哎呀，这种话怎么能让人明白呢？！请您不要用抽象的说辞来回避话题！！

哲人：我是认真的。你现在所烦恼的一切都可以归结为爱的问题。无论是教育问题还是你自己人生方向的问题都是如此。

青年：……好吧。这一点似乎有些反驳的价值。那么，在进入正式辩论之前，我就先说说这个问题。先生，我认为您完全就是"当代苏格拉底"。不过，并不是在思想方面，而是在"罪责"方面。

哲人：罪责？

青年：据说苏格拉底是因为有教唆古希腊城邦雅典的年轻人堕落之嫌才获判死罪的吧？并且，他制止了要助其越狱的弟子们，服毒自尽……这岂不是很有意思？依我看，在这座古都宣扬阿德勒思想的您也犯了同样的罪过。也就是巧言迷惑不谙世事的年轻人，教唆他们堕落！

哲人：你是说自己被阿德勒思想蒙蔽而堕落了？

青年：所以我才要再次造访做一个了断。并且，我不想再有更多的受害者，这次一定要从思想上打败您。

哲人：……夜已经深了。

青年：但是，黎明之前一定要做一个了结。也没有必要反复来访了。究竟是我登上理解的阶梯？抑或是击碎你十分珍视的所谓阶梯，彻底抛弃阿德勒思想？两者之中必择其一，没有折中的结果。

哲人：明白了。这将会是最后的对话吧？不……好像你势必要让其成为最后的对话。

目　录

纪念套装·作者寄语

推荐序一　没有足够勇气，你就无法幸福

推荐序二　"自立"尽头的爱

推荐序三　我遇见了所有的悲伤，但我依然愿意前往

推荐序四　勇者不惧，不惧者幸福

译者序

引　言

第一章　可恶的他人，可怜的自己

阿德勒心理学是一种宗教吗？　/3

教育的目标是"自立"　/9

所谓尊重就是"实事求是地看待一个人"　/15

关心"他人兴趣"　/21

假如拥有"同样的心灵与人生"　/25

勇气会传染，尊重也会　/27

"无法改变"的真正理由　/30

你的"现在"决定了过去　/34

可恶的他人，可怜的自己　/37

阿德勒心理学中并无"魔法"　/40

第二章　为何要否定"赏罚"

教室是一个民主国家　/ 45

既不可以批评也不可以表扬　/ 48

问题行为的"目的"是什么　/ 52

憎恶我吧！抛弃我吧！　/ 56

有"罚"便无"罪"吗？　/ 63

以"暴力"为名的交流　/ 67

发怒和训斥同义　/ 71

自己的人生，可以由自己选择　/ 74

第三章　由竞争原理到协作原理

否定"通过表扬促进成长"　/ 83

褒奖带来竞争　/ 86

共同体的病　/ 89

人生始于"不完美"　/ 92

"自我认同"的勇气　/ 98

问题行为是在针对"你"　/ 102

为什么人会想成为"救世主"　/ 105

教育不是"工作"而是"交友"　/ 109

第四章　付出，然后才有收获

一切快乐也都是人际关系的快乐　/ 115

是"信任"，还是"信赖"？　/ 119

为什么"工作"会成为人生的课题　/ 123

职业不分贵贱　/ 126

重要的是"如何利用被给予的东西" / 130

你有几个挚友？ / 135

主动"信赖" / 138

人与人永远无法互相理解 / 141

人生要经历"平凡日常"的考验 / 144

付出，然后才有收获 / 148

第五章　选择爱的人生

爱并非"被动坠入" / 153

从"被爱的方法"到"爱的方法" / 156

爱是"由两个人共同完成的课题" / 159

变换人生的"主语" / 162

自立就是摆脱"自我" / 165

爱究竟指向"谁" / 169

怎样才能夺得父母的爱 / 172

人们害怕"去爱" / 177

不存在"命中注定的人" / 180

爱即"决断" / 183

重新选择生活方式 / 186

保持单纯 / 190

致将要创造新时代的朋友们 / 192

后记一　再一次发现阿德勒 / 198

后记二　不要停下脚步，继续前进吧 / 201

作译者介绍 / 205

第一章

可恶的他人，可怜的自己

　　时隔三年再次拜访，哲人的书房与上次几乎没什么两样。一直使用着的书桌上尚未完成的书稿厚厚摞着。或许是怕被风吹乱吧，书稿上面压了一支带有金色镂花的古色古香的钢笔。一切都令青年充满眷恋，他甚至感觉这里简直就像是自己的房间。这本书自己也有，那本书上周才刚刚读完……眯眼看着满墙书架的青年深深吸了一口气。"绝不可以留恋此地，我必须迈出去。"他暗暗地下着决心。

阿德勒心理学是一种宗教吗？

青年：直到决定今天再次登门拜访，也就是下定抛弃阿德勒思想这一决心之前，我真是相当苦恼。那种苦恼实在是超出你的想象，因为阿德勒思想是如此充满魅力。但事实是我自己也真是满腹疑问，这种疑问与"阿德勒心理学"这一名称本身直接相关。

哲人：哦，是怎么回事呢？

青年：正如阿德勒心理学这一名称一样，阿德勒思想被认为是心理学。而且，据我所知，心理学属于科学。但是，阿德勒所提倡的主张有很多不科学的地方。当然，因为是研究"心灵"的学问，不可以等同于那种一切都用算式表示的学科。这一点我很清楚。

但是，麻烦的是**阿德勒思想谈论人的时候太过"理想化"**。简直就像是基督教提倡的"邻人爱"一样不切实际的说教。好，所以我要提出第一个问题。先生认为阿德勒心理学是"科学"吗？

哲人：要说它是不是严格意义上的科学，也就是那种拥有证伪可能性的科学，那应该不是。虽然阿德勒明确表示自己的心理学是"科学"，但当他开始提出"共同体感觉"这个概念的时候，很多人就离他而去了。与你一样，他们断定"这种东西并不是科学"。

青年：是的，对于志在研究科学心理学的人来说，这也许是非常自然的反应。

哲人：这一点也是至今依然存在争议的地方，弗洛伊德的精神分析学、荣格的分析心理学以及阿德勒的个体心理学，在不具有证伪可能性这个意义上，三者都与科学的定义存在矛盾之处。这是事实。

青年：的确如此。今天我带了笔记本，准备好好记下来。您说阿德勒心理学不能说是严格意义上的科学……那么，先生您三年前曾用"另一种哲学"这种说法来形容阿德勒思想，对吧？

哲人：是的。我认为阿德勒心理学是**与希腊哲学一样的思想，是一种哲学**。阿德勒自己也这么认为。比起心理学家这个称号，他首先是一位哲学家，一位把自己的主张应用于临床实践的哲学家。这是我的认识。

青年：明白了。那么，接下来进入正题。我认真思考并全力实践了阿德勒思想，根本没有任何怀疑。深信不疑，简直可以说是热情高涨。但是，特别是当我想要在教育现场实践阿德勒思想时，遇到了意想不到的大大的排斥。不仅仅是学生们，也有来自周围教师的排斥。想想倒也理所当然。因为我提出了完全不同于他们原来价值观的教育理念，并试图首次进行实践。于是，我一下子想起了某些人，并和自己的境遇联系起来……您知道是谁吗？

哲人：是谁？

青年：大航海时代进入异教徒国家的天主教传教士们！

哲人：哦。

青年： 非洲、亚洲以及美洲大陆。天主教的传教士们进入语言文化甚至所信仰的神都不相同的异国去宣扬自己信奉的教义。这简直就像去学校宣传阿德勒思想的我一样。即使那些传教士们也是既有传教成功的情况也有遭到镇压并被残忍杀害的情况……不，照常识想想，可能一般也会被拒绝吧。

如果是这样，那么这些传教士们究竟是如何让当地民众抛弃原有信仰接受全新"神"的呢？这可是一条相当困难的道路啊。带着强烈的疑问，我走进了图书馆。

哲人： 然后呢……

青年： 别急，我的话还没有说完。当我探寻大航海时代传教士们的相关书籍时又发现了另外一件有趣的事情。那就是"**阿德勒哲学是否归根结底还是一种宗教？**"。

哲人： ……也有些道理。

青年： 对吧？阿德勒所说的理想并不是科学。只要不是科学，最终都会走入"信或不信"的信仰层次话题。诚然，从我们的角度看，不了解阿德勒的人简直就像是依然信奉伪神的、野蛮的未开化人。我们觉得必须尽快向其传播真正的"真理"以进行救济。但是，也许在对方眼里恰恰我们才是信奉邪神的未开化人。也许他们会认为我们才是应该被救济的对象。难道不是这样吗？

哲人： 当然，正是如此。

青年： 那么，我要请问您。阿德勒哲学和宗教究竟有什么区别？

哲人： 宗教和哲学的区别。这真是一个重要的主题。在这里如果我们不去考虑"神"的存在，问题就好理解了。

青年：哦……怎么回事呢？

哲人：宗教、哲学以及科学，它们的出发点都一样。我们从哪里来；我们在哪里；然后，我们应该如何活着。**以这些问题为出发点的就是宗教、哲学、科学**。在古希腊，哲学和科学并无区别，科学（science）一词的语源即拉丁语的"scientia"，仅仅是"知识"的意思。

青年：是啊，当时所谓的科学就是这样吧。但是，问题是哲学和宗教。哲学和宗教究竟有什么区别呢？

哲人：在谈论区别之前，最好先来明确一下两者的共同点。与仅限于客观事实认定的科学不同，哲学或宗教的研究范畴深入到人类的"真""善""美"。这是一个非常重大的要点。

青年：明白。您是说深入到人类"心灵"的是哲学、宗教。那么，两者的区别、分界线又在哪里呢？依然是"是否有神的存在"这一点吗？

哲人：不。**哲学和宗教的最大区别在于是否有"故事"**。宗教是通过故事来解释世界。在这里，可以说神是说明世界的重大故事的主人公。与此相对，哲学则拒绝故事。哲学通过没有主人公的抽象概念来解释世界。

青年：……哲学拒绝故事？

哲人：或者，请你这样想。为了探索真理，我们在向着黑暗无限延伸的长长的竹竿上不断地攀爬。质疑常识，反复地自问自答，在不知延伸至何处的竹竿上拼命地攀登。于是，偶尔我们会在黑暗中听到自己内心的声音。那就是"即使再往前走也没有什么，这里就是真理所在了。"之类的话。

青年：嗯。

哲人：于是，有人就遵从内心的声音停止了攀登的步伐。继而就会从竹竿上跳下来。那里是否有真理呢？我不知道。也许有，也许没有。不过，**停止攀登而中途跳下来，我称其为"宗教"。哲学则是永不止步**。这与是否有神没有关系。

青年：那么，永不止步的哲学岂不是没有答案吗？

哲人：哲学（philosophy）的语源即希腊语的"philosophia"就包含**"热爱知识"**的意思。也就是说，**哲学是"爱知学"，哲学家是"爱知者"**。反过来也可以说，一旦成为无所不知的完美"知者"，那个人其实就已经不再是爱知者（哲学家）了。近代哲学巨匠康德曾经说："我们无法学习哲学，我们只能学习如何**从事哲学**。"

青年：从事哲学？

哲人：是的。**与其说哲学是一门学问，不如说它是一种生存"态度"**。或许宗教是在神的名义之下阐述"一切"，阐述全知全能的神以及受神委托的教义。这是与哲学有着本质差别的观点。

并且，假如有人自称"自己明了一切"，继而停止求知和思考，那么，不管神是否存在或者信仰有无，这个人都已经步入了"宗教"。我是这么认为的。

青年：也就是说，先生您还"不知道"答案？

哲人：不知道。当我们自认为"了解"了对象的那一瞬间，就不再想继续探索了。我会永不停止地思考自己、思考他人、思考世界。因此，**我将永远"不知"**。

青年：呵呵呵。您这又是一种哲学式的回答吧。

哲人：苏格拉底通过与那些自称"知者"（诡辩派）的人对话得出一个结论。我（苏格拉底）很清楚"自己的知识并不完备"，知道自己无知；但是，他们那些诡辩派也就是自称知者的人自以为明了"一切"，却对自己的无知一无所知；在这一点上，也就是**在"知道自己的无知"这一点上，我比他们更配称为知者**……这就是著名的"无知之知"言论。

青年：那么，连答案都不知道的无知的您究竟要传授给我什么呢？！

哲人：不是传授，是共同思考、共同攀登。

青年：哦，朝着竹竿的无边尽头？绝不半路折回？

哲人：是的，一直追问、一直前进。

青年：您可真自信啊！但是诡辩已经无济于事了。好吧，那就让我把您从竹竿上摇落下来！

教育的目标是"自立"

哲人：那么，我们从哪里开始呢？

青年：现在，我关心的紧迫话题依然是教育。那就以教育为中心来揭穿阿德勒的自相矛盾吧。因为阿德勒思想在根本上与一切"教育"都有矛盾之处。

哲人：听起来倒有些意思。

青年：阿德勒心理学中有"**课题分离**"这种观点吧？人生中的一切事物都根据"这是谁的课题？"这一观点**划分为"自己的课题"和"他人的课题"**来考虑。比如，我被上司讨厌，当然，心情肯定不好，一般情况下我一定会想方设法获得上司的好感和认可。

但是，阿德勒认为这样做不对。他人（上司）如何评价我的言行以及我这个人，这是上司的课题（他人的课题），我根本无法掌控。即使我再努力，上司也许依然讨厌我。

因此，阿德勒说：**"你并不是为了满足他人的期待而活着，别人也不是为了满足你的期待而活着。"**不必畏惧他人的视线，不必在意他人的评价，也不需要寻求他人的认可。尽管去选择自己认为最好的路。也就是既不要干涉别人的课题，也不要让别人干涉自己的课题。这是一个会带给初次接触阿德勒心理学的人极大冲击的概念。

哲人： 是的。如果能够进行"课题分离"，人际关系中的烦恼将会减少很多。

青年： 而且，先生也曾说过下面的话。到底是谁的课题，辨别方法其实很简单，也就是只需要考虑一下**"选择带来的结果最终由谁承担"**。我没说错吧？

哲人： 没错。

青年： 那时先生举出的事例是孩子的学习问题。孩子不学习，担心其将来的父母会加以训斥并强迫其学习。但是，这种事例中，"孩子不学习"所带来的结果——总之就是考不上理想学校或者难以找到工作之类的事情——的承担者是谁呢？无疑是孩子自己，而绝对不是父母。也就是说，学习是"孩子的课题"，父母不应该干涉。这样理解没有问题吧？

哲人： 是的。

青年： 那么，这里就产生了一个大大的疑问。学习是孩子的课题，父母不可以干涉孩子的课题。倘若如此，"教育"又是什么呢？我们教育者又是什么样的职业呢？可以这么说，若是按照先生的理论，我们这些强迫学生学习的教育者简直就是粗暴干涉孩子课题的不法侵入者！哈哈，怎么样？您能回答这个问题吗？

哲人： 的确。这是谈论教育者与阿德勒的时候时常遇到的一个问题。学习的确是孩子的课题。即使父母也不可以妄加干涉。假若我们片面地去理解阿德勒所说的"课题分离"，那么，所有的教育都将是对他人课题的干涉，是应该被否定的行为。但是，在阿德勒时代，没有比他更热心教育的心理学家。**对阿德勒来说，**

教育不仅是中心课题之一，更是最大的希望。

青年：哦，具体讲呢？

哲人：例如，在阿德勒心理学中，心理咨询并不被认为是"治疗"，而被看成是**"再教育"**的机会。

青年：再教育？

哲人：是的。无论是心理咨询还是孩子的教育，其本质都一样。我们也可以认为，心理咨询师就是教育者，教育者就是心理咨询师。

青年：哈哈，这一点我还真不知道。难道我还成了心理咨询师了？！到底是什么意思呢？

哲人：这是很重要的点。让我给你慢慢道来。首先，在你看来，家庭或学校教育的目标是什么呢？

青年：……这可一言难尽。通过学问钻研知识、培养社会性、成长为富有正义感、身心健康的人……

哲人：是的。这些都很重要，但是请您站在更广阔的角度想一想。我们通过实施教育想要孩子变成什么呢？

青年：……希望其成为一个合格的成人吗？

哲人：是的，教育的目标简而言之就是**"自立"**。

青年：自立……哦，也可以这么说吧。

哲人：阿德勒心理学认为，人都有极力逃脱无力状态不断追求进步的需求，也就是**"优越性追求"**。蹒跚学步的婴儿渐渐可以独立行走，掌握语言与周围人进行沟通交流。也就是说，人都追求自由，追求脱离无力而不自由状态之后的"自立"。这是一种根本性的需求。

青年：您是说促进其自立的是教育？

哲人：是的。而且，并不仅仅是身体的成长，孩子们在取得社会性"自立"的时候必须了解各种各样的事情。你所说的社会性、正义以及知识等也在其列。当然，关于一些不懂的事情，那些懂得的人必须进行传授。周围的人必须对其进行帮助。**教育不是"干涉"，而是"帮助"其自立。**

青年：哈，听起来仅仅是换了种说法而已啊！

哲人：例如，一个人连交通规则和红绿灯的意思都不懂就被放到社会上去会怎样呢？或者是一个根本不会开车的人能让其开车吗？当然，这里都有应该记住的规则和应该掌握的技术。这是性命攸关的问题，而且也是关系到他人性命安全的问题。反过来说，假如地球上根本没有他人只有自己一个人生活的话，那就没有应该知道的事情，也不需要教育了。那样的世界不需要"知识"。

青年：您是说因为有他人和社会存在，才有应该学习的"知识"？

哲人：正是如此。这里的"知识"不仅仅指学问，还包括人**如何幸福生活的"知识"。**也就是，人应该如何在共同体中生活，如何与他人相处，如何才能在共同体中找到自己的位置；认识"我"，认识"你"，了解人的本性，理解人的理想状态。阿德勒把这种知识叫作**"人格知识"。**

青年：人格知识？第一次听说这个词。

哲人：或许吧。这种人格知识无法从书本上获得，只能从与他人交往的人际关系实践中学习。在这个意义上，可以说有众多人围绕的学校比家庭更具教育价值。

青年：您是说教育的关键就在于这种"人格知识"？

哲人：是的。心理咨询也是如此。心理咨询师就是帮助来访者"自立"，共同思考自立所需要的"人格知识"……对了，你还记得我上次说过的阿德勒心理学所提出的目标吗？行为方面的目标和心理方面的目标。

青年：是的，当然记得。行为方面的目标有以下两点：

（1）自立。

（2）与社会和谐共处。

而且，支撑这种行为的心理方面的目标也有以下两点：

（1）"我有能力"的意识。

（2）"人人都是我的伙伴"的意识。

总之，您是说**不仅仅是心理咨询，即使在教育现场，这四点也非常重要**吧？

哲人：而且，即使对于我们这些莫名感到生活艰辛的成年人也是一样。因为也有很多成年人无法达到这些目标，为社会生活所苦恼。

假如抛开"自立"这一目标，教育、心理咨询或者是工作指导都会立即变成一种强迫行为。

我们必须明确自己的责任所在。教育是沦为强制性的"干涉"，还是止于促其自立的"帮助"？这完全取决于教育者、咨询师以及指导者的态度。

青年：的确如此。我明白也赞成这种远大的理想。但是，先生，同样的方法已经骗不了我了！和先生谈话，最后总是归于抽象的理想论，总是说一些冠冕堂皇的话，让人"自以为明白了"。

但是，现实问题并不抽象而是非常具体的。不要一味空谈，请您讲一些实实在在的理论。具体说来，教育者应该踏出怎样的一步？关于这最重要的具体的一步，您一直在含糊其辞。您的话太空了，总是关注一些远处的风景，却根本不看脚下的泥泞。

三年前的青年对于哲人口中所说的阿德勒思想满是惊讶、怀疑和感情排斥。但这次却有所不同。青年对阿德勒心理学的主要内容已经充分理解，社会实践经验也更加丰富。从实际经验的意义上来讲，甚至可以说青年学到的东西更多。这一次，青年的计划很明确。那就是：不要听抽象化、理论式、理想性的话，一定要听具体化、实践式、现实性的话。因为，他知道阿德勒的弱点也正在这里。

所谓尊重就是"实事求是地看待一个人"

哲人：具体从哪里开始好呢？当教育、指导、帮助都以"自立"为目标的时候，其入口在哪里呢？这一点的确令人苦恼。但是，这里也有明确的方针。

青年：愿闻其详。

哲人：答案只有一个，那就是"尊重"。

青年：尊重？

哲人：是的。教育的入口唯此无他。

青年：这又是一个令人意外的答案！也就是"尊重父母""尊重教师""尊重上司"之类的吗？

哲人：不是。比如在班级里，**首先"你"要对孩子们心怀尊重**。一切都从这里开始。

青年：我？去尊重那些五分钟都安静不了的孩子们？

哲人：是的。无论是亲子关系还是公司单位的人际关系，这一点在所有的人际关系中都一样。首先，父母要尊重孩子，上司要尊重部下。**"教的一方"要尊重"被教的一方"**。没有尊重的地方无法产生良好的人际关系，没有良好的关系就不能顺畅交流。

青年：您是说无论什么样的问题儿童都要去尊重他？

哲人：是的。因为最根源的是要**"尊重人"**。并不是指尊重特定的他人，而是指尊重所有的他人，包括家人、朋友、擦肩而过的陌路人，甚至是素未谋面的异国人等。

青年：啊，又是道德说教！不然就是宗教。这是个好机会，您就尽情地说吧。的确，即使在学校教育中，道德也是必修课程，占有重要地位。也必须得承认，的确有很多人相信其价值。

但是，也请您认真想一想。为什么需要特意向孩子们灌输道德观念呢？那是因为孩子们本来是不道德的存在，甚至人原本都是不道德的存在！哼，什么是"对人的尊重"？！其实无论是我还是先生，我们灵魂深处飘荡着的都是令人恶心的不道德的腐臭！

对不道德的人说"一定要讲道德"，要求我讲道德。这分明就是干涉、强迫。您说的都是一些自相矛盾的话！我再重复一遍，先生您的理想论在现实中根本起不了任何作用。而且，您说说要如何尊重那些问题儿童？！

哲人：那么，我也再重复一遍。我并不是在进行道德说教。而且，还有一点，像你这样的人更要懂得并学会尊重。

青年：实在对不起！我根本不想听宗教式的空谈，我要听随时可以实施的可行而具体的建议！

哲人：尊重是什么？我要给你介绍下面这句话。那就是**"尊重就是实事求是地看待一个人并认识到其独特个性的能力"**。这是与阿德勒同时代，为躲避纳粹迫害从德国逃到美国的社会心理学家埃里克·弗洛姆的话。

青年："认识到其独特个性的能力"？

哲人：是的。实事求是地去看待这个世界上独一无二的、不可替代的"那个人"。并且，弗洛姆还补充说："**尊重就是要努力地使对方能成长和发展自己。**"

青年：什么意思？

哲人：不要试图改变或者操控眼前的他人，不附加任何条件地去认可"真实的那个人"。这就是最好的尊重。并且，假如有人能认可"真实的自己"，那个人应该也会因此获得巨大的勇气。**可以说尊重也是"鼓励"之根源。**

青年：不对！这不是我所了解的尊重。尊重是心怀"自己也想成为那样"的愿望，类似于憧憬之类的感情！

哲人：不，那不是尊重，那是恐惧、从属、信仰。那只是一种不看对方是谁，一味畏惧权力权势、崇拜虚像的状态。

尊重（respect）一词的语源是拉丁语的"respicio"，含有"看"的意思。首先要看真实的那个人。你还什么也没有看，也不想看。不要把自己的价值观强加于人，要努力去发现那个人本身的价值，并且进一步帮助其成长发展，这才是尊重。在企图操控和矫正他人的态度中根本没有丝毫尊重。

青年：……如果认可其真实状态，那些问题儿童会改变吗？

哲人：那不是你能控制的事情，可能会改变，也可能不会改变。但是，有了你的尊重，每个学生都会接纳自我并找回自立的勇气。这一点没错吧？是否好好利用找回的勇气，那就要看学生们自己了。

青年：您是说这里又要"课题分离"？

哲人：是的。**即使你能将其带到水边也无法强迫其喝水。**

不管你是多么优秀的教育者都无法保证他们一定会有所改变。但是，正因为无法保证，所以才需要无条件的尊重。首先必须从"你"开始。不附加任何条件也不管结果如何都**要踏出最初一步的是"你"**。

青年：但是，这样的话什么都不会改变！

哲人：在这个世界上，无论多么有权势的人都无法强迫的事情只有两样。

青年：什么？

哲人："尊重"和"爱"。例如，公司的领导是强势的独裁者，的确，员工们也许会无条件地服从命令，假装顺从。但是，这是基于恐惧的服从，根本没有一丁点尊重。即使领导高呼"必须尊重我"，也不会有人尊重，只会越来越离心。

青年：是啊，的确如此。

哲人：并且，相互之间一旦不存在尊重，也就不会有人性化的"关系"。这样的单位只不过是聚集了一些仅仅像螺丝、弹簧或齿轮一样"功能"化的人。即使可以完成一些机械化的"作业"，也没人能够胜任人性化的"工作"。

青年：哎呀，不要兜圈子了！总之，先生您是说因为我得不到学生的尊重，所以课堂才会一片混乱吧？！

哲人：即使有一时的恐惧，也不会有尊重。在这样的情况下，班级混乱也是理所当然的。于是，对混乱班级束手无策的你采取了强制性手段。你企图用威胁和恐吓强迫其服从。的确，这也许可以收到一时的效果，你或许还会安心地认为大家都变得听话了。

但是……

　　青年：……他们根本就没有真正听我的话？

　　哲人：是的。孩子们服从的仅仅是"权力"而不是"你"，他们也根本不想理解"你"，他们只是堵住耳朵闭上眼睛苦苦等待愤怒风暴快点过去而已。

　　青年：呵呵呵，果真如您所言。

　　哲人：之所以陷入这种恶性循环，首先也是因为你自己没有成功地踏出无条件尊重学生的第一步。

　　青年：您的意思是说第一步没有走好的我即使再做什么都行不通？

　　哲人：是的。这就像在空旷无人的地方高声大喊一样，根本不会有人听见。

　　青年：好吧！我要反驳的地方还有很多，关于这一点就先暂且接受您的说法。那么，假设先生您的话正确，以尊重为开端构筑良好关系，但问题是究竟应该如何表示尊重呢？难道要满脸笑容地说"我很尊重你"？

　　哲人：尊重不是靠嘴上说说就可以。而且，对于以这种方式靠近自己的成年人，孩子们会敏锐地察觉对方是在"撒谎"或者是有所"企图"。在他们认定"这个人在撒谎"的那一瞬间，尊重就已经不复存在了。

　　青年：是的、是的，这一点也正如您所言。但是，那该怎么办呢？先生您现在关于"尊重"的说法原本就很矛盾。

　　哲人：哦，哪里矛盾呢？

哲人说要从尊重开始。不仅仅是教育，一切人际关系的基础都是尊重。的确，没人会去认真倾听一个无法令自己尊重的人。哲人的主张也有能够理解的地方。但是，尊重所有的人，也就是说无论是班级里的问题儿童还是社会上横行霸道的恶徒都是应该尊重的对象，这种主张我坚决反对。并且，这个男人已经在自掘坟墓，严重自相矛盾。也就是说，我应该做的工作就是将这个岩窟里的"苏格拉底"彻底埋葬。青年这样想着，缓缓地舔了一下嘴唇，之后开始了滔滔不绝的论战。

关心"他人兴趣"

青年：您注意到了吗？先生您刚才说"尊重绝对不能强迫"。这一点确实如此，我也非常赞同。但是，您转而又说"要尊重学生"。哈哈，这不是很奇怪吗？！不能强迫的事情您却强迫我去做！这不叫矛盾，什么叫矛盾呢？！

哲人：的确，单单这两句话，听起来也许有些矛盾。但是，请你这样理解，尊重之球只会弹回到主动将其投出的人那里。这正像对着墙壁投球一样。如果你投出去的话，有可能弹回来。但是，仅仅对着墙壁大喊"把球给我"却无济于事。

青年：不，您不要用巧妙的比喻来敷衍了事。请好好回答！投出球的"我"的尊重来自哪里？球可不会凭空而生！

哲人：明白了。这是理解实践阿德勒心理学的关键点。你还记得"**共同体感觉**"这个说法吗？

青年：当然记得，虽然我还没有完全理解。

哲人：是的，这是一个相当难理解的概念，还要花费一些时间去思考。现在请你先回忆一下，阿德勒把德语中的"共同体感觉"翻译成英语的时候采用了"social interest"这个词。它的意思就是"对社会的关心"，进一步讲就是**对形成社会的"他人"的关心**。

青年：与德语不一样吧？

哲人：是的。德语中采用的是具有"共同体"意思的"gemeinschaft"与具有"感觉"意思的"gefühl"结合起来的"gemeinschaftsgefühl"一词，正是"共同体感觉"的意思。如果将该词英译时忠实于德语原文的话，那或许就会变成"community feeling"或者"community sense"了。

青年：哎呀，虽然我并不想听这种学术性的话，但还是想知道这是怎么回事。

哲人：请你仔细思考一下。阿德勒把"共同体感觉"介绍到英语圈的时候为什么没有选择忠实于德语原文的"community feeling"一词而是选择了"social interest"这个词？其中隐含着非常重大的理由。

还在维也纳的阿德勒开始提倡"共同体感觉"这一概念的时候，很多支持者都离他而去，这事我曾经说过吧？也就是说，很多人认为这种东西不是科学，那些原本认为阿德勒心理学是科学的人开始怀疑其价值，于是阿德勒遭到非议，失去了支持者。

青年：是的，我听说过。

哲人：通过这件事，阿德勒也充分理解了"共同体感觉"推广的难度。因此，在将其介绍到英语圈的时候，他把"共同体感觉"这一概念置换成了更具实践性的行动指南，把抽象换成了具体。这种具体的行动指南正是"对他人的关心"这一说法。

青年：行动指南？

哲人：是的。也就是不要执着于自我，而要对他人给予关心。按照这种指南去做，自然就能找到"共同体感觉"。

青年：啊，我什么也不明白！这种说法已经很抽象了！对他人给予关心这种行动指南本身就很抽象！具体应该怎么做呢？！

哲人：那么，在这里请你再回忆一下弗洛姆的话："尊重就是要努力地使对方能成长和发展自己"。……不做任何否定，不做任何强迫，接受并尊重"那个人真实的样子"。也就是，守护并关心对方的尊严。那么，这具体的第一步在哪里，你知道吗？

青年：第一步是什么？

哲人：这是一个非常合乎逻辑的归结：**关心"他人兴趣"。**

青年：他人兴趣？！

哲人：例如，孩子们爱玩你根本无法理解的游戏，热衷于一些面向孩子的无聊玩具，有时还读一些与公共秩序和社会良俗相违背的书籍，沉迷于电子游戏……你也可以想到很多事例吧？

青年：是的，几乎每天都在亲眼看见类似的场景。

哲人：很多父母或者教育者都对此非常反感，希望能够带给孩子更多"有用的东西"或者是"有价值的东西"。劝阻其不良行为，没收书籍或者玩具，只给孩子自己认为有价值的东西。

当然，父母这么做是在"为孩子着想"。但这完全是一种缺乏"尊重"，只能逐渐拉远与孩子距离的行为。因为它否定了孩子们认为理所当然的兴趣。

青年：那么，您的意思是说要给他们推荐一些低俗的游戏？

哲人：不是我们向其推荐什么。只是去关心"孩子们的兴趣"。无论在你看来是多么低俗的游戏，都首先试着去理解一下它到底是怎么回事。自己也去尝试一下，偶尔再和他们一起玩玩。不是

"陪你玩",而是自己也投入其中愉快地享受。这时孩子们才会真正感到自己作为一个人被认可、被"尊重"、被平等对待,而不是仅仅被当作一个孩子。

青年:但是,那……

哲人:并不仅仅是孩子。这是**所有人际关系中都必需的尊重的具体的第一步。**无论是公司里的人际关系还是恋人间的关系,抑或是国际关系,在各种关系中我们都需要对"他人兴趣"给予更多关心。

青年:不可能!先生您或许不知道,那些孩子们的兴趣有的非常下流!有的甚至极其粗俗、怪诞、丑恶!所以,为他们指出正确道路不正是我们大人的职责所在吗?!

哲人:不对。关于共同体感觉,阿德勒喜欢这样讲,我们需要**"用他人的眼睛去看,用他人的耳朵去听,用他人的心去感受"。**

青年:什么意思?

哲人:你现在是企图用自己的眼睛去看,用自己的耳朵去听,用自己的心去感受,所以才会用"粗俗""丑恶"之类的词来形容孩子们的兴趣。孩子们并不认为自己的兴趣粗俗。那么,他们又看到了什么呢?首先就从理解他们这一点开始。

青年:哎呀,不可能!根本不可能!

哲人:为什么?

假如拥有"同样的心灵与人生"

青年：先生也许已经忘了，但我还清楚地记着。三年前，您断言道，人并不是住在客观的世界，而是住在自己营造的主观世界里。我们必须面对的问题不是"世界如何"，而是"如何看待世界"。我们都无法脱离主观。

哲人：是的，正是如此。

青年：那么，我要问问您。无法脱离主观的我们又如何拥有"他人的眼睛"或者"他人的耳朵"，甚至拥有"他人的心灵"？！请您不要玩文字游戏！

哲人：这个问题很重要。的确，我们无法脱离主观。当然也不可能成为他人。但是，我们可以想象他人眼中看到的事物和他人耳中听到的声音。

阿德勒这样建议：首先想一想"假如我拥有和此人一样的心灵和人生情况会如何？"。如此一来，你就会意识到"自己也一定会面临和此人一样的课题吧"，于是也就能理解他人。继而就能够想象到"自己也一定会采取和此人一样的做法吧"。

青年：同样的心灵和人生……？

哲人：例如，有一个根本不想学习的学生。此时去追问他"你为什么不学习"，这种做法本身就表现出缺乏尊重的态度。不要这样做，而是去想一想"假如自己和他拥有同样的心灵和人生的情

25

况会如何？"。想象一下自己和他处于相同的年纪，生活在一样的家庭，交着和他相同的朋友，拥有和他一样的兴趣。如此一来也就能想象出"那样的自己"在学习这个课题上会采取什么样的态度以及为什么会拒绝学习……你知道这种态度叫什么吗？

青年：……是想象力吗？

哲人：不，这就是"共鸣"。

青年：共鸣？！这种去想象拥有同样的心灵和人生的做法？

哲人：是的。我们一般认为的共鸣，也就是想着"我也是一样的心情"去同意对方的意见，其实这只不过是赞同而非共鸣。**共鸣是接近他人时的技术和态度。**

青年：技术！共鸣是技术吗？

哲人：是的。并且，**只要是技术，你也可以掌握。**

青年：哦，很有趣嘛！那么，请您作为技术来说明一下吧。究竟如何了解对方的"心灵和人生"？难道要一一去咨询？哈，这您也不明白吧！

哲人：所以才要去关心"他人兴趣"。不可以仅仅是远距离地观望，必须亲自投入其中。没有投入其中的你只会高高在上地批评"那不合理""这有毛病"。这种做法既没有尊重也不可能有共鸣。

青年：不对！完全不对！

哲人：哪里不对？

勇气会传染，尊重也会

青年：如果我和学生们一起玩球的话，他们也许会敬慕我。也许会增加好感拉近距离。但是，你一旦成为那些孩子们的"朋友"，教育就会变得更加困难！

很遗憾，孩子们并不是天使。他们往往是"蹬鼻子上脸"无法无天的小恶魔。其实你只是在与世上并不存在的空想中的天使们做游戏！

哲人：我也养育了两个孩子。另外，也有很多不习惯学校教育的年轻人到这个书房里来进行心理咨询。如你所言，孩子不是天使，是人。

但是，正因为他们是人，才必须给予最大的尊重。不俯视、不仰视、不讨好、**平等以待**，对他们感兴趣的事物产生共鸣。

青年：不，尊重他们的理由我没法接受。归根结底，我们是要通过尊重激发其自尊心吧？这本身就是一种小瞧孩子们的想法！

哲人：我的话你还是只理解了一半。我并不是要求你单方面去"尊重"，而是**希望你教会孩子们"尊重"**。

青年：教会尊重？

哲人：是的，通过你的身体力行来向他们展示什么是尊重。展示尊重这种构筑人际关系基础的方法，让他们了解基于尊重的关系。阿德勒说**"怯懦会传染，勇气也会传染"**。当然，"尊重"也会传染。

青年：会传染？！无论勇气还是尊重？

哲人：是的。由你开始。即使没人理解和赞同，你也必须首先点亮火把，展示勇气和尊重。火把照亮的范围最多也就是半径数米，也许感觉像是一个人走在空无一人的夜道上。但是，数百米之外的人也可以看到你所举着的火把。大家就会知道那里有人、有光，走过去有路。不久，你的周围就会聚集数十数百盏火把，数十数百的人们都会被这些火把照亮。

青年：……哼，这究竟是什么寓言呀？！您的意思是说我们教育者的职责就是尊重孩子们并教给他们什么是尊重？

哲人：是的。不仅仅是教育，这也是**一切人际关系的第一步**。

青年：不不，我不知道您到底养育了几个孩子，有多少人到这里来进行心理咨询，但先生您是闷在这个闭塞书房里的哲学家。您根本不了解现代的现实社会和学校！

学校教育和资本主义社会所寻求的根本不是人格或者虚无的"人格知识"，监护人和社会要的是看得见的数字。就教育机构来说，那就是看学习实力的提升！

哲人：是的，这倒没错。

青年：无论你多么受学生爱戴，无法提升学生学习实力的教育者都会被打上教育失职的烙印。这就等同于企业集团中的亏损企业！而那些靠强硬手段提高学生学习实力的教育者就可以获得喝彩和掌声。

并且，问题还远不止如此。就连那些一直被训斥的学生们日后也会感激地说"谢谢您那时对我的严厉指导"！学生本人也认为正因为被严加管教才能够继续学习，所以老师的严厉是爱的鞭策。并且，他们甚至会对此感激不已！这种现实，您又如何解释呢？！

哲人：当然，我也认为会有你说的这些情况。这也可以说正是对阿德勒心理学理论再学习的好案例。

青年：哦，您是说可以解释？

哲人：我们接着三年前的讨论，对阿德勒心理学进行深一步的探讨，你一定会有更多的发现。

阿德勒心理学的关键概念，最难理解的是"共同体感觉"。对此，哲人说："用他人的眼睛去看，用他人的耳朵去听，用他人的心去感受。"并且他还说这需要共鸣技术，而共鸣的第一步就是关心"他人兴趣"。作为道理，可以理解。但是，教育者的工作就是成为孩子们好的理解者吗？这究竟是不是哲学家的文字游戏呢？青年目光犀利地注视着提出"再学习"一词的哲人。

"无法改变"的真正理由

青年：那我要问问您。再学习阿德勒的什么呢？

哲人：在判定自己言行以及他人言行时，**思考其背后所隐藏的"目的"。**这是阿德勒心理学的基本主张。

青年：我知道。就是**"目的论"**嘛。

哲人：那你能简单说明一下吗？

青年：我试试吧。无论过去发生什么，那都不起决定作用。过去有没有精神创伤都没有关系，因为**人并不是受过去的"原因"驱动，而是按照现在的"目的"活着。**例如，有人说"因为家庭环境恶劣，所以形成了阴郁的性格"，这就是**人生的谎言。**事实上是，有"不想在与他人交往中受伤"这一目的在先，继而为了实现这个目的才选择了不与人来往的"阴郁性格"。并且，为自己选择这种性格找借口，就搬出了"过去的家庭环境"……是这么回事吧？

哲人：是的。你接着说。

青年：也就是说，**决定我们生活方式的并不是过去的经历，而是我们自己赋予经历的意义。**

哲人：正是如此。

青年：并且，那时先生还说过这样的话。无论之前的人生发生过什么，都对今后的人生如何度过没有影响。**决定自己人生的**

是活在"**此时此处**"的你自己······这样理解没错吧？

哲人：谢谢。没错。我们并不是受过去精神创伤摆布的脆弱存在。阿德勒思想本身就是基于对人的尊严与潜能的强烈信赖，他认为"**人随时可以决定自我**"。

青年：是的，我明白。不过，我还是无法彻底排除"原因"的强大影响，难以用"目的"来阐释一切。例如，即使有"不想与他人来往"的目的存在，那也一定是因为有促使这种目的产生的"原因"吧。在我看来，目的论即使是划时代的观点，也并非万能的真理。

哲人：那也没关系。通过今夜的交谈，有些事情也许会改变，也许不会改变。决定于你，我绝不强求。那么，请你听一听我这个想法。

我们随时都可以决定自我，可以选择新的自己。尽管如此，我们却很难改变自己。虽然很想改变，但却无法改变。究竟为什么呢？这个问题你怎么看？

青年：因为其实是不想改变？

哲人：正是如此。这又要涉及"变化是什么"这个问题。倘若说得过激一些，**变化就意味着"死亡"**。

青年：死亡？

哲人：比如，假设你现在正为人生而苦思焦虑，很想改变自己。但是，改变自己就意味着抛弃"过去的自己"，否定"过去的自己"，压制"过去的自己"，可以说就是把"过去的自己"送进坟墓，之后会作为"全新的自己"重生。

那么，无论对现状多么不满，能够选择"死"吗？能够投身于深不见底的黑暗吗？这并不容易做到。

所以，人们不想改变，无论多么痛苦也想"维持现状"。并且，还要为"维持现状"这一选择寻找一些合适的借口。

青年：嗯。

哲人：那么，当一个人想要肯定"现在的自己"之时，你认为他会为自己的过去如何着色呢？

青年：啊，也就是说……

哲人：答案只有一个。也就是将自己的过去总结为"虽然经历了那么多的事情，但现在这样已经不错了"。

青年：……为了肯定"现在"而去肯定不幸的"过去"。

哲人：是的。你刚才说到的大讲"谢谢您那时对我的严厉指导"之类感谢之辞的人就是这样，他们其实是想积极肯定"现在的自己"。结果，过去的一切都成了美好记忆。所以，他们并不是用感激之辞来肯定强权式教育。

青年：因为想要肯定现在，所以过去就会变成美好回忆……哎呀，太有意思了。作为脱离现实的心理学来说，这的确是非常有趣的研究。但是，我无法赞同这种解释。为什么呢？我自己就是一个很好的证明，因为我就根本不符合您现在这种说法！我至今依然对初中或高中时代那些严厉到蛮不讲理的老师们心怀不满，绝无半点感谢之意，那种坐牢一样的学校生活也绝对不会成为美好回忆！

哲人：那是因为你对"现在的自己"不满意吧。

青年：您说什么？！

哲人：倘若讲得再苛刻一些，就是为了给与理想相差太远的"现在的自己"找一个正当理由，所以就把自己的过去涂成灰色。想要把原因都归结为"都怪那个学校"或者"全因为有那样的老师"之类的托词之上。并且，心怀"如果在理想的学校遇到理想的老师，自己也不会是现在这样"之类的想法，**打算活在假想之中。**

青年：您……您太失礼了！您有什么证据就如此胡猜乱想！

哲人：你真能断言我这是胡猜乱想吗？问题不在于过去发生了什么，而在于"现在的自己"赋予过去什么样的意义。

青年：请收回您的话！您又了解我什么？！

哲人：你别激动。**我们这个世界根本不存在什么真正意义上的"过去"。**只有根据千人千样的"现在"而被着色的各种各样的解释。

青年：这个世界根本不存在什么过去？！

哲人：所谓的过去，并不是无法回去，而是**根本"不存在"。**只要不认清这一点，就无法搞懂目的论的本质。

青年：哎呀，太气人了！胡猜乱想之后又在这里说什么"过去根本不存在"？！真是满口谎言，您就打算这样糊弄我吗？！好吧，那就让我把您的谎言一一揭穿！！

你的"现在"决定了过去

哲人：这的确是一个很难接受的观点。但是，如果冷静地实事求是地想一想，你一定会同意。因为除此之外别无他法。

青年：您似乎是被思想的热情烧坏头脑了吧！假如过去不存在，那"历史"又是什么？难道您热爱的苏格拉底或柏拉图也不存在？您这么讲会被嘲笑不懂科学！

哲人：历史是被时代掌权者不断篡改的一个巨大故事。历史常常按照掌权者制定的是非观被巧妙地篡改。一切年表和史书都是被篡改过的伪书，目的就是为了证明时代掌权者的正统性。

在历史中，常常是"现在"最正确，一旦某个政权被打倒，又会有新的执政者来改写过去。目的只有一个：证明自己的正统性。在这里，根本不存在真正意义上的"过去"。

青年：但是……

哲人：假设在某个国家，某个武装组织策划了武装政变。一旦被镇压，政变以失败告终，他们就会以逆贼的罪名被写进历史。另一方面，如果政变成功，政权被打倒，他们就会作为对抗暴政的英雄名垂青史。

青年：……所以说历史常常被胜者改写？

哲人：我们个人也一样。人人都是"我"这个故事的编纂者，为了证明"现在的我"的正统性，其过去往往会被随意改写。

青年：不对！个人的情况不一样！个人的过去，还有记忆，这属于脑科学领域。算了吧！！这不是您这种落后于时代的哲学家能懂的领域！

哲人：关于记忆，请你这样想。人会从过去发生的庞大事件系统中只选择符合现在"目的"的事件并赋予其意义，继而当作自己的记忆。反过来说就是**不符合现在"目的"的事件会被抹掉**。

青年：您在说什么啊？！

哲人：我给你介绍一个心理咨询的案例。我在为某位男士做心理咨询的时候，作为童年时代的记忆，他提到了"曾经被狗咬到脚"这件事。据说他平日总是被母亲教导说："如果遇到野狗一定不要动，因为你越是逃它越会追过来。"过去街上常常有很多野狗，某一日，他在路旁遇上了野狗。虽然同行的朋友们都逃走了，但他按照妈妈的嘱咐，待在那里一动不动。可是，他遭到野狗袭击被咬伤了脚。

青年：先生是说那记忆是被捏造的谎言？

哲人：不是谎言，事实上确实被咬了。但是，这件事应该还有后续。在之后的多次心理咨询中，他想起了接下来发生的事。正在他被狗咬伤痛苦地蹲在那里的时候，骑车路过的一位男士将他救起并送到了医院。

心理咨询初期，他抱着"世界很危险，人人都是我的敌人"这样的生活方式（世界观）。对那时的他来说，被狗咬伤的记忆正是象征着世界充满危险的事件。但是，当他渐渐开始认为"世界是安全的，人人都是我的朋友"的时候，印证这一想法的事件就从记忆中被挖掘出来了。

青年：嗯。

哲人：自己被狗咬了？还是得到了他人的救助？阿德勒心理学之所以被称为**"使用心理学"**就在于"可以选择自己的人生"这一观点。并非过去决定"现在"，而是**你的"现在"决定着过去。**

可恶的他人，可怜的自己

青年：……您是说完全是我们自己在选择人生、选择自己的过去？

哲人：是的。谁的人生都不可能一帆风顺，任何人都会有悲伤和挫折以及追悔莫及的事情。那么，为什么有的人会把过去发生的悲剧说成是"教训"或"回忆"，而有的人则把其当成至今不敢触及的精神创伤呢？

这并不是被过去所束缚，其实**是自己需要把过去着上"不幸"的颜色**。若是说得再严重些，那就是企图借悲剧这一劣酒来忘却不得志的"现在"的痛苦。

青年：够啦！别再说这种不负责任的话啦！什么是悲剧的劣酒？！你所说的一切不过是强者的理论、胜者的理论！你根本不懂精神创伤者的痛苦，你这是在侮辱那些受过精神创伤的人！

哲人：不对，我**正因为相信人的潜能才否定沉溺于悲剧的做法**。

青年：不，我并不想听你以前度过了什么样的人生，但感觉基本上能够理解。总之，你应该是既没有经历过什么挫折也没有遭遇过极其不合理的事情，直接就踏进了虚无缥缈的哲学世界，所以才能如此不顾别人遭受的心灵创伤。您完全是一个幸运儿！

哲人：……你似乎无法接受啊。那么，我们来试试这个吧。

这是我们做心理咨询时经常使用的三棱柱。

青年：哦，看上去很有意思。这是什么？

哲人：这个三棱柱就代表我们的心。现在，从你坐的位置只能看到三个侧面中的两个面。两个面上分别写着什么呢？

青年：一个面上写着"**可恶的他人**"，另一个面上写着"**可怜的自己**"。

哲人：是的，来进行心理咨询的人大多讲的就是这两种情况。声泪俱下地诉说自己遭到的不幸，抑或是深恶痛绝地控诉责难自己的他人或者将自己卷入其中的社会。

不仅仅是心理咨询，与家人朋友交谈的时候，商量事情的时候，我们往往很难认识到自己正在说什么。但是，像这样视觉化之后，就会清楚地看到我们说的话**归根结底只有这两种**而已。你一定也能想得到是什么吧？

青年：……谴责"可恶的他人"，倾诉"可怜的自己"。嗯，也可以这么说吧……

哲人：但是，我们应该谈的并不是这种事情。无论你怎么谴责"可恶的他人"、倾诉"可怜的自己"，也无论你能够得到别人多么充分的理解，即使可以获得一时的安慰，也解决不了本质问题。

青年：那该怎么办呢？！

哲人：三棱柱被遮挡住的另一面，你认为这里写的会是什么呢？

青年：哎呀，别故弄玄虚了！快给我看看！

哲人：好吧。上面写的是什么，请你大声读出来。

　　哲人拿出了折成三棱柱形状的纸。从青年所在的位置只能看到三面中的两个面。上面分别写着"可恶的他人"和"可怜的自己"。据哲人讲，苦恼不堪的人所倾诉的归根结底就这两种。并且，哲人用他那纤细的手指缓缓地转动了一下三棱柱，露出了最后一个面上写的字，那上面写的话对青年来说简直是刺入肺腑。

阿德勒心理学中并无"魔法"

青年：……

哲人：来，请你读出来！

青年："以后怎么做？"

哲人：是的，我们应该谈论的正是这一点"以后怎么做？"。既不需要"可恶的他人"，也不需要"可怜的自己"。无论你再怎么大声倾诉这两点，我都会置若罔闻。

青年：您……您太无情了！

哲人：我并非因为冷漠而置若罔闻，**是因为这些事情不值得谈论，所以才置若罔闻。**的确，假如我听他倾诉"可恶的他人"和"可怜的自己"，然后再随声附和地说些"那一定很痛苦吧"或者"你根本没有错"之类的安慰话，对方也许会得到一时的慰藉，也许会产生一种"接受心理辅导真好"或者"和这个人交谈真好"之类的满足感。

但是，这之后的每一天又会发生什么变化呢？倘若再次受伤还会想要寻求治疗。最终这不就成了一种依赖了吗？正因为如此，阿德勒心理学要谈论的是"以后怎么做"。

青年：但是，如果要认真思考"以后"的话，还是得先了解作为前提的"以前"吧！

哲人：不需要。你现在就在我眼前。**了解"眼前的你"就已**

经足够了，而且，原则上来说我也无法了解"过去的你"。我再重复一遍，过去根本不存在，你所说的过去只不过是由"现在的你"巧妙编纂出来的故事而已。请你理解这一点。

青年：不对！您这只不过是在强词夺理地指责别人的诉苦！这种做法是不承认也不愿接受人性的弱点，是在强迫别人接受傲慢的强者理论！

哲人：并非如此。例如，我们心理咨询师一般会把这个三棱柱递给来访者。并告诉他们："谈什么都可以，所以请把接下来要谈的内容的正面展示给我。"然后，**很多人都是自己选择"以后怎么做"这一面，并开始思考相关内容。**

青年：自己选择？

哲人：另一方面，在其他流派的心理咨询中也有不少人采用冲击疗法式的手段，也就是通过不断地追溯过去，故意刺激患者令其感情爆发。但是，事实上根本没有必要这么做。

我们既不是魔术师也不是魔法师。我再强调一次，阿德勒心理学中并无"魔法"。它不是神秘的魔法，而是**具有建设性和科学性并基于对人的尊重的一种理解人性的心理学**，这就是阿德勒心理学。

青年：……呵呵呵，您又使用了"科学性"这个词吧？

哲人：是的。

青年：好吧，我暂且接受，这个词我现在就先暂且接受。那么我们接下来好好谈一谈对于我来说最大的问题——"以后"，也就是教育者的明天吧！

第二章

为何要否定"赏罚"

　　与哲人的对话没那么容易完结。这一点青年也很清楚。特别是涉及抽象辩论的时候，这位"苏格拉底"可是相当不好对付。但是，青年似乎已经成竹在胸，那就是尽快脱离这个书房，将辩论引到教室之中，提出一些俗世的现实问题。我并不想胡乱地批判阿德勒思想，因为它是一种过于脱离现实的空论，所以我要把它拽到人们生活的现实世界来。这样想着，青年拉了拉椅子并深深地吸了一口气。

教室是一个民主国家

青年：这个世界上根本不存在过去，不可以沉溺于"悲剧"之劣酒，我们应该探讨的仅仅是"以后怎么做"；好吧，就以这些为前提进行咱们的谈话。要说摆在我面前的"以后"的课题，那就是在学校实践什么样的教育，咱们直接谈正题，好吗？

哲人：当然。

青年：好的。您刚才说具体性的第一步应该"从尊重开始"，对吧？那我要问一问，您的意思是说只要将尊重引入班级，一切问题都可以得到解决吗？也就是说，只要有了尊重，学生们就不会再发生任何问题？

哲人：仅仅如此还不行。问题还会发生。

青年：如果是这样的话，那还是必须批评吧？因为他们这些问题学生做了坏事，也打扰到了其他同学。

哲人：不，不可以批评。

青年：那么，您是说就这么放任他们胡作非为？这不就等于说"不要抓小偷"或者"不要惩罚小偷"吗？难道阿德勒会承认这种无法无天的行为？

哲人：阿德勒思想并非无视法律或规则。不过，**这里的规则必须通过民主程序制定出来**。这一点无论是对于整个社会还是对于班级管理都非常重要。

青年：民主程序？

哲人：是的，**把你的班级看作一个民主国家**。

青年：哦，什么意思呢？

哲人：民主国家的"主权"在国民那里吧？这就是"国民主权"或者"主权在民"原则。作为主权者的国民根据彼此达成的协议制定各种各样的规则，并且这些规则适用于全体国民、一律平等。正因为如此，所以人人都能够遵守规则。不是被动地服从规则，而是可以做到更加主动地去守护"我们的规则"。

另一方面，如果规则不是按照国民意志制定，而是由某个人独断专行地决定，并且执行起来还非常不平等，那情况又会怎样呢？

青年：那样的话，国民也不会善罢甘休吧！

哲人：为了防止反抗，执政者只好行使一些有形无形的"力量"。这种情况不仅仅限于国家，企业亦是如此，家庭也一样。在靠"力量"控制的组织中，从根本上就存在着"不合理"。

青年：嗯，的确如此。

哲人：班级也是如此。**班级的主权不属于教师而是属于学生们**。并且，班级规则必须根据学生们的协商制定。首先要从这一原则开始。

青年：您依然是爱把问题复杂化。总之，您的意思也就是说要认可学生自治吧？当然，学校也有一定的自治制度，比如学生会之类的组织。

哲人：不，我说的是更根源的事情。例如，把班级看作一个国家的时候，学生们就是"国民"吧？倘若如此，教师的角色又是什么呢？

青年：哎呀，假如学生们是国民的话，教师就是统领他们的领导、首相或者总统之类的吧？

哲人：这就奇怪了。你是学生们通过选举选出来的吗？如果未经选举就自命为总统，那就不是民主国家，而是独裁国家。

青年：哎呀，道理是这个道理。

哲人：我并不是在讲道理而是在摆事实。班级不是由教师统治的独裁国家，班级是一个民主国家，每一位学生都是掌权者。忘记这一原则的教师会不知不觉地陷入独裁之中。

青年：哈哈，您是说我沾染了法西斯主义？

哲人：坦率地说是这样。你的班级秩序混乱并不是学生个人的问题，也有你作为教师资质不够的原因。正因为是腐败的独裁国家，所以才会秩序混乱，独裁者掌控的组织根本无法避免腐败。

青年：请不要找碴儿！你这么吹毛求疵到底有什么依据？！

哲人：依据非常清楚，就是你不断强调其重要性的**"赏罚"**。

青年：什么？！

哲人：你想谈谈这个话题吧？表扬和批评。

青年：……真有意思。那我就从这里向您发起挑战！关于教育，特别是教室里的事情，我可是实践经验非常充分的人，我一定要让您收回刚才那种非常失礼的评判！

哲人：好的，那就让我们好好谈谈吧。

既不可以批评也不可以表扬

青年：阿德勒禁止赏罚，他强调**既不可以批评也不可以表扬**，为什么会有如此不合道理的主张呢？阿德勒究竟知不知道理想和现实之间有多大的距离？这些问题我很想知道。

哲人：的确如此。我再确认一下，你认为批评和表扬都很有必要，对吧？

青年：当然。即使被学生们讨厌也必须批评，做错的事情必须加以纠正。我首先想听一听您对"批评"的看法。

哲人：明白了。为什么不可以批评人呢？这需要分情况来看。首先，孩子做了某种不好的事情、危险的事情或者对他人危险的事情，甚至是接近犯罪的事情，他为什么要这么做呢？此时要想到一种可能性，那就是**"他并不知道这是不好的事情"**。

青年：不知道？

哲人：是的，讲讲我自己的事情吧。小时候，我无论到哪里都带着放大镜，见到昆虫观察，见到植物也观察，每天都尽情地观察肉眼看不到的世界，简直就像一个昆虫博士一样埋头观察。

青年：很好啊，我也有过这样的时期。

哲人：但是，不久我就发现了放大镜另一个全新的用途。用它把光聚焦到黑色的纸上，纸竟然冒起烟来，很快又开始燃烧。在魔术一样的科学力量面前，我激动不已，似乎放大镜也不再仅仅是放大镜了。

青年：这不是很好的事情吗？比起趴在地上观察昆虫，发现了更大的兴趣所在。以小小的放大镜为切入口，尽情领略太阳的力量甚至感受到宇宙的浩瀚，这正是科学少年的第一步啊。

哲人：某个炎热的夏天，我又像刚刚说的那样烧黑纸玩。我像往常一样在地上放了一张黑色的纸，然后用放大镜聚光。就在此时，一只蚂蚁爬了过来，那是一只浑身裹着乌黑的坚固铠甲的大蚂蚁。已经玩腻了黑色纸的我用放大镜对蚂蚁做了什么呢？……就不用我再说了吧。

青年：……明白了。哎呀，孩子本来就很残忍。

哲人：是的。孩子们常常在玩耍时表现出这种类似杀死昆虫的残忍。但是，孩子们是真的那么残忍吗？比如说，孩子们心中是否隐藏着弗洛伊德所说的"攻击冲动"之类的东西呢？我认为不是。孩子们不是残忍，**只是"不知道"**生命的价值和他人的痛苦。

倘若如此，大人们应该做的就只有一件事情；如果不知道，就要教给他。并且，在教的时候不需要责备性的语言。请不要忘记这个原则。因为那个人并不是在故意做坏事，只是不知道而已。

青年：您的意思是说不是攻击性或者残忍，只是无知惹的祸？

哲人：在铁路轨道上玩的孩子也许并不知道这样做很危险，在公共场合大声喧哗的孩子也许并不知道这样做会打扰别人。其他任何事情，我们都要从某人"不知道"这一点开始思考。对由于"不知道"造成的错误加以苛责你不觉得很不合理吗？

青年：哎呀，如果真是不知道的话……

哲人：我们这些大人需要做的不是斥责而是教导。既不感情用事也不大声吼叫，而是用理性的语言去教导。你也并不是做不到这一点。

青年：就现在这个事例来看，也许是这样。因为就先生而言，您并不愿意承认杀死蚂蚁的自己有多残忍！但是，我还是无法接受，简直就像是粘在喉咙里的麦芽糖，您对人的理解实在是过于天真了。

哲人：过于天真？

青年：幼儿园的孩子姑且不论，小学生甚至初中生的话，他们可都是明明"知道"还去做。什么事情不可以做，什么事情不道德，他们早就知道，可以说他们是**明知故犯**。对于这种错误，就必须给予严厉惩罚。请您尽快抛弃这种把孩子们当作纯真无邪的天使的老年人思考习惯！

哲人：的确，有很多孩子是虽然知道那样做不对，但还是陷入了问题行为之中，也许大部分问题行为都是如此。但是，你不觉得这很不可思议吗？他们不仅知道这样做不对，而且还明白这样做会被父母或老师责骂，尽管如此还是陷入问题行为，这太不合道理了吧。

青年：很简单，总而言之就是因为他们在行动之前没有冷静地思考。

哲人：果真如此吗？难道你不觉得**还有更加深层的心理动机**吗？

青年：明知会被责骂还是去做？被责骂之后有的还会哭？

哲人：考虑这种可能性很有必要，现代阿德勒心理学认为，人的问题行为背后的心理可以分为五个阶段来考虑。

青年：哎呀，说得越来越像心理学了。

哲人：如果理解了"问题行为的五个阶段"，也就知道批评究竟对不对了。

青年：我要问一问。先生您对孩子到底了解多少？又对教育现场了解多少？其实我一眼就能看清楚！

哲人的话毫无道理！青年心中充满愤怒。班级是一个小型的民主国家，并且，班级的掌权者是学生们，这些都还可以。但是，为什么"不需要赏罚"呢？如果班级是一个国家，难道这里就不需要法律吗？并且，如果有人破坏法律秩序犯下罪行，难道就不需要惩罚吗？青年在笔记本上写下"问题行为五阶段"，然后微微一笑。阿德勒心理学究竟是可以通用于现实世界的学问还是纸上谈兵？很快就要一见分晓。

问题行为的"目的"是什么

哲人：为什么孩子们会陷入问题行为呢？阿德勒心理学关注的是**其背后隐藏的"目的"**。也就是，孩子们——其实也不仅仅限于孩子——抱着什么样的目的做出一些问题行为，这分五个阶段来考虑。

青年：五个阶段是逐步上升的意思吧？

哲人：是的。并且，人的问题行为全都处于这五个阶段之中。所以，应该在问题行为尚未进一步恶化之时，尽早地采取措施。

青年：好的。那么，请您从第一个阶段讲起吧。

哲人：问题行为的第一个阶段是**"称赞的要求"**。

青年：称赞的要求？也就是"请表扬我！"吗？

哲人：是的。面对父母或教师，抑或其他人，扮演"好孩子"。如果是在单位上班的人，就在上司或前辈面前尽力表现出干劲和顺从，他们想要借此得到表扬。

青年：这不是好事吗？不给任何人添麻烦，积极致力于生产性活动，也有益于他人。这里根本找不出任何问题啊。

哲人：的确，作为个别行为来考虑的话，他们似乎是不存在任何问题的"好孩子"或者"优等生"。实际上，孩子们认真学习、积极运动，员工努力工作，旁人看了本来也会想要表扬。

但是，这里面其实有一个很大的陷阱。**他们的目的始终只是**

"获得表扬",进一步说就是"在共同体中取得特权地位"。

青年：哈哈，您是说因为动机不纯所以不能认可吗？您真是天真的哲学家。即使目的是"获得表扬"，但只要结果是努力学习，这就是没有任何问题的好学生啊！

哲人：那么，对于他们的付出，父母或教师、上司或同事没有给予任何表扬的话，你认为事情会怎样呢？

青年：……不满，甚至还会气愤吧。

哲人：是的。**他们并不是在做"好事"，只不过是在做"能获得表扬的事"。**并且，倘若得不到任何人的表扬和关注，这种努力就没有任何意义。如此一来，很快就会失去积极性。

他们的生活方式（世界观）就是"如果没人表扬就不干好事"或者是"如果没人惩罚就干坏事"。

青年：哎呀，也许是吧……

哲人：并且，这个阶段还有一个特征，那就是，只因为想要成为周围人期待的"好孩子"，就去做一些作弊或者伪装之类的不良行为。教育者或领导不能只关注他们的"行为"，还必须看清其"目的"。

青年：但是，此时如果不给予表扬的话，他们就会失去干劲，变成无所作为的孩子，有时甚至会成为做出不良行为的孩子吧？

哲人：不。应该通过表示"尊重"的方式让他们明白即使不"特别"也有价值。

青年：具体怎么做呢？

哲人：不是在他们做了"好事"的时候去关注，而是去关注他们日常生活中细微的言行。而且还要关注其"兴趣",并产生共鸣。仅此而已。

青年:啊,又回到这一点上来了吗?还是觉得把这一条算作问题行为有些不合适啊。好吧,先这样吧。那第二个阶段呢?

哲人:问题行为的第二个阶段是"**引起关注**"。

青年:引起关注?

哲人:好不容易做了"好事"却并未获得表扬,也没能够在班级中取得特权地位,或者原本就没有足够的勇气或耐性完成"能获得表扬的事"。此时,**人就会想,"得不到表扬也没关系,反正我要与众不同。"**

青年:即使通过做坏事或者会被责骂的事?

哲人:是的。他们已经不再想要获得表扬了,只是考虑如何才能与众不同。不过,需要注意的一点是,处于这个阶段的孩子们的行为原理不是"办坏事",而是"与众不同"。

青年:与众不同之后干什么呢?

哲人:想要在班级取得特权地位,想要在自己所属的共同体中获得明确的"位置",这才是他们真正的目的所在。

青年:也就是说,通过学业之类正面进攻不顺利,所以就想要通过其他手段成为"特别的我"。不是作为"好孩子"变得特别,而是作为"坏孩子"来达到这一目的,以此来确保自己的位置。

哲人:正是如此。

青年:是啊,那个年纪的时候,有时也会成为"坏孩子"而低人一等。那么,具体来讲这样怎么能与众不同呢?

哲人：积极的孩子会通过破坏社会或学校的小规则，也就是**通过"恶作剧"来博取关注**。比如上课捣乱、捉弄老师、纠缠不休等。他们绝不会真正地触怒大人们，班级里逗笑的人也有不少会得到老师或朋友的喜爱。

另外，消极的孩子们会表现出学习能力极其低下、丢三落四、爱哭等一些行为特征，希望以此来获得关注。也就是**企图通过扮演无能来引起关注、获得特别的地位**。

青年：但是，扰乱课堂或者丢三落四之类的行为会受到严厉批评吧，即使被批评也没关系吗？

哲人：**比起自己的存在被无视，被批评要好得多**。即使通过被批评的形式也想自己的存在被认可并取得特别地位，这就是他们的愿望。

青年：哎呀呀，真麻烦哪！好复杂的心理啊。

哲人：不，处于第二个阶段的孩子们其实活得很简单，也不太难对付。我们只需要通过"尊重"的方式告诉他们，其本身就很有价值，并不需要非常特别。难处理的是第三个阶段之后的情况。

青年：哦，是什么呢？

憎恶我吧！抛弃我吧！

哲人：在问题行为的第三个阶段，目的发展为**"权力争斗"**。

青年：权力争斗？

哲人：不服从任何人，反复挑衅，发起挑战，企图通过挑战胜利来炫耀自己的**"力量"**，并以此获得特权地位。这是相当厉害的一个阶段。

青年：挑战是指什么？莫非是上去打对方？

哲人：简而言之就是**"反抗"**。用脏话来谩骂、挑衅父母或老师，有的脾气暴躁、行为粗鲁，有些甚至去抽烟、偷盗，满不在乎地破坏规则。

青年：这不是问题儿童吗？！是的，我对这样的孩子简直是束手无策。

哲人：另一方面，消极的孩子们会通过**"不顺从"**来发起权力争斗，无论再怎么被严加训斥依然拒绝学习知识或者技能，坚决无视大人们的话。他们也并非特别不想学习或者认为学习没必要，只是想通过坚决不顺从来证明自己的**"力量"**。

青年：啊，仅仅想象一下就生气！对这样的问题儿童只能严加训斥吧！实际上，因为他们肆意破坏规则，甚至我都想揍他们一顿。如若不然，那就等于是认可他们的恶行。

哲人：是的。很多父母或老师此时都会拿起**"愤怒球拍"**打过去"斥责之球"。但是,这样做就上了他们的当,只能是"和对方站在同一个球场上"。他们会兴高采烈地打回下一个"反抗之球",并在心中窃喜自己发起的连续对打拉开了帷幕。

青年: 那么,您说该怎么办呢?

哲人: 如果是触犯了法律的问题就需要依法处理。但是,当发现不涉及法律问题的权力争斗时,**一定要立即退出他们的"球场"**。首先应该做的事情仅此而已。请一定要清楚一点,斥责自不必说,即使表现出生气的表情也等于站在了权力争斗的球场之上。

青年: 但是,站在眼前的可是干了坏事的学生,怎么能不生气啊?!放任不管的话,那还是教育者吗?

哲人: 合理的解释只有一种,不过我们最好在讲完五个阶段之后再一起考虑。

青年: 哎呀,太令人生气啦!下一个阶段是什么呢?

哲人: 问题行为的第四个阶段就是"复仇"阶段。

青年: 复仇?

哲人: 下定决心挑起了权力争斗却并未成功,既没有取得胜利也没有获得特权地位,没能得到对方的回应,败兴而退。像这样战败的人一旦退下阵去就会策划"复仇"。

青年: 向谁复仇?复什么仇?

哲人: **向没有认可这个无可替代的"我"的人复仇,向不爱"我"的人复仇,进行爱的复仇。**

青年: 爱的复仇?

哲人: 请你想一下,称赞的要求、引起关注以及权力争斗,这些都是"希望更加尊重我"的渴望爱的心情的体现。但是，当发现这种爱的欲望无法实现的时候，人就会转而寻求**"憎恶"**。

青年：为什么？寻求憎恶的目的是什么呢？

哲人：已经知道对方不会爱我，既然如此，那就索性憎恶我吧，**在憎恶的感情中关注我**。就是这么一种心理。

青年：……他们的愿望就是被憎恶吗？

哲人：是的。比如那些在第三阶段反抗父母或老师，发起"权力争斗"的孩子们，他们有可能成为班级中了不起的英雄，挑战权威、挑战大人的勇气受到同学称赞。

但是，进入"复仇"阶段的孩子们不会受到任何人的称赞。父母或老师自不必说，甚至也会被同学憎恶、害怕，进而渐渐陷入孤立之境。即使如此，他们依然想要通过"被憎恶"这一点与大家建立联系。

青年：既然如此，依旧采取无视态度就可以了！只要切断憎恶这个切入点就可以了！对，如此一来，"复仇"也就不会成立。这样一来，他们就会想一些更加正经的做法，没错吧？

哲人：按道理来讲也许如此。但是，实际上要容忍他们的行为会很难吧。

青年：为什么？您是说我没有那种耐性？

哲人：例如，处于"权力争斗"阶段的孩子们是堂堂正正地进行挑战，即使是夹杂着粗话的挑战，也是伴随着他们认为的正义的直接行为。正因为如此，有时还会被同学视为英雄。如果是这样的挑战，还有可能冷静处理。

但是，进入"复仇"阶段的孩子们并不选择正面作战。他们的目标不是"坏事"，而是**反复做"对方讨厌的事"**。

青年：……具体讲呢？

哲人：简单说来，所谓的跟踪狂行为就是典型的复仇，是针对不爱自己的人进行的爱的复仇。那些跟踪狂们十分清楚对方很讨厌自己的这种行为，也知道根本不可能借此发展什么良好关系。即使如此，他们依然企图通过"憎恶"或者"嫌弃"来想办法建立某种联系。

青年：这都是些什么荒唐想法啊？！

哲人：还有，自残行为或者自闭症在阿德勒心理学看来也是"复仇"的一环，他们是通过伤害自己或者贬损自己的价值来**控诉"我变成这样都是你的错"**。当然，父母会十分担心并且万分痛心。如此一来，对孩子们来说，复仇就成功了。

青年：……这不已经属于精神科的领域了吗？！其他还有什么？

哲人：暴力或粗话逐步升级就不用说了，甚至有不少孩子加入不良团伙或反社会势力参与犯罪。另外，消极的孩子则会变得异常肮脏或者是沉溺于一些令周围人极其反感的怪异癖好等。总之，复仇手段多种多样。

青年：面对这样的孩子，我们该怎么办呢？

哲人：如果你的班里出了这样的学生，那么你能做的事根本没有。他们的目的就是"向你复仇"，你越想插手去管，他们就越认为找到了复仇的机会，继而进一步升级不良言行。这种情况下只能求助于完全没有利害关系的第三方，也就是说只能依靠其他教师或者是学校以外的人，比如我们这样的专业人员。

青年：……但是，假如这个是第四阶段的话，那还会继续恶化吧？

哲人：是的，还有比复仇更麻烦的最后一个阶段。

青年：……您请讲。

哲人：问题行为的第五个阶段就是"证明无能"。

青年：证明无能？

哲人：是的，在这里请你试着把它当成自己的事情来考虑。为了被人当成"特别的存在"来对待，之前可谓想方设法、绞尽脑汁，但都没有成功。父母、老师、同学，大家对自己甚至连憎恶的感情都没有。无论是班级里还是家庭中，都找不到自己的位置……如果是你，你会怎么做？

青年：应该会马上放弃吧，因为无论做什么也得不到认可，那就会不再做任何努力吧。

哲人：但是，父母或老师依然大力劝说你好好学习，而且关于你在学校的表现及朋友关系，他们也事事介入。当然，他们这都是为了帮助你。

青年：真是多余的关心啊！这些事如果能做到的话，我早就去做了。真希望他们不要什么都管啊！

哲人：你这种想法得不到理解，周围的人都希望你能更加努力，他们认为只要去做就能办到，希望通过自己的督促来让你有所改变。

青年：可对我来说，这种期待是一种很大的麻烦！真希望能够解放出来。

哲人：……是的，正是"不要再对我有所期待"这样的想法导致了"证明无能"行为的产生。

青年：也就是告诉周围的人"因为我很无能，所以不要再对我有所期待"？

哲人：是的，对人生绝望，打心底里厌恶自己，认为自己一无是处。并且，为了避免再次体会这种绝望就去逃避一切课题。向周围人表明，"因为我如此无能，所以不要给我任何课题，我根本没有解决这些问题的能力。"

青年：为了不再受伤？

哲人：是的。与其认为"也许能办到"而致力其中结果却失败，**还不如一开始就认定"不可能办到"而放弃更加轻松**。因为这样做不用担心再次受到打击。

青年：……哎，哎呀，心情倒是可以理解。

哲人：所以，他们就会**想尽办法证明自己有多么无能**。赤裸裸地装傻，对什么都不感兴趣，再简单的课题也不愿去做。不久，连他们自己都深信"自己是个傻瓜"。

青年：的确有的学生会说"因为我是个傻瓜"。

哲人：倘若能够通过语言表达出来，那应该还只是自嘲。真正进入第五个阶段的孩子们在装傻的过程中有时甚至会被怀疑患了精神疾病。他们往往主动放弃一切，不去从事任何课题也不对事物做任何思考。并且，他们总是厌世性地拒绝一切课题和周围人的期待。

青年：如何与这样的孩子接触呢？

哲人：他们的愿望就是"不要对我有任何期待"或者"不要管我"，进一步说也就是"请放弃我"。父母或老师越想插手去管，他们就越会用更加极端的方式"证明无能"。遗憾的是你根本束手无策，或许只能求助于专家。但是，帮助那些已经开始证明无能的孩子们，这对于专家来说也是相当困难的任务。

青年：……我们教育者能做的事情实在太少了。

哲人：不，大部分问题行为仅仅处于第三阶段的"权力争斗"。**在防止问题行为进一步恶化这方面，教育者的作用非常大。**

有"罚"便无"罪"吗？

青年：问题行为的五个阶段的确是很有意思的分析。首先是寻求称赞，接着是引起关注，如果这些都无法实现则挑起权力争斗，然后又发展为恶劣的复仇，最终阶段则是证明自己无能。

哲人：并且，这一切都根源于一个**目的——"归属感"**，也就是**"确保自己在共同体中的特别地位"**。

青年：是的，非常符合阿德勒心理学以人际关系为中心的理论，关于这个分类我认可。

但是，您忘记了吗？我们应该讨论的话题是"批评"的对与错吧？总之，我已经实践了阿德勒式的"不批评教育"。无论发生什么事都不批评，只是等着他们自我觉悟。结果，教室里成了什么样呢？没有任何规矩，简直就像是动物园！

哲人：所以你就决定进行批评。批评改变了什么吗？

青年：一片混乱的时候大声呵斥，当场会安静下来。或者是有学生忘记做作业的时候，批评之后倒也流露出反省的表情。但是，归根结底只是当场有些作用而已，过不了多久，他们又开始捣乱，又开始不做作业。

哲人：你认为这是为什么呢？

青年：都怪阿德勒！最初决定"不批评"就是一个错误的决定。刚开始对他们和颜悦色，不管做什么都表示认可，所以，才会被他们小瞧，认为"那家伙没什么可怕的"或者是"不管做什么他都不管"！

哲人：如果一开始就进行批评，情况则不会如此吗？

青年：当然，这是最令我后悔的一点。任何事开始都很重要，明年如果再接了其他班级，我要从第一天起就严加批评。

哲人：你的同事或者前辈中应该也有非常严厉的人吧？

青年：是的，有好几位老师虽然没有到体罚的程度，但经常训斥或者用严厉的语言教导学生，在学生面前彻底扮黑脸，彻底履行教师的职责。某种意义上，他们可谓是专业典范。

哲人：多奇怪啊！为什么这些老师"总是"发火呢？

青年：因为学生们做坏事啊。

哲人：哎呀，如果"批评"这种手段在教育上有效的话，那么最多是开始的时候批评几次，之后问题行为应该不会再发生才对。为什么会"总是"发火呢？为什么需要"总是"黑着脸，"总是"大声训斥呢？你不觉得不可思议吗？

青年：……那些孩子们可没有那么听话！

哲人：不是的。**这最好地证明了"批评"这一手段在教育上没有任何效果。**即使明年你从一开始就严加批评，情况也不会与现在有什么不同。甚至也许会更糟。

青年：更糟？！

哲人：刚才你也已经明白了吧。他们的问题行为甚至已经包含了"被你批评"。也就是说，**被斥责正是他们希望的事情。**

青年：您是说他们希望被老师训斥，被训斥之后很高兴？！

哈哈，这不是受虐狂嘛。先生您开玩笑也要有个度啊！

　　哲人：没有人被训斥之后会开心。但是，会有一种"自己做了'被训斥的特别的事情'"之类的英雄成就感。通过被训斥，他们能够证明自己是特别的存在。

　　青年：不，这首先应该是法律和秩序问题，而不仅仅是人的心理问题。眼前有人做了坏事，不管他是出于什么目的，首先是破坏了规则，对其进行处罚是理所当然的事情。否则，公共秩序就无法得以维护。

　　哲人：你是说批评是为了维护法律和秩序？

　　青年：是的。我并不是喜欢批评学生，也不是愿意惩罚他们。当然了，谁会喜欢这种事呢？但是，惩罚是必要的。一是为了维护法律和秩序，另外也是对犯罪的一种抑制力。

　　哲人：抑制力是指什么？

　　青年：例如，比赛中的拳击手无论处于什么样的劣势都不可以踢对方选手或者将其猛摔出去，因为如果这样做就会马上被取消参赛资格，取消参赛资格这一重大"惩罚"就会作为违规行为的抑制力而发挥作用。倘若"惩罚"措施含混不清，则无法发挥其抑制力，拳击比赛也就无法进行。惩罚是对犯规的唯一抑制力。

　　哲人：很有趣的例子。那么，如此重要的惩罚也就是你的斥责为何没有在教育现场发挥其抑制力呢？

　　青年：见解多种多样。有些老教师甚至很怀念允许体罚的年代，也就是说，他们认为是因为时代变了，惩罚变轻了，所以才失去了其抑制力的功能。

哲人：明白了。那么，我们再进一步探讨一下为什么"批评"会在教育上失去其有效性。

哲人所说的"问题行为五阶段"，其内容准确把握了人类心理，而且也揭示了阿德勒思想的本质。但是，青年也有自己的想法：我是管理班级的唯一成年人，必须教给学生们社会人的行为规范。也就是说，如果不对犯错者进行惩罚，这里的"社会"秩序就会崩塌。我不是靠理论忽悠人的哲学家，而是必须对孩子们的明天负责的教育者。这个男人根本不明白生活在现实世界的人责任之重大！

以"暴力"为名的交流

青年：那么，我们从哪里开始呢？

哲人：假设你的班级里发生了暴力事件，琐碎的口角之争演变成了拳脚相向的斗殴事件，你会如何处置这两个学生呢？

青年：如果是这种情况，那我就不会大声斥责了，而是冷静地听一听双方的说法。首先让双方都平静下来，然后再慢慢询问，比如"为什么吵架"或者"为何会打起来"等。

哲人：学生们会怎么回答呢？

青年：哎呀，无非是"因为他说了这样的话，所以我才会生气"或者"他对我做得太过分了"之类的理由吧。

哲人：那你接下来又会怎么做呢？

青年：听听双方的说法，看看是谁的错，然后让有错的一方向另一方道歉。不过，几乎所有的争吵都是双方都有错，所以就让他们互相道歉。

哲人：双方都能接受吗？

青年：一般都会各执己见。不过，经过一番劝说，往往都能认识到"自己也有错"并答应道歉。这就是所谓的"各打五十大板"吧。

哲人：的确如此。那么，假设你的手上拿着刚才的三棱柱。

青年：三棱柱？

哲人：是的。一面写着"可恶的他人"，另一面写着"可怜的自己"，最后一面写着"以后怎么做"。就像我们心理咨询师使用的三棱柱一样，你在听学生们说吵架理由的时候脑子里也想象着三棱柱。

青年：……什么意思呢？

哲人：学生们所说的"因为他说这样的话，所以我才会生气"或者"他对我做得太过分了"之类的吵架理由，如果用三棱柱对其进行分析的话，是不是最终都是"可恶的他人"和"可怜的自己"呢？

青年：……是的，哎呀。

哲人：你只问学生们"原因"，无论怎么挖掘，都无非是一些推卸责任的辩解之词。**你应该做的是关注他们的"目的"，与他们一起思考"以后怎么做"。**

青年：吵架的目的？而不是原因？

哲人：咱们按顺序来解释一下。首先，通常我们是要通过语言进行交流吧？

青年：是的，就像我现在正在和先生交谈一样。

哲人：还有，交流的目的、目标是什么呢？

青年：意思传达，表达自己的想法吧。

哲人：不对，"传达"只不过是交流的入口，最终目标是达成协议。如果仅仅是传达，那没有任何意义，只有在传达的内容被理解并达成一定协议的时候，交流才有意义。你我在此交谈的目标也是达成某种一致见解。

青年：哎呀，这可是相当耗费时间啊！

哲人：是的，通过语言进行的交流要达成一致意见需要花费相当多的时间和精力。仅仅是自以为是的要求根本行不通，还需要准备一些客观数据之类具有说服力的材料。并且，虽然耗费的成本很高，但速度和可靠性相当低。

青年：正如您所说，我都有些厌烦了。

哲人：所以，厌烦了争论的人或者在争论中无望获胜的人会怎么做呢？你知道吗？

青年：哎呀，应该会撤退吧？

哲人：**他们最后选择的交流手段往往是暴力。**

青年：哈哈，真有意思！会发展到这一步吗？！

哲人：如果诉诸暴力，不需要花费时间和精力就可以推行自己的要求，说得更直接一些就是能够令对方屈服。**暴力始终是成本低、廉价的交流手段。**在讨论道德是否允许之前，首先不得不说它是人类非常不成熟的行为。

青年：您的意思是说不认可它并不是基于道德观点，而是因为它属于不成熟的愚蠢行为？

哲人：是的。道德标准往往会随着时代或情况而发生变化，仅仅靠道德标准去评判他人，这很危险，因为过去也有崇尚暴力的时代。那么，究竟该怎么做呢？还得回到我们人类必须从不成熟的状态中慢慢成长这一原点上。绝不可以依靠暴力这种不成熟的交流手段，必须摸索出其他的交流方式。作为暴力"原因"被列举出来的对方说了什么或者是态度如何具有挑衅性，事实上根本没有任何意义。暴力的"目的"只有一个，应该考虑的是"以后怎么做"。

青年：的确，这真是对暴力很有意思的洞察。

哲人：你怎么可以像是在说他人的事情一样呢？现在说的事也可以说是在说你自己。

青年：不不，我根本不使用暴力。请您不要莫名其妙地找碴！

发怒和训斥同义

哲人：与某人争辩，情况变得越来越不妙，自己处于劣势之中，或者是发觉一开始自己的主张就不合理。

在这种情况下，有的人即使不动用暴力，也会高声吼叫、拍打桌子或者是泪流满面等，他们想要借此来威逼对方进而推行自己的主张。这些行为也属于低成本的"暴力性"交流手段……你明白我想说什么吧？

青年：……真……真是太可恶了！你这是在嘲笑激动地大声喊叫的我不成熟吗？！

哲人：不，在这个房间里无论怎么大声喊叫都没有关系，我关心的是你所选择的"批评"行为。

你厌烦了用语言与学生们交流，继而想通过批评直截了当地令他们屈服。以发怒为武器，拿着责骂之枪，拔出权威之刀，这其实是作为教育者既不成熟又非常愚蠢的行为。

青年：不对！我并不是在对他们发怒，而是在批评他们！

哲人：很多成人都这样辩解。但是，企图通过行使暴力性的"力量"来控制对方这一事实根本不可能改变。自以为"我正在做好事"，这本身就可以说是性质恶劣。

青年：并非如此！发怒是感情爆发，无法进行冷静判断。从这个意义上来说，在批评学生的时候，我没有丝毫的感情用事！

不是勃然大怒，而是谨慎冷静地进行批评。不要把我与那种忘我而冲动的人混为一谈！

哲人：也许如此吧，这就像是并未装上子弹的空膛枪。但是，在学生们看来，自己被枪口对着这一事实是一样的。无论里面装的是不是子弹，你都是一手拿着枪在进行交流。

青年：那么，我倒要问问。打个比方来讲，对方就好比是拿着刀站在你面前的凶犯，犯了罪，并且还向你发起冲突，是那种引起关注或者权力争斗之类的冲突。拿着枪进行的交流有什么不好呢？究竟该如何维护法律和秩序呢？

哲人：面对孩子们的问题行为，父母或教育者应该做什么呢？阿德勒说"**要放弃法官的立场**"。你并未被赋予裁判的特权，维护法律和秩序不是你的工作。

青年：那么，应该做什么呢？

哲人：你现在应该守护的既不是法律也不是秩序，而是"眼前的孩子"，出现了问题行为的孩子。**教育者就是心理咨询师，心理咨询就是"再教育"**。刚开始我就说过吧？心理咨询师端着枪也太奇怪了。

青年：但……但是……

哲人：包含斥责在内的"暴力"是一种暴露了人不成熟的交流方式。关于这一点，孩子们也十分清楚。遭到斥责的时候，除了对暴力行为的恐惧，**他们还会在无意识中洞察到"这个人很不成熟"**。

这是一个比大人们想象得更加严重的问题。你能够"尊重"一个不成熟的人吗？或者，从用暴力威慑自己的对方那里能够感受到被"尊重"吗？伴随着发怒或者暴力的交流中根本不存在尊重，而且还会招致蔑视。斥责不会带来本质性的改善，这是不言自明的道理。因此，阿德勒说**"发怒是使人和人之间变得疏远的感情"**。

青年：您是说我得不到学生的尊重，不仅如此，甚至还被蔑视？而且，这都是因为批评那些孩子们？！

哲人：很遗憾，的确如此。

青年：……并不了解现场的你知道什么？！

哲人：我不知道的事情很多。但是，你反复诉说的"现场"这种话总而言之就是"恶劣的他人"，以及被捉弄的"可怜的自己"。我并不认为它有什么讨论价值，所以，我根本充耳不闻。

青年：……啊！

哲人：如果你拥有面对自我的勇气并能够真正地去思考"以后怎么做"的话，那就能够有所进步。

青年：您是说我一直在辩解吧？

哲人：不，说是辩解并不准确，你是一味地关注"无法改变的事情"，感叹"所以不可能"。**不去执着于"无法改变的事情"，而是正视眼前的"可以改变的事情"**……你还记得吗？基督教广为传诵的"尼布尔的祈祷文"。

青年：是的，当然记得。**"上帝，请赐予我平静，去接受我无法改变的。给予我勇气，去改变我能改变的；赐我智慧，分辨这两者的区别。"**

哲人：仔细领会一下这段话之后，再想想"以后怎么做"。

自己的人生，可以由自己选择

青年：那么，假设我接受先生的提议，既不批评也不追问原因，而是问学生们"以后怎么做"。那情况会怎样呢？……根本不用想，他们说的话肯定是"再也不这么干了"或者"以后好好干"之类的口头反省。

哲人：强求一些反省的话，那没有任何作用。尽管如此，还是经常有人命令对方写道歉信或者检讨书，这些文书的目的仅仅是"获得原谅"，根本起不到反省作用。除了能够让命令写的人获得一定的自我满足之外也没有其他意义。并不是这些，在此要问的是对方的生活方式。

青年：生活方式？

哲人：我要介绍一段康德的话。关于自立，他是这么说的："人处于未成年状态不在于缺乏理智，而在于没有他人的教导就缺乏运用自己理智的决心和勇气。也就是说，人处于未成年状态是自己的责任。"

青年：……未成年状态？

哲人：是的，没有真正自立的状态。而且，他所使用的"理智"一词，我们可以理解为从理性到感性的一切"能力"。

青年：也就是说，我们并不是能力不够，而是缺乏运用能力的勇气，所以才无法摆脱未成年状态，是这个意思吗？

哲人：是的。并且他还进一步断言："一定要拿出运用自己理智的勇气！"

青年：哦，简直就像是阿德勒说的话嘛。

哲人：那么，为什么人要把自己置于"未成年状态"呢？说得更直接一些就是，人为什么要拒绝自立呢？你的看法是什么？

青年：……是因为胆怯吗？

哲人：也有这个原因。不过，请你再想一下康德的话。**我们按照"他人的教导"活着很轻松，既不用思考难题又不用承担失败的责任**，只要表示出一定的忠诚，一切麻烦事都会有人为我们承担。家庭或学校里的孩子们、在企业或机关工作的社会人、来进行心理咨询的来访者，一切都是如此吧？

青年：哎……哎呀……

哲人：并且，周围的大人们为了把孩子们置于"未成年状态"之中，想方设法灌输自立如何危险以及其中的种种风险及可怕。

青年：这么做是为了什么呢？

哲人：**为了让其处于自己的支配之下。**

青年：为何要做这样的事呢？

哲人：这需要你扪心自问一下，因为你也是在不自觉的情况下妨碍了学生们的自立。

青年：我？！

哲人：是的，没错。父母以及教育者往往对孩子们过于干涉、过于保护，结果就培养出了任何事都要等待他人指示的"自己什么也决定不了的孩子"。最终培养出的人即使年龄上成为大人，内心依然是个孩子，没有指示他们什么也做不了。如此一来，根本谈不上什么自立。

青年：不，至少我很希望学生们自立！为什么要故意阻碍他们自立呢？！

哲人：难道你不明白吗？你很**害怕学生们自立**。

青年：为……为什么？！

哲人：一旦学生们自立之后与你站在平等的立场上，你的权威就会丧失。你现在与学生们之间建立的是"纵向关系"，并且你很害怕这种关系崩塌。不仅是教育者，很多父母也潜在地怀着这种恐惧。

青年：不……不是，我……

哲人：还有一点。孩子们遇到挫折的时候，特别是给他人带来麻烦的时候，你自然也会被追究责任。作为教育者的责任、作为监督者的责任、如果是父母那就是作为父母的责任。是这样吧？

青年：是的，那是当然。

哲人：如何才能回避这种责任呢？答案很简单，那就是**支配孩子**，不允许他们冒险，只让其走无灾无难、不会受伤的路，尽可能将其置于自己的掌控之中。其实，这样做并不是担心孩子，**一切都是为了保全自身**。

青年：因为不想由于孩子们的失败而承担责任？

哲人：正是如此。因此，**处于教育者立场上的人以及负责组织运营的领导必须时时树立起"自立"目标**。

青年：……不要陷入保全自身。

哲人：心理咨询也一样。我们在做心理咨询的时候会加倍小心，**不把来访者置于"依存"和"无责任"的地位之中**。例如，令来访者说"多亏了先生我才能痊愈"的心理咨询其实没有解决任何问题。因为反过来说，这话的意思就是"如果是我自己，什么也办不到"。

青年：您的意思是说那是在依存于心理咨询师？

哲人：是的，可以说这对于你也就是教育者也是一样。让学生说出"多亏了先生才能毕业"或者"多亏了先生才能及格"之类的话的教育者，在真正意义的教育上是失败的，必须令学生们感到他们是靠自己的力量做到了这一切。

青年：但……但是……

哲人：教育者是孤独的存在。无人赞美、没有慰劳，全靠自己的力量默默前行，甚至都得不到感谢。

青年：人们能接受这种孤独吗？

哲人：是的。不期待学生的感谢，而是能够为"自立"这一远大目标做出贡献，教育者要拥有这种奉献精神，**唯有在奉献精神中找到幸福**。

青年：……奉献精神。

哲人：三年前我应该也说过，**幸福的本质是"奉献精神"**。如果你希望获得学生们的感谢，期待他们说出"多亏老师了"之类的话……那最终将会妨碍学生们自立。请一定记住这一点。

青年：那么，具体如何才能做到不把学生们置于"依存"或"无责任"地位的教育呢？！怎样才能帮助他们真正自立？！不要仅仅是观念性地说明，请您用具体事例来解释一下！否则，我还是无法接受！

哲人：好吧。比如，孩子们问你"我可以去朋友那里玩吗"？这时候，有的父母就会回答说"当然可以"，并附加上"做完作业之后吧"之类的条件。或者，也有的父母会直接禁止孩子去玩。这都是将孩子置于"依存"或"无责任"地位的行为。

父母不可以这样，而应该告诉孩子"这事你可以自己决定"。**告诉他自己的人生、日常的行为一切都得由自己决定。并且，假如有做出决定时需要的材料——比如知识或经验——那就要提供给他们。这才是教育者应有的态度。**

青年：自己决定……他们有相应的判断力吗？

哲人：存在这种怀疑的你还是对学生们不够尊重，如果可以做到真正的尊重，那就能够放手让其自己决定一切。

青年：也许会造成无可挽回的失败啊？！

哲人：在这一点上，即使父母或老师"为其选定"的道路也一样。你凭什么能够断言只有他们自己的选择会以失败告终，而自己为其指出的道路就不会失败？

青年：但是，这……

哲人：孩子们失败的时候，也许你确实会被问责。但是，这并不是关乎自己人生的责任，真正要承担责任的只有孩子自己，所以出现了"课题分离"这一思想主张，也就是"最终要承担某种选择导致的后果的人是谁"之类的想法。并未承担最终责任的你不可以介入他人的课题。

青年：你是说对孩子放任不管？

哲人：不是。**尊重孩子们自己的决断，并帮助其做出决断。**并且，**告诉孩子自己随时可以为其提供帮助，并在不太近但又可以随时提供帮助的距离上守护他们。**即使他们自己做出的决断以失败告终，孩子们也学到了**"自己的人生可以由自己选择"**这个道理。

青年：自己的人生由自己选择……

哲人：呵呵呵。"自己的人生可以由自己选择"，这是贯穿本日讨论的一大主题，请你好好地记清楚。对，请记在笔记本上。

那么，我们先休息一下吧。请你也回忆回忆自己是以什么样的态度面对学生们的。

青年：不，不需要休息！咱们继续吧！

哲人：接下来的对话，需要更加集中精神。而要想集中精神就需要适度休息。我冲了热咖啡，稍微平静一下整理整理思路吧。

由竞争原理到协作原理

教育的目标是自立。并且，教育者就是心理咨询师。当初，青年觉得这两个词是很普通的概念，几乎并未怎么留意。但是，随着辩论的展开，他开始对自己的教育方针产生疑虑。下定决心守护法规和秩序的教育错了吗？我真的害怕并妨碍了学生们的自立吗？……不，根本没有。毫无疑问，我一直在帮助他们自立。坐在对面的哲人沉默地擦拭着钢笔，看上去超然洒脱而又悠然自得！青年用干燥的嘴唇抿了一口咖啡，然后又缓缓地说起话来。

否定"通过表扬促进成长"

青年： ……教育者不能充当法官，必须做亲近孩子们的心理咨询师。并且，斥责只能是暴露自身不成熟进而招致轻视的行为。教育的最终目标是"自立"，任何人都不应该成为这条道路上的障碍。好吧，关于"不可以批评"这一点，我就暂且接受。不过，您首先得认可下一个课题。

哲人： 下一个课题？

青年： 我们与教师同事或者是学生家长一起讨论"批评式教育"和"表扬式教育"对错的机会有很多。在讨论中非常不被认同的当然是"批评式教育"，这是时代潮流所致，当然也有很多人不赞同是出于道德观点考虑。就连我本人也并不愿意批评学生，对"不可以批评"大体还是持赞同态度。另一方面，支持"表扬式教育"的人占多数，从正面否定这种教育方式的人几乎没有。

哲人： 肯定如此。

青年： 但是，阿德勒连表扬也否定啊。三年前我询问理由的时候，您的说法如下，**"表扬是'有能力的人对没能力的人所做出的评价'，其目的是'操纵'。"** 因此，不可以进行表扬。

哲人： 是的，我这么说过。

青年： 我也相信了这种说法，并忠实地践行了"不表扬教育"。但是，一个学生令我深深地意识到这种做法的错误。

哲人：一个学生？

青年：那是几个月前的事情，班里一个即使在学校里也能数得着的问题学生写了一篇读后感。那是暑假期间的自由任务，他竟然读了加缪的《异邦人》，我真的有些吃惊。他读后感的内容也令我非常吃惊，那是一篇用多愁善感的青春期少年所特有的细腻而感性的笔触写出的精彩作文。读了之后，我不禁大加赞扬："你太厉害啦！我都不知道你竟能写出这么好的作文，真令我刮目相看啊！"

哲人：是啊。

青年：话说出的那一瞬间，我就感到了不妥。特别是"刮目相看"这样的话包含了阿德勒所不认同的自上而下的"评价"。进一步讲，这就等于说之前一直瞧不起他。

哲人：是的，不然也不会说出"刮目相看"这样的话。

青年：但实际上我是表扬了他，而且是用非常明显的语言表扬了他。那么，听了我的话，那个问题学生的表情如何呢？有没有抗拒呢？啊，真希望先生您也能看到呀！他竟然展露出我以前从未见过的极其天真烂漫的少年式的笑脸！

哲人：呵呵呵。

青年：顷刻间，我感到眼前云开雾散，顿时彻悟"阿德勒思想究竟是什么？！我竟然受其蒙蔽，实施了剥夺孩子们笑容和欢喜的教育。这算什么教育啊"！

哲人：……所以，你决定要开始表扬吧？

青年：当然，毫不犹豫地进行表扬。表扬他，也表扬他以外的学生们。于是，大家都非常开心，学业也有所进步。越表扬大家的积极性越高，毫无疑问，这是一个良性循环。

哲人：你是说收到了很好的效果？

青年：是的。当然，不可以不加区别地一律表扬，而是仅仅针对一定的努力或成果进行表扬。因为，如果不是这样的话，那赞美之词就会成为谎言。之前写读后感的那名问题学生现在已经成了一个读书迷，总之，他读了很多的书，并写了很多读后感。很棒吧，书可是通向世界的大门。在这个过程中，他也许会不再满足于学校图书馆，而去大学图书馆，去我曾经工作过的图书馆！

哲人：如果是这样，也许会感慨颇深吧。

青年：我就知道，先生一定会加以否定吧。说什么这是"称赞的要求"，属于问题行为的第一个阶段。但是，现实完全不同。

即使最初以"获得表扬"为目的，在努力的过程中本人渐渐认识到学习的喜悦，体会到坚持的快乐，并逐步用自己的脚站立起来，这不正是阿德勒所说的"自立"嘛！

哲人：你能够断言事情一定会如此发展吗？

青年：您就承认吧！不管怎么说，通过表扬，孩子们又找回了笑容和干劲吧？这才是生活在教育现场有血、有肉、有温度的教育，阿德勒教育中有什么温度和笑容啊？！

哲人：那么，咱们一起想一想吧。**为什么要在教育现场贯彻"不可以表扬"这一原则呢？为什么明明通过表扬会令有些孩子非常开心并取得进步，但却不可以进行表扬呢？通过表扬，你要承担什么样的风险呢？**

青年：呵呵呵，您又要开始讲歪理了。我绝不会让步的，这就让您改变主张。

褒奖带来竞争

哲人： 前面我说过"班级是一个民主国家"。你还记得吧？

青年： 哈哈，您可是片面地把我说成是法西斯主义者啊！怎么会忘呢？！

哲人： 并且我还指出"独裁者掌控的组织根本无法避免腐败"。如果再深入地想一想其中的理由，就会明白"为什么不可以表扬"了。

青年： 您继续讲。

哲人： 在独裁横行、民主尚未确立的共同体中，善恶的一切规章标准都由领导一人来定。国家自不必说，公司组织也是如此，即使家庭或学校也是一样。并且，其规章标准的应用也非常随意。

青年： 啊，所谓的独断式经营公司就是典型吧。

哲人： 那么，这些独断专行的领导会不会被"国民"讨厌呢？答案是未必如此，甚至很多时候还会得到国民的热烈拥戴，你认为这是为什么呢？

青年： 因为这些领导具有领袖式的魅力？

哲人： 不。这还在其次，或者只是表面上的原因。更大的原因在于其**赏罚分明**。

青年： 哦！是这样吗？

哲人：破坏规则就会受到严厉惩罚，遵守规则就会被大加赞扬。并且，后者还会被认可。也就是说，人们并不是支持领导的人格或思想信条，**顺从的目的只是为了"获得表扬"或者"不被批评"**。

青年：是的、是的，社会就是如此啊。

哲人：那么，问题就在这里。见他人得到表扬就会心生愤懑，自己得到表扬则会自鸣得意，如何才能比周围的人更早更多地获得表扬呢？或者说，如何才能独占领导的宠爱呢？**如此，共同体就会被以褒奖为目标的竞争原理所支配。**

青年：感觉您又在绕圈子。总之，您就是不赞同竞争吧？

哲人：你认同竞争吗？

青年：非常认同。先生您只关注竞争的缺点，应该开阔一下思路。无论是学业还是艺术或体育比赛，抑或是进入社会之后的经济活动，正因为有齐头并进的竞争者存在，我们才会付出更大的努力。推动社会不断朝前发展的根本力量就是竞争原理。

哲人：是这样吗？将孩子们置于竞争原理之下，迫使其与他人进行竞争的时候，你认为会发生什么呢？所谓竞争对手也就是"敌人"。不久，孩子们就会形成"他人都是敌人"或者"**人人都在找机会陷害我，绝不可大意**"之类的生活方式（世界观）。

青年：您为什么要把事情想得这么悲观呢？对于人的成长来说，竞争对手的激励作用有多大？并且，竞争对手在多大程度上有可能成为值得信赖的朋友？这些您根本不懂。您过的一定是整日埋头于哲学，既没有朋友也没有竞争对手的孤独人生吧。呵呵，我都有点儿同情先生您了。

哲人：我非常认同可以称为竞争对手的盟友的价值。但是，**根本没有必要与这样的竞争对手进行竞争，也不可以进行竞争。**

青年：认可竞争对手，但不认可竞争？哎呀哎呀，您又开始自相矛盾了！

共同体的病

哲人：一点儿都不矛盾。你可以把人生看成一场马拉松比赛，竞争对手就在自己旁边一起奔跑。这本身是一种激励和鼓舞，所以没有任何问题。但是，一旦你产生"战胜"竞争对手的想法，事情就完全变了。

最初"跑完"或"跑快"的目的转而变成了"战胜这个人"的目的，原本应该是盟友的竞争对手变成了应该打倒的敌人……并且，围绕着胜利的策略应运而生，有时甚至会演变为妨害或者不正当行为。即使比赛结束后，也无法心平气和地祝福竞争对手的胜利，深受嫉妒或自卑之苦。

青年：所以您就否定竞争？

哲人：有竞争的地方就会产生策略，甚至滋生不正当行为。没必要战胜任何人，只要能够走完全程不就可以了吗？

青年：不不，太天真了！这种想法太天真了！

哲人：那么，咱们就把话题从马拉松比赛转到现实社会。与竞争时间的马拉松比赛不同，独裁式领导管理的共同体中怎样算"获胜"，标准并不明确。就班级而言，学业以外的部分也会成为判断依据。并且，评价标准越不明确，那些拖同伴后腿、给别人下绊子、向领导献媚的人就越是横行不止。你的单位应该也有这样的人吧？

青年：哎……哎呀……

哲人：**为了防止这种事态发生，组织必须贯彻既无赏罚又无竞争的真正的民主**。请一定记住：企图通过赏罚操纵别人的教育是最背离民主的态度。

青年：那么，我来问问。您所认为的民主是什么？什么样的组织、什么样的共同体才是民主的呢？

哲人：**不是靠竞争原理，而是基于"协作原理"运营的共同体。**

青年：协作原理？！

哲人：不与他人竞争，而是把与他人合作放在第一位。如果你的班级是按照协作原理运营的话，**学生们就会形成"人人都是我的同伴"之类的生活方式**。

青年：哈哈，您是说那样就会大家都和睦相处、齐头并进？现在即使在幼儿园也不可能有这种不切实际的事情了！

哲人：例如，有一个男生总是做一些问题行为。于是，很多教育者都在思考"该如何对待这个学生"。表扬？批评？还是无视？抑或是想其他办法？然后，就会把这个学生单独叫到教师办公室来处理。实际上，这种想法本身就是一种错误。

青年：为什么？

哲人：**这并不是因为他"坏"才陷入问题行为，问题在于蔓延在整个班级的竞争原理**。打个比方来说，不是他一人患了肺炎，而是整个班级都患了重度肺炎，他的问题行为只是表现出来的一个症状而已。这就是阿德勒心理学的看法。

青年：整个班级的病？

哲人：是的，名为竞争原理的病。教育者应该做的不是去关注产生问题行为的"个人"，而是去关注出现了问题行为的"共同体"。而且，一定要**去治疗共同体本身**，而不是去治疗个人。

青年：如何去治疗整个班级的肺炎呢？！

哲人：**停止赏罚，消除竞争，让竞争原理从班级中消失。** 仅此而已。

青年：这根本不可能，而且还会起到反作用！您忘记了吗？我已经经历了"不表扬教育"导致的失败了！

哲人：……是的，我知道。那么，再来整理一下咱们的讨论内容吧。首先，争夺胜利或名次的竞争原理自然而然地会发展为**"纵向关系"**。因为，一旦产生胜者和败者，就会产生相应的上下关系。

青年：是的，的确。

哲人：另一方面，贯彻阿德勒心理学所提倡的**"横向关系"**的是协作原理。不与任何人竞争，也不存在胜负。与他人之间即使存在知识、经验或能力的差异也没有关系，与学业成绩、工作成果没有关系，所有人一律平等并且尽力与他人协作，这样建立起来的共同体才有意义。

青年：先生您是说这才是民主国家？

哲人：是的。**阿德勒心理学是基于横向关系的"民主心理学"。**

人生始于"不完美"

青年：好吧，对立点已经很明确了。先生您认为这不是个人问题，而是整个班级的问题。而且还认为蔓延其中的竞争原理是万恶之源。

但是，我关注的是个人。为什么呢？哈，借用先生的话说就是"尊重"。学生们作为一个光明正大的人存在着，他们每人都拥有自己独特的人格。有的孩子温顺文静，有的孩子活泼开朗，有的孩子认真严谨，有的孩子热情好动……学生的性格多种多样，他们并不是毫无个性的"集合"。

哲人：当然，的确如此。

青年：不，您口口声声说民主，但却并不去关注一个个独立的孩子，而是把其放在组织中去看。您还说"如果改变组织，一切都会随之而变"，简直就像是一个共产主义者！

我与您不同。组织怎么样都无所谓，它是民主主义也好共产主义也好，什么都可以。我关注的归根结底是个人的肺炎，而不是整个班级的肺炎。

哲人：因为你一直都是这么做的吧。

青年：那么，具体如何去治疗肺炎呢？这也是对立点。我的答案是"认同"，也就是满足其认同需求。

哲人：嗬！

青年：我知道，知道先生您否定认同需求。但是，我却非常支持认同需求。这是我基于实践经验得出的结论，所以不会轻易让步。孩子们渴望认同而罹患肺病、都被冻僵了。

哲人：你能说明一下理由吗？

青年：阿德勒心理学否定认同需求。为什么呢？拘泥于认同需求的人过于期待他人的认可，不知不觉就会过上他人期望的人生。也就是说，**过他人的人生**。

但是，人活着并不是为了满足别人的期望。无论对方是父母也好、老师也好或者其他什么人也好，我们都**不可以选择满足"那个人"期望的生活方式**。是这样吧？

哲人：是的。

青年：一味在意他人的评价，就无法过自己的人生。就会陷入被剥夺自由的生活方式。我们必须保持自由。并且，如果想要追求自由的话，那就不可以寻求认同……这样理解没错吧？

哲人：没错。

青年：多么振奋人心的话啊！但遗憾的是我们不可能那么坚强！你如果也观察一下学生们的日常生活就会明白。他们虽然极力表现出坚强，但内心却抱着极大的不安，无论怎么做都找不到自信，深深被自卑折磨。这就需要他人的认同。

哲人：所言极是。

青年：我不会轻易赞同你这位落伍的苏格拉底！总之，先生您所说的人终归是大卫像！

哲人：大卫像？

青年：对，您知道米开朗琪罗的大卫像吧？肌肉发达而匀称、没有一点儿赘肉，简直是理想的造型。但是，那终究是无血无肉的理想造型，并不是现实中存在的人。活着的人既会有头疼脑热也会有流血受伤！但你总是在拿理想的大卫像来谈论人！

哲人：呵呵呵，很有意思的表达。

青年：另一方面，我所关注的是活在现实中的人。是有着柔嫩鲜活的肌肤和细腻丰富的个性，常常会犯错的孩子们！他们需要一一对待，并以更加恰当的形式来满足认同需求，也就是需要表扬。若非如此，根本无法找回受挫的"勇气"！

您戴着善人的面具，却丝毫不同情弱者。您只是在一味地宣扬雄狮理论，根本没有贴近现实生活中的人！

哲人：的确。假如我的话听起来像是脱离实际的理想论，那也绝不是我的本意。哲学在追求理想的同时也必须进行脚踏实地的思考。关于阿德勒心理学否定认同需求的原因，我们从其他角度来进行思考吧。

青年：哼，又是苏格拉底式的辩白！

哲人：正好我们可以从你刚刚提到的自卑感入手。

青年：哦，要谈自卑感吗？正好，我可是这方面的专家！

哲人：首先，**我们人类在孩童时代毫无例外地都抱着自卑感生活**。这是阿德勒心理学的大前提。

青年：毫无例外？

哲人：是的，人类恐怕是唯一一种身体发育比心理成长慢一步的生物。其他生物心理和身体的成长速度一般都保持一致，唯有人类是心理先成长、身体发育却相对滞后。某种意义上来说，这就好比是被束缚着手脚生活。因为，心灵是自由的，但身体却不由自主。

青年：哦，很有趣的观点。

哲人：结果，人类的孩子们就会为心理上"想做的事"和肉体上"能做的事"之间的差距而苦恼。有些事情对于周围的大人们来说能够做到，但自己却做不到。大人们摸得到的架子自己却够不着，大人们搬得动的石头自己却根本搬不动，年长者谈论的话题自己无法参与……

经历了这种无力感，进一步说就是**经历了"自己的不完美"之后的孩子们原则上来说肯定会感到自卑。**

青年：您是说人生本来就作为"不完美的存在"而开始？

哲人：是的。当然，并不是孩子们作为人"不完美"，只是身体的发育赶不上心理的成长。但是，大人们只看身体方面的条件，往往把他们"当孩子对待"，根本不去理会孩子们的心理。如此一来，孩子们自然就会深受自卑之苦。因为，明明心理和大人没什么区别，但作为人的价值却得不到认可。

青年：所有的人都作为"不完美的存在"而开始，因此任何人都会经历自卑感。您这观点可真悲观啊。

哲人：也不全是坏事。这种自卑感并非不利条件，它常常会成为努力和成长的催化剂。

青年：哦？怎么回事呢？

哲人：如果人可以像马一样驰骋，那就不会发明出马车，也不会发明出汽车。如果人可以像鸟一样在空中翱翔，那飞机也就不会被发明出来。如果人有北极熊那样的毛皮，就不会发明出防寒服。如果人可以像海豚一样擅长游泳，那肯定也就不会有船和指南针的出现。

文明就是用来填补人类生物性弱点的产物，人类史就是一部克服劣等性的历史。

青年：正因为人类比较脆弱，所以才创造出这么了不起的文明？

哲人：是的。进一步讲，**人类因为自身脆弱，所以才会组成共同体并在协作关系中生存。**自狩猎采集时代开始，我们人类就生活在集体中，与同伴协作捕获猎物、养育孩子。人类并非喜欢协作，更确切一些说，**这是因为人类很脆弱，不可以单独生存。**

青年：您是说人类因为"脆弱"才形成集体、构建社会，我们的力量和文明都是拜"脆弱"所赐？

哲人：反过来讲，人类最害怕的是孤立。孤立的人不仅仅是身体安全受到威胁，就连心理安全也处于威胁状态之下。因为人类本能地清楚一个人根本无法生存。因此，我们常常希望能与他人建立坚固的"联系"……你知道这一事实意味着什么吗？

青年：……不知道，是什么？

哲人：所有人的内心都有共同体感觉，它与人的认同需求紧密相连。

青年：什么？！

哲人：正如无法想象没有壳的乌龟或脖子很短的长颈鹿一样，

世界上根本不可能存在完全脱离他人的人。**共同体感觉不需要去"掌握"，而需要从自己内心"挖掘"，正因为如此，它才可以作为"感觉"共有。**阿德勒指出，"共同体感觉常常反映出身体的脆弱，人类根本无法与之彻底脱离。"

青年：源于人类"脆弱"的共同体感觉……

哲人：人类身体方面脆弱，但其心理比任何动物都要强大。这下你该明白致力于同伴之间的竞争多么违背自然规律了吧。共同体感觉并不是云端之上大而空的理想，它是深深植根于我们内心的根本生存原理。

共同体感觉！那么难以理解、内容不明确的阿德勒心理学的关键概念到此也渐渐明朗起来。人类因为身体的脆弱才创立共同体，并在协作关系中生存。人常常渴望与他人之间建立的"联系"，所有人的心中都存在着共同体感觉。哲人说人要挖掘自身的共同体感觉，寻求与他人之间的"联系"……青年好不容易才又开始发问。

"自我认同"的勇气

青年：但……但是，这种自卑感和共同体感觉的存在为何要和否定认同需求相联系呢？相反，应该通过互相认同来加强联系才对吧。

哲人：那么，请你再回忆一下"问题行为五阶段"。

青年：……好的。我都记在笔记本上了。

哲人：学生们先是陷入"称赞的要求"，接着发展为"引起关注"或"权力争斗"，其目的是什么呢？你还记得吗？

青年：希望获得认同，继而在班级中取得特别地位，是这样吧？

哲人：是的。那么，取得特别地位是指什么？为何要如此呢？你怎么看这个问题？

青年：为了获得尊重或者高人一筹吧。

哲人：严格说来并非如此。**阿德勒心理学认为，人类最具根源性的需求是"归属感"。**也就是说，不想孤立，想要真实地感到"可以在这里"。因为，孤立首先会导致社会性死亡，不久还会导致生物性死亡。那么，怎样才能获得归属感呢？

就是在共同体中取得特别地位，不要"泯然众人"。

青年：不要泯然众人？

哲人：是的。无可替代的"这个我"不要做"芸芸大众"，任何时候都必须确保自己独一无二的位置，"可以在这里"的归属感绝对不能被动摇。

青年：倘若如此，我的主张就更加正确了。通过表扬来满足其殷切的认同需求，以此来告诉他"你并非不完美"或者"你很有价值"。除此之外，别无他法！

哲人：不，遗憾的是，这样根本无法体会到真正的"价值"。

青年：为什么？

哲人：**认同根本没有尽头。**获得他人的表扬和认同，借此也许可以体会到瞬间的"价值"；但是，如此获得的喜悦终归是依赖于外部作用。这无异于带发条装置的玩偶，没人给上发条自己根本动不了。

青年：也……也许吧，可是……

哲人：只有被表扬才能体会到幸福的人，直到生命的最后一瞬间也在追求"更多的表扬"。**这样的人就被置于了"依存"的地位，过着永远索求、永不满足的生活。**

青年：那该怎么做呢？！

哲人：唯有一个办法——不去寻求他人的认同，**按照自己的意思自我认同。**

青年：自我认同？！

哲人：让他人来决定"我"的价值，这是依存。另一方面，**"我"的价值由自己来决定，这叫"自立"。**幸福生活在哪里，答案很明确了。决定你自身价值的不是别人。

青年：这根本不可能！正因为我们自己无法树立自信，所以才需要他人的认同！

哲人：恐怕这是**缺乏"做普通人的勇气"**吧。保持本色即可，即使成不了"特别"存在，即使不够优秀，也依然有你的位置。要接受平凡的自己，接受作为"芸芸大众"的自己。

青年：……你是说我只是一无所长的"芸芸大众"？

哲人：不是吗？

青年：……呵呵呵。你竟能厚颜无耻地说出这样侮辱人的话！……这是我人生中遭受的最大侮辱。

哲人：这不是侮辱，我也是一个普通人。并且，"普通"是一种个性，根本不可耻。

青年：别说俏皮话了，你这个虐待狂！哪里有被人说了"你是随处可见的平凡人"不感觉屈辱的现代人？！获得"这也是个性"之类的安慰就能够真正接受的人又在哪里？！

哲人：如果为这种话感到屈辱，那说明你还想要成为"特别的我"。所以你才追求来自他人的认同，所以你才会追求称赞、期待关注，至今依然生活在问题行为之中。

青年：别……别开玩笑了！

哲人：**不要从"与他人不同"方面寻求价值，而是从"保持自我"方面寻求价值**，这才是真正的个性。不认可"真正的自我"，一味地与他人进行比较，盲目地突出"不同"，这是一种**自欺欺人的生活方式**。

青年：不要强调与他人之间的"不同"，即使平凡也要从"保持自我"中寻求价值……

哲人：是的。因为你的个性不是相对的，而是绝对的。

青年：……那么，关于个性我要说说自己得出的一个结论，这个结论揭示了学校教育的局限性。

哲人：哦，我很想听一听。

问题行为是在针对"你"

青年：……我一直在犹豫要不要说，还是说出来吧。今天就全说出来。我心中时常感到学校教育很受局限。

哲人：局限？

青年：是的，我们教育者"能做的事情"很有限。

哲人：怎么回事呢？

青年：班级里既有开朗外向的学生，也有谨慎低调的学生。如果用阿德勒的话说就是，大家都怀着各自固有的生活方式（世界观），没有人完全相同，这就是个性吧？

哲人：是的。

青年：那么，他们是在哪里养成这些生活方式的呢？毫无疑问，肯定是在家庭中。

哲人：的确。家庭的影响很大。

青年：并且，学生们现在依然是在家庭中度过一天中的大部分时间。并且是在同一屋檐下的极近距离内与家人一起"生活"。这里既有热心教育的父母，也有对教育孩子不太积极的父母，父母离婚、分居甚至是去世的家庭也有不少。当然，经济条件也不尽相同，甚至还会有虐待孩子的父母。

哲人：是的，太令人遗憾了。

青年：另一方面，我们教师与一个学生相处的时间只是毕业前的短短几年。与陪伴左右的父母相比，前提条件就存在太大的差异。

哲人：所以，你的结论是？

青年：首先，包括人格形成在内的"广义的教育"是家庭的责任。也就是说，假如有一个暴力倾向严重的问题儿童的话，其父母要对孩子的成长负根本责任，这怎么说也不是学校的责任。并且，我们教师能够起到的作用只是"狭义的教育"，也就是教授知识之类的教育，除此之外的事情根本无能为力。虽然不胜羞愧，但这是现实也是结论。

哲人：哦，恐怕阿德勒会立即驳回你的这个结论。

青年：为什么？怎么驳回？！

哲人：因为不得不说你所得出的结论是在无视孩子们的人格。

青年：无视人格？

哲人：**阿德勒心理学将人的一切言行都放在人际关系中进行思考。** 例如，假如有人陷入割腕之类的自残行为的时候，阿德勒并不认为其行为是无所针对的。伤害自己是为了针对某人，这就像是问题行为中的"复仇"一样。也就是说，一切言行都有其针对的"对象"。

青年：然后呢？

哲人：另一方面，你班里的学生们在家庭中表现如何，不在那个家庭里的我们根本不可能了解。

但是，他们恐怕不可能与在学校的时候完全一样。因为，给父母看的面孔、给老师看的面孔、给朋友看的面孔、给前辈或后辈看的面孔，这些完全相同的人根本不存在。

青年：什么？！

哲人：哪个学生戴上"给你看的面孔"的面具的时候，他就是针对"你"才反复做出问题行为。根本不是父母的问题，完全是出自你和学生之间关系的问题。

青年：与家庭教育没有任何关系吗？！

哲人：这"无法了解"而且"不能干涉"。总之，他们现在是针对你体现出"妨碍这个老师的课"或者"无视这个老师布置的作业"之类的决心。当然，也有虽然在学校里反复做出问题行为却决心"在父母面前做个好孩子"的情况。这是针对你的行为，所以首先必须由你来进行阻止。

青年：你是说我必须在我的教室里来解决？

哲人：正是如此，因为他们就是在向"你"求助。

青年：那些孩子们是在针对我才反复做出一些问题行为……

哲人：并且，他们既然在你面前还选择你能看得到的时候行动，那就是在家庭以外的其他的"世界"，也就是在教室里寻求自己的位置。你必须通过尊重来向其展示出位置。

为什么人会想成为"救世主"

青年：……阿德勒实在太可怕了！如果不知道阿德勒，我也不用如此苦恼。与其他教师一样，应该批评的学生就批评，值得表扬的学生则表扬，毫无困惑地指导着学生，接受学生的感谢，把教学当作天职来完成。有时我甚至想，如果从来没有了解这种思想该多好！

哲人：的确，一旦知道了阿德勒思想就无法再退回去。与你一样，很多接触过阿德勒思想的人都想要抛弃它，认为"这只是理想论"或者"是不科学的"。但是，根本无法抛弃，心中的某个角落总会感觉不妥，总会忍不住地意识到自己的"谎言"。这真可谓是**人生猛药**。

青年：我来整理一下咱们目前的讨论。首先，不可以批评孩子。因为批评是一种破坏相互 "尊重"的行为，发怒或斥责是一种低成本、不成熟、暴力性的交流手段。是这样吧？

哲人：是的。

青年：并且，也不可以表扬。表扬会令共同体中滋生竞争，让孩子们形成"他人是敌人"的生活方式。

哲人：正是如此。

青年：并且，批评或表扬，也就是赏罚，会妨碍孩子"自立"。因为赏罚是企图将孩子置于自己的支配之下，依靠这种方式的大

105

人内心害怕孩子"自立"。

哲人：希望孩子永远是孩子，因此就用赏罚这种形式来束缚孩子，准备一些"都是为你着想"或者"全是因为担心你"之类的理由企图让孩子永远停留在未成年状态……大人们的这种态度根本不存在尊重，也无法建立良好的关系。

青年：不仅如此，阿德勒还否定"认同需求"，主张把追求他人认同换作自我认同。

哲人：是的，这是一个应该从自立角度进行考虑的问题。

青年：我明白，"自立"就是用自己的手决定自己的价值。另一方面，希望由他人来决定自己价值的态度，也就是认同需求只是一种"依存"。可以这么说吧？

哲人：是的。听到自立这个词，有人往往只从经济角度去考虑。但是，**即使十岁的孩子也能够自立，也有人即使到了五六十岁依然无法自立**。自立是精神问题。

青年：……好吧。的确是了不起的理论，至少作为在这个书房里讨论的哲学来说，它完全无懈可击。

哲人：但是，你并不满足于"这种哲学"。

青年：呵呵呵，是的。不要仅仅限于哲学，我要的是通用于这个书房之外特别是我的教室里的实践，否则还是不能接受。

先生，您是向我灌输阿德勒思想的"罪魁祸首"。当然，最终做决断是我的事情。但是，您不要仅仅摆出一些"这不可以做""那不可以做"之类的规则，请一定给出一些具体性的指导意见。如果一直像目前一样，那我既无法回到赏罚教育，又无法信赖阿德勒式的教育！

哲人：也许答案很简单。

青年：答案简单那是对你来说的，无非是"相信阿德勒，选择阿德勒"，仅此而已。

哲人：不，是否抛弃阿德勒思想已经无所谓了，最重要的是我们要暂时脱离教育话题。

青年：脱离教育话题？！

哲人：作为一个朋友我要跟你说一说，虽然今天一直在谈论教育，但你真正的烦恼不在这里。你依然没有获得幸福，也**没有"获得幸福的勇气"**。并且，你选择教育者之路也并不是因为想要拯救孩子们，你是想要通过拯救孩子们最终使自己获救。

青年：你说什么？！

哲人：想要通过拯救他人使自己获救，通过扮演一种救世主的角色来体会到自己的价值，这是无法消除自卑感的人常常会陷入的优越情结的一种形态，一般被称为**"弥赛亚情结"**。它是一种想要成为弥赛亚也就是他人的救世主的心理性反常。

青年：别……别开玩笑了！你又在胡说什么呢？！

哲人：你这样高声怒吼也是自卑感的表现，人受到自卑感刺激的时候就会想用愤怒的感情进行解决。

青年：哎呀，你这个……

哲人：重要的还在后面。你这种不幸者提供的救助无法脱离自我满足的范畴，根本不可能让任何人获得幸福。实际上，你虽然积极投入救助孩子们的事业，但自己依然身处不幸之中。你所渴望的只是体会到自己的价值。倘若如此，再怎么研究教育学都没有意义。首先你应该用自己的手去获得幸福。若非如此，咱们之前的讨论也许就只能是无聊的对骂，没有任何意义。

青年：没有意义？！这种讨论没有意义？！

哲人：如果你选择就这样"不改变"，我尊重你的决断，你可以保持现在的状态再回到学校。但是，如果你选择"改变"，那就从今天开始。

青年：……

哲人：这已经是一个超越了工作或教育，关系到你自己人生的主题。

不再讨论教育。你并不是想要拯救孩子们，而是想要通过教育来拯救身处不幸旋涡的自己……对于青年来说，这种话就等于是全面否定作为教育者的自己的辞职劝告。深受阿德勒光芒普照、克服一切困难、立志走教育之路的我，等来的难道就是如此恶毒的对待吗？！青年突然产生了一个想法……宣判苏格拉底死罪的雅典人当时也许就是这样的心情吧。这个男人太危险，如果对这样的恶棍放任不管，世界很快就会染上虚无主义之毒。

教育不是"工作"而是"交友"

青年：……哎呀，先生你必须感谢我的自制力。如果我再年轻上十岁，不，哪怕是五岁，也不会有这么强的自制力。如果是那样，这会儿你的鼻梁恐怕已经被我的拳头打断了。

哲人：呵呵呵，你很不冷静啊。的确如此。阿德勒也曾遭受过来自商谈者的暴力。

青年：也有这种可能啊！大肆宣扬这样的谬论，那也是应得的报应！

哲人：有一次，阿德勒被要求为一位患了重度精神障碍的少女治病。这位少女受病症折磨已长达 8 年，2 年前开始不得不入院治疗。初次见面时候的她据说是"像狗一样狂吠不止，口水不断，一直想要撕衣服、吃手绢"。

青年：……这已经不属于心理咨询的范畴了。

哲人：是的，这是就连入住医院的负责医生都束手无策的重度病症。于是，他们问阿德勒"你能治吗"？

青年：阿德勒治了吗？

哲人：是的。最终这位少女顺利回归社会，甚至恢复到可以自力更生的程度，并与周围的人融洽相处。阿德勒说"看到现在的她，恐怕没人相信她曾患过精神病"。

青年：究竟用了什么魔法呢？

哲人：阿德勒心理学并无魔法。阿德勒只是一直跟她谈话。最初的八天，他每天都去见她并对其谈话，但她总是一言不发。随着时间的推移，在心理咨询持续了三十日之后，虽然是以非常混乱无法理解的形式，但她终于开口说话了。

关于她的行为举止像狗一样的原因，阿德勒这样理解，她感觉被自己的母亲"当狗对待"。是否真的被像狗一样对待，我们并不了解，但至少她"感觉"是这样。于是，作为对母亲的反抗，她下意识地决定"索性扮演狗给您看"。

青年：也可以说是一种自残行为？

哲人：如你所言，正是自残行为。作为人的尊严被伤害，于是用自己的手再去不断撕裂伤口。所以，阿德勒就把她作为平等的人百折不挠地跟其谈话。

青年：……的确。

哲人：就这样一直不间断地进行心理咨询，某一天，她突然开始打阿德勒。这时候阿德勒是怎么做的呢？他没做任何反抗，任其拍打。然后，过于激动的她打破了玻璃窗户，手指受了伤。于是，阿德勒默默地为其包扎。

青年：呵呵呵，这简直就是圣经中的故事嘛！你是想借此把阿德勒装扮为圣人吧。哈哈哈，很可惜，我绝不会上当！

哲人：阿德勒不是圣人；这种情况下选择"不反抗"也不是出于道德角度考虑。

青年：那为什么不反抗呢？

哲人：阿德勒说当她开始讲话的时候，自己感到"我是她的朋友"。

于是，在被无故拍打的时候，也只是用"友好的眼神"注视着她。也就是说，阿德勒并非作为工作、作为职业人来面对她，而是**作为一个朋友与之相处**。

长期处于苦恼之中的朋友出现了精神错乱，所以才来拍打自己……如果想一想这种情况，就能够理解阿德勒的行为一点儿都不奇怪。

青年：……哎呀，如果真是朋友的话。

哲人：那么，在这里我们还必须再回忆一下这些概念。"心理咨询就是面向自立的再教育，心理咨询师就是教育者"。还有，"教育者就是心理咨询师"。

既是心理咨询师又是教育者的阿德勒作为"一个朋友"来面对来访者。如果是这样的话，你也应该作为"一个朋友"来面对**学生**。因为你也是教育者、心理咨询师。

青年：啊？！

哲人：你在阿德勒式教育上的失败，以及至今感受不到幸福的原因其实很简单，因为你一直在**逃避由工作、交友和爱这三大项构成的"人生课题"**。

青年：逃避人生课题？！

哲人：你现在是因为"工作"来面对学生。但是，正如阿德勒亲身示范的一样，与学生之间的关系是"朋友"。如果弄错了这一点，教育不可能顺利。

青年：不要胡说！！像朋友一样对待那些孩子们？！

哲人：不是像朋友一样"对待"，是建立真正意义上的"交友"关系。

青年：这根本不对！我可是专业教育者，正因为将其当成专业的、拿报酬的"工作"，才可以负起重大责任！

哲人：我知道你要说什么。但是，我的意见不会变，你与学生们之间应该建立的是"交友"关系。

三年前，关于人生课题咱们没能细谈。如果理解了人生课题，你就一定能够明白我最初说的"人生最大的选择"这句话的意思，进而你也就能够理解你目前应该面对的"获得幸福的勇气"。

青年：如果理解不了呢？

哲人：那你可以抛弃阿德勒、抛弃我。

青年：……有意思，您就这么自信吗？

第四章

付出，然后才有收获

哲人的书房里没有钟表。之前的辩论究竟花了多长时间，距离天明还有几个小时？青年一边为自己忘带手表而懊恼，一边反复回味着之前辩论的内容。……弥赛亚情结？要与学生建立"交友"关系？开什么玩笑？！这个男人口口声声地说我误解了阿德勒，但其实是你误解了我！逃避人生课题、回避与他人交往的人正是整日闷在这个书房里的你！

一切快乐也都是人际关系的快乐

青年：我现在正处于不幸之中，我并不是为学校教育而苦恼，只是苦恼自己的人生。并且，理由是我逃避"人生课题"……您是这么说的吧？

哲人：如果简单概括一下的话。

青年：并且，您还说不应该把面对学生当作"工作"，而应该建立"交友"关系。其中的理由更加无聊，总而言之无非是"因为阿德勒也是这么做的"。阿德勒把来访者当作朋友来对待，伟大的阿德勒是这么做的，所以你也应该这么做……您认为这样的理由我能接受吗？

哲人：如果我的依据仅仅是"因为阿德勒也是这么做的"，那你肯定无法接受。当然，我还有其他更重要的依据。

青年：如果您不能讲清楚的话，我还得继续反驳。

哲人：我明白。阿德勒**把一个人在社会上生存时必须面对的课题称为"人生课题"**。

青年：这个我知道，工作课题、交友课题和爱的课题嘛。

哲人：是的，这里一个重要的关键点就是这些都是人际关系课题。例如，讲"工作课题"的时候，也不是把劳动本身作为课题来考虑，关注的是其中的人际关系。在这个意义上，用"工作关系""交友关系"和"爱的关系"这些说法来考虑也许更容易被理解。

青年：也就是说，不要关注"行为"，而要关注"关系"。

哲人：是的。那么，为什么阿德勒如此关注人际关系呢？这是阿德勒心理学的根本原则，你明白吗？

青年：因为它的前提是阿德勒所定义的"苦恼"，也就是"一切烦恼都是人际关系的烦恼"这种说法。

哲人：正是如此。关于这个定义也需要做一些说明，可以断言"一些烦恼"都是"人际关系的烦恼"的理由是什么呢？阿德勒认为……

青年：哎呀，又在绕圈子！由我来直截了当地说明，很快就能讲清楚。"一切烦恼都是人际关系的烦恼"，这句话的真正意思可以反过来考虑。

假如宇宙中只有"我"一个人存在，那会怎么样？恐怕那将是一个既没有语言也没有道理的世界。既没有竞争也没有嫉妒，但也没有孤独。因为只有存在"疏远我的他人"的时候，人才会感受到孤独。真正"一个人"的时候，孤独也就不会产生。

哲人：是的，孤独只存在于"关系"之中。

青年：但是，事实上这种假设根本不可能成立。因为从原则上来讲，我们根本不可能脱离他人独自生存。所有人都是由母亲所生，吃乳汁成长。刚出生时，别说是自己一个人吃饭，就连翻身都不会。

并且，作为婴儿的我们睁开眼睛明确他人——多数情况下是母亲——存在的那一瞬间，"社会"就产生了。接着是父亲、兄弟姐妹以及家人以外的他人出现，社会也越来越复杂。

哲人：是的。

青年：社会的诞生也就是"苦恼"的诞生。在社会中我们深受冲突、竞争、嫉妒、孤独以及自卑等各种烦恼折磨。"我"和"他人"之间常常发出不和谐的声音，那被羊水包裹着的静谧日子再也不可能出现，只能生活在喧嚣的人类社会。

如果没有他人，也就没有烦恼。但是，我们根本无法摆脱他人。也就是说，人所具有的"一切烦恼"都是人际关系的烦恼……这样理解有什么问题吗？

哲人：没有，你总结得很好，我只补充一点。如果一切烦恼都源于人际关系的话，是否只要切断与他人之间的关系就可以呢？是否只要远离他人，闷在自己房间里就可以呢？

不是这样，完全不是，因为**人的快乐也源于人际关系。**"独自生存在宇宙"中的人没有烦恼但也没有快乐，且将会度过极其乏味的一生。

阿德勒所说的"一切烦恼都是人际关系的烦恼"这句话背后也隐含着**"一切快乐也都是人际关系的快乐"**这一幸福定义。

青年：所以，我们必须勇敢面对"人生课题"。

哲人：是的。

青年：好吧。那么，还是刚才那个问题，为什么我必须与学生们建立"交友"关系？

哲人：好的。"交友"是怎么回事呢？为什么我们肩负着"交友"任务呢？我们借助阿德勒的话来思考这个问题。关于"交友"，阿德勒说过，"**我们在交友的时候，会学着用他人的眼睛去看，用他人的耳朵去听，用他人的心去感受。**"

青年：这话前面说过……

哲人：对，共同体感觉的定义。

青年：怎么回事？您的意思是说我们通过"交友"关系学习"人格知识"、掌握共同体感觉？

哲人：不，"掌握"这种说法不对。前面我就说过，共同体感觉是存在于所有人内心的一种"感觉"。不是努力掌握，而是从自己内心挖掘出来。所以，准确地说是"通过交友挖掘出来"。

我们只有在"交友"关系中才能尝试着为他人贡献，不进行"交友"的人根本无法在共同体中找到自己的位置。

青年：请稍等一等！

哲人：不，咱们继续，直到得出结论。此时的问题是究竟在哪里进行"交友"……答案你已经知道了吧。**孩子们最初学习"交友"、挖掘共同体感觉的场所就是学校。**

青年：哎呀，我说让您等等！讨论进行得太快，我根本弄不明白什么是什么！您是说因为学校是学习"交友"的地方，所以要和孩子们成为朋友？！

哲人：这里是很多人都会误解的地方。"交友关系"并不单单止于朋友关系。即使那些不能称为朋友的人，很多时候我们也可以与之建立"交友"关系。阿德勒所说的"交友"是指什么？它为什么会和共同体感觉相关？咱们好好地讨论一下这个问题。

是"信任"，还是"信赖"？

青年：我再确认一遍，您并不是说必须与孩子们成为朋友，这没错吧？

哲人：是的。三年前那个白雪皑皑的最后一日，我就解释了**"信任"和"信赖"的区别。**你还记得吗？

青年："信任"和"信赖"？您可真是一个不停变换话题的人啊。当然记得，至今依然印象深刻，因为那是我很感兴趣的研究。

哲人：那么，用你的话回顾一下吧。如果是你，会如何解释"信任"？

青年：好的。坦率地说，**"信任"就是有条件地相信对方。**例如，向银行贷款的时候，银行当然不会无条件地把钱贷出去。银行只有在取得不动产或担保人之类的担保之后才会贷出与之相应的金额，并且还会收取非常可观的利息。这并不是"因为相信你所以放贷"，而是一种"因为相信你准备的担保价值所以放贷"的态度。总之，不是相信"那个人"，而是相信那个人所具备的"条件"。

哲人：那么，"信赖"是指什么呢？

青年：在相信他人的时候不附加任何条件。即使没有值得信任的依据也相信，不考虑什么担保，无条件地相信，这就是"信赖"。相信的是"那个人本身"，而不是他所具备的"条件"。也可以说关注的是人性化的价值，而不是物质性的价值。

哲人：的确如此。

青年：如果让我再加上自己的理解，那也就是相信"信任这个人的自己"。因为，如果对自己的判断没有自信，那就一定会要求担保。所以说，**只有信赖自己才能信赖他人**。

哲人：谢谢，你总结得很精彩。

青年：……我是个很优秀的学生吧？我信奉阿德勒的时间比较长，而且还查阅了很多文献进行学习。最重要的是我在教育现场进行了实践。我并不是毫不理解地冲动拒绝。

哲人：那是当然。不过，这一点请不要误解，你既不是我的弟子也不是我的学生。

青年：……哈哈!! 您是说，像我这种没礼貌的家伙，已经不配称为弟子了吗？这真是杰作啊，提倡阿德勒的您都发怒了。

哲人：你肯定非常热爱"知识"，毫无疑问也在不断思考以期达到更好的理解。也就是说，你是一个爱知者，一个哲学者。并且，我只不过是与你站在同一水平线上的一个同样热爱"知识"的哲学者，而并非高高在上传授教义的人。

青年：您是说既没有老师也没有弟子，咱们都是对等的哲学者？如果是这样的话，是不是您也有可能承认自己的错误，接受我的意见呢？

哲人：当然。我也有很多东西想要向你学习，事实上，咱们每次交谈我都能获得新的启发。

青年：嗬。即使您给我戴高帽子，我也不会放松批判啊。那么，为何要讲"信任"和"信赖"呢？

哲人：阿德勒提出的"工作""交友""爱"这三大人生课题。它们都与人际关系的距离和深度密切相关。

青年：是的，您已经说过了。

哲人：不过，笼统地说"距离"和"深度"，恐怕很难理解，被误解的时候也很多吧。所以，可以简单地这样理解：**工作和交友就是"是信任还是信赖？"的区别。**

青年：信任和信赖？

哲人：是的。**工作关系是"信任"关系，而交友关系则是"信赖"关系。**

青年：什么意思呢？

哲人：工作关系是伴随着某些利害或者外在要素的附带条件的关系。例如，因为碰巧在同一个公司，所以要互相协作。虽然人格方面相互并不喜欢，但因为是客户所以要保持关系，而且也相互提供帮助。但是，离开了工作之后根本不想继续保持关系。这就是由工作利害结成的"信任"关系。不管个人是否愿意，都必须保持关系。

另一方面，**交友根本不存在"必须和这个人交友的理由"。**既不存在利害，也不是受外界要素制约的关系。它是一种由"喜欢这个人"之类的内在动机结成的关系。如果借用你刚才说的话来讲，那就是相信"那个人本身"，而不是他所具备的"条件"。交友显然是"信赖"关系。

青年：啊，又是令人费解的辩论。既然如此，为什么阿德勒不直接使用"工作"或"交友"之类的词呢？一开始就用"信任""信赖"以及"爱"来表述人际关系不就可以了吗？你只是把辩论复杂化来迷惑人罢了！

哲人：我知道了。那么，我尽量简单地说明一下阿德勒选择"工作"一词的理由。

青年确信：恐怕阿德勒把清贫当作美德，认为一切经济活动都很低贱。所以他轻视工作，主张"与学生们建立交友关系"。这真是天大的笑话。青年既为自己是个教育者自豪，又为自己是个职业人而骄傲。我们不是出于爱好或慈善，而是作为职业去从事教育，正因为如此，才能够尽职尽责地干好本职工作。咖啡已经喝完，夜更深了。尽管如此，青年的眼睛依然炯炯有神。

为什么"工作"会成为人生的课题

青年：那么我要问问您，阿德勒究竟如何评价工作？他是不是轻视工作或者说轻视通过工作赚钱呢？这是把容易陷入空洞理想论的阿德勒心理学转变为脚踏实地的实用理论的必不可少的讨论。

哲人：对于阿德勒来说，工作的意义很简单。工作就是在地球这一严酷自然环境中生存下去的生产手段。也就是说，他认为工作是与"生存"紧密相关的课题。

青年：哼，多么平庸啊，总之就是"为吃饭而劳动"吧？

哲人：是的。从生存和吃饭角度去考虑，人当然也必须从事某种劳动。并且，阿德勒关注的是使工作成立的人际关系。

青年：使工作成立的人际关系？什么意思？

哲人：处于自然界中的人类，既没有锋利的牙齿和翱翔的翅膀，也没有坚固的甲壳，可以说身体方面处于劣势。正因为如此，我们人类才选择集体生活、共同抵御外敌守护自身。集体性地狩猎、农耕、保护粮食和自身安全，一起育儿……阿德勒从这一点上得出了一个非常了不起的结论。

青年：什么结论？

哲人：我们人类并不是单纯地结成群体，**人类在此掌握了"分工"这一划时代的劳动方式**。分工是人类补偿身体劣势而发明出的罕见的生存战略……这就是阿德勒的最终结论。

青年：……分工？！

哲人：如果仅仅是结成群体的话，很多动物都在做，但人类是在组成高度分工系统的基础上结成群体。当然，也可以说是为了分工而形成了社会。对阿德勒来说，"工作课题"并非单纯的劳动课题，而是以与他人之间的关联为前提的"分工课题"。

青年：正因为以与他人之间的关联为前提，"工作"才是人际关系的课题？

哲人：正是如此。人为什么要劳动呢？为了生存，为了在这个严酷的自然中活下去。人为什么要形成社会呢？为了劳动，为了分工，生存、劳动以及建立社会，这三者之间密不可分。

青年：……嗯。

哲人：早在阿德勒之前，亚当·斯密等人就已经从经济学角度指出了分工的意义。但是，在心理学领域并且是从人际关系角度倡导分工意义的，阿德勒是第一人。这一关键词明确说明了劳动和社会对于人类的意义。

青年：……哎呀，这是非常重要的课题，请您说得再详细一些。

哲人：阿德勒的发问经常从这么一个要点开始。引用他的话就是，"如果我们生活在不需要劳动就可以获得一切的行星上，那也许懒惰就会是美德，而勤勉是恶习。"

青年：说得真有意思啊！然后呢？

哲人：但是，实际上地球不是那样的环境。粮食极其有限，而且住所也无人为我们提供。那么，我们人类该怎么办呢？劳动，而且不是一个人单独劳动，而是和同伴们一起。阿德勒如此总结，"符合逻辑及常识的答案就是——**我们应该劳动、协作、贡献。**"

青年：终究还是逻辑性的归结。

哲人：这里很重要的一点是阿德勒并没有把劳动本身归为"善"。与道德性的善恶无关，我们必须劳动、必须分工、必须与他人建立关系。

青年：这是超越善恶的结论吧。

哲人：总之，**人类不可以单独生存**。且不说能否耐得了孤独或者是否想要人陪伴，首先生存层面上就活不下去。并且，**为了与他人进行"分工"，就必须相信别人**。与不信任的对象，根本无法协作。

青年：您是说这就是"信任"的关系？

哲人：是的。人类无法选择"不信任"，根本不可能不协作、不分工。并不是因为喜欢那个人所以才协作，而是不得不协作的关系。你可以这样理解。

青年：有意思！哎呀，这太精彩了！工作关系我是理解了。也就是说，为了生存需要分工，为了分工需要相互"信任"。并且，也无可选择。我们不能独自生存，也无法选择不信任，必须建立关系……是这样吧？

哲人：是的。这正是人生的课题。

职业不分贵贱

青年：那么，我还要接着问。不得不信任或者不得不协作的关系，这得限于劳动现场而言吧？

哲人：是的。拿一个最容易理解的例子来说，体育比赛的队员之间就是典型的分工关系。为了赢得比赛，必须超越个人好恶全力协作。因为讨厌所以无视，或者因为关系不好所以不出场，类似的选择根本没有。比赛一旦开始，每个队员必须忘记个人"好恶"，要把队友看成"功能"的一部分而不是看成"朋友"。并且，自己也要努力当好功能的一部分。

青年：……比起关系好来说，更应该优先考虑能力。

哲人：这一点无法逃避。实际上，亚当·斯密甚至断言分工的根源就在于人类的"利己心"。

青年：利己心？

哲人：例如，有一位制造弓箭的高手。如果使用他所造的弓箭，命中率和杀伤力都会大大提高。但他并非狩猎高手，不善奔跑、视力也不好，虽然拥有上好的弓箭，但并不擅长狩猎……这时他就会悟出，"自己要专心于制造弓箭。"

青年：哦？为什么？

哲人：如果只专心于制造弓箭，一天就可以制造几组几十组弓箭。如果把这些弓箭分发给擅长狩猎的同伴们，他们就能够捕获比之前更多的猎物。然后，自己分得一些他们拿回来的猎物即可。因为，这对双方来说都是利益最大化的选择。

青年： 的确，不仅仅是一起劳动，还应该各自负责自己擅长的领域。

哲人： 狩猎高手们如果能够得到性能高的弓箭，那也是最好不过的事情。自己不造弓箭，而是只集中精力狩猎。然后，将捕获的猎物给大家平分……如此，人们就完成了比"集体狩猎"更先进更高级的分工体系。

青年： 确实很有道理。

哲人： 这里很重要的一点是"谁都不牺牲自己"。也就是，纯粹的利己心的组合使得分工成立。作为追求利己心的结果，一定的经济秩序产生。这就是亚当·斯密所认为的分工。

青年： 在分工社会中，"利己"发展到极致就会导致"利他"的结果。

哲人： 正是如此。

青年： 但是，阿德勒提倡"他者贡献"吧？三年前，你强烈断言，贡献是人生的指针——"引导之星"。优先考虑自己的利益，这种想法不与"他者贡献"相矛盾吗？

哲人： 一点儿都不矛盾。首先来看工作关系。通过利害与他人或社会相联系。如此一来，**追求利己心的结果就是"他者贡献"**。

青年： 虽说如此，如果进行任务分工的话，就会产生优劣吧？也就是，负责重要工作者和承担无足轻重工作者。这岂不是违背了"平等"原则吗？

哲人：不，一点儿也不违背。如果站在分工这一观点上考虑，职业不分贵贱。国家元首、企业老板、农民、工人或者是一般不被认为是职业的专职主妇，**一切工作都是"共同体中必须有人去做的事情"，只是我们分工不同而已。**

青年：您是说无论什么工作价值都相等？

哲人：是的。关于分工，阿德勒这么说，"人的价值由如何完成共同体中自己被分配的分工任务来决定。"

也就是说，**决定人价值的不是"从事什么样的工作"，而是"以什么样的态度致力"于自己的工作。**

青年：如何致力？

哲人：例如，你辞去图书管理员的工作，选择了教育者之路。现在，眼前有几十名学生，你感觉自己掌握着他们的人生，感觉自己从事了极其重大并且有益于社会的工作。或许甚至还会认为教育就是一切，其他职业都是微不足道的小事。

但是，从共同体整体来考虑的话，无论是图书管理员还是初中教师抑或是其他各种各样的工作，一切都是"共同体中必须有人去做的事情"，并不分优劣。假如有优劣的话，也只是致力于工作的态度。

青年：何为"致力于工作的态度"？！

哲人：原则上，分工关系中很重视每个人的"能力"。例如，企业录用员工时也会以能力高低为判断基准。这并没有错。但是，分工之后的人物评价或者关系状况就不会仅仅以能力进行判断，此时更加重要的是"是否愿意与这个人一起工作"。因为，如果双方不愿意一起工作，就很难相互帮助。

决定"是否愿意与这个人一起工作"或者"这个人遇到麻烦时，是否愿意帮他"的最大要素就是那个人的诚实和致力于工作的态度。

青年：那么，您是说只要诚实而真挚地致力于其中，从事救死扶伤工作的人和乘人之危放高利贷的人，其价值也没有区别？

哲人：是的，没有区别。

青年：嗨！

哲人：我们的共同体中有"各种各样的工作"，所以需要从事各种工作的人，这种多样性正是丰富性所在。如果是没有价值的工作，就不需要任何人去做，很快就会被淘汰。一份工作没有被淘汰而依然存在，这就说明其具有一定的价值。

青年：所以高利贷也有价值？

哲人：你这么想也很自然。最危险的就是提出何为善何为恶之类并不明朗的"正义"。**醉心于正义的人无法认同异于自己的价值观，最终往往会发展为"正义的干涉"。**而这种干涉的结果就是自由被剥夺、整齐划一的乏味社会。你从事什么工作都可以，而别人从事什么工作也都没有关系。

重要的是"如何利用被给予的东西"

青年：……很有意思，这种阿德勒式的分工实在是很有意思的概念。处于自然界中的人类非常脆弱，根本无法一人独自生存下去。正因为如此，我们结成群体并创造了"分工"的劳动方式。如果是分工的话，即使庞然大物也可以被击败，而且既能够从事农耕，又能够建造住所。

哲人：是的。

青年：并且，分工始于超越好恶地去"信任他人"。我们如果不分工就无法生存，如果不与他人协作就无法生存，这也就是"如果不信任他人就无法生存"。这就是分工关系、"工作"关系。

哲人：是的，例如公路上的交通法规。我们基于信任"所有人都会遵守交通法规"这一前提，才会在绿灯的时候通过。这并不是无条件的信赖，我们首先会左右确认一下。即使如此，我们依然对陌生的他人给予了一定的信任。某种意义上讲，这也是事关"顺利交通"这一共同利害的工作关系。

青年：的确如此。关于分工，目前我尚未找到可以反驳您的点。不过，您不至于忘了吧？这次辩论的出发点是您对我说的"应该与学生们建立交友关系"这句话。

哲人：是的，我没有忘。

青年：但是，按照分工进行考虑的话，您的主张就越来越不合理了。究竟为什么我要与学生们建立交友关系？无论怎么想都应该是工作关系啊。无论是我还是学生都不是主动地选择对方，只不过是被随机分配在一起的陌生人关系。但是，我们必须互相协作，为了管理好班级，顺利实现毕业这一目标。这正是由共同利害结成的"工作"关系。

哲人：很好的问题。那么，在此我们一一回忆一下我们今天的辩论吧。教育的目标是什么？教育者应该做的工作是什么？我们的辩论从这些问题出发。

阿德勒的结论很简单。教育的目标是自立，教育者应该做的工作是"帮助其自立"。关于这一点，你应该也是同意的吧。

青年：是的，我基本认可。

哲人：那么，如何帮助孩子们自立呢？对于这个问题，我说过"要从尊重做起"。

青年：您是说过。

哲人：为什么要尊重呢？尊重又是什么？在此，我们必须回忆一下埃里克·弗洛姆的话。也就是，尊重就是"实事求是地看待一个人""认识到其独特个性"。

青年：我当然记得。

哲人：尊重真实的那个人。你做"你"自己就可以，不必要追求特别，你是"你"自己，仅仅如此就很有价值。通过尊重向孩子们传达这个道理，借此孩子们就会找回受挫的勇气，开始步入自立阶段。

青年：前面的辩论内容确实如此。

哲人：那么，这里又出现了另一个问题，那就是"尊重真实的那个人"这一主张中尊重的定义，其根本内涵是"信任"还是"信赖"呢？

青年：哎？

哲人：不把自己的价值观强加于人，尊重其真实本色。如果说为什么能够做到这一点，那就是因为无条件地接纳信任那个人。**也就是说，因为信赖。**

青年：您是说尊重和信赖同义？

哲人：可以这么讲。反过来说，我们无法"信赖"一个自己并不尊重的对象。**能否"信赖"他人与能否尊重他人紧密相关。**

青年：哈，我明白了。教育的入口是尊重；而尊重就是信赖；然后，基于信赖的关系就是交友关系。就是这样的三段论吧？

哲人：是的。在基于信任的工作关系中，教师无法尊重学生，就像现在的你一样。

青年：……不……不不，问题不在这里。比如对独一无二的好友无条件地信赖，接纳真实的那个人，如果是这样，完全有可能。

问题不在于信赖这一"行为"，而在于其"对象"。您说要与所有学生建立交友关系，无条件地信赖所有学生。您认为这种事情真的可能吗？

哲人：当然。

青年：如何做到？！

哲人：例如，有的人常常指责周围所有人，"那个人很讨厌"

"这个人的这一点令人无法忍受"等。然后就哀叹道，"啊，我真不幸。我难逢知己。"

这样的人是不是真的难逢知己呢？不是，绝对不是。不是遇不到朋友，只是不想交朋友，也就是仅仅是他自己不想涉足人际关系而已。

青年：……那么，您是说和任何人都可以成为朋友？

哲人：可以。你与学生们也许是因为偶发性的因素偶然地聚在了一起，也许之前完全是素不相识的陌生人，并且，也许双方并不能成为如你所说的独一无二的好友。

但是，请回忆一下阿德勒**"重要的不是被给予了什么，而是如何去利用被给予的东西"**这句话。**无论什么样的对象，都可以去"尊重"去"信赖"**。因为这并非由环境或对象所左右，而是取决于你自己的决心。

青年：是这样吗？您是说这又是勇气的问题吗？信赖的勇气！

哲人：是的，一切都可以被还原到这一点上。

青年：不对！您根本不懂真正的友情！

哲人：什么意思？

青年：正因为您没有真正的朋友也不懂真正的友情，所以才能说出这种不切实际的话！一直以来，您与他人之间一定都是浅尝辄止的交往。所以才能说出任何人都可以信赖之类的空论！回避人际关系、逃避人生任务的不是别人，正是先生您自己！！

在自然界中，人类非常渺小而又脆弱。为了补偿这种弱小，人类形成社会并创造出"分工"。分工是人类独特的生存战略……这就是阿德勒所说的"分工"。如果话题仅止于此，青年也许会为阿德勒喝彩。但是，接下来哲人谈到的"交友"，青年完全不能接受。虽然谈着那么脚踏实地的分工，但把主题换成交友，最终还是开始大谈"理想"！而且又搬出了"勇气"问题！

你有几个挚友？

哲人：你应该有独一无二的挚友吧？

青年：我不知道对方怎么想。但是，像您说的那样可以"无条件信赖"的朋友只有一个。

哲人：究竟是什么样的人呢？

青年：大学时代的同学。他的志愿是做小说家，我总是第一个读者。他经常在夜深人静的时候突然来到我的住处，激动地说些"我写了个短篇，你看看！"或者"瞧！陀思妥耶夫斯基的小说中有这么一节！"之类的话。即使现在，他每次出了新作也会送给我，我获得教师工作的时候还在一起庆祝。

哲人：他一开始就是你的挚友吗？

青年：那根本不可能吧！友情需要花时间去培养。并非一下子成为好友，而是一起欢笑、一起惊叹、一起干点小坏事，就这样慢慢培养出友情的挚友。有时也会发生激烈的冲突。

哲人：也就是说，他在某个阶段由朋友升格成了"挚友"，对吧？什么时候你开始把他当作挚友的呢？

青年：嗯，是什么时候呢？如果非要说的话，应该就是在确信"对于他我可以推心置腹、无所不谈"的时候吧。

哲人：对普通朋友就不能推心置腹地谈论一切吗？

青年：谁都是如此吧。人都是戴着"社交面具"、隐藏真心地活着。即使见了面可以谈笑风生的朋友，也不会互相展露真正面目。选择话题，选择态度，选择语言，我们都是戴着"社交面具"与朋友接触。

哲人：为什么不在普通朋友面前摘下面具呢？

青年：因为一旦这么做，关系就会破裂！您虽然提倡什么"被讨厌的勇气"，但特意希望被人讨厌的人根本没有。我们戴着面具是为了避免不必要的冲突，防止关系破裂。若非如此，社会就无法运转。

哲人：说得更直接些就是**避免受伤**吧？

青年：……是的，这一点我承认。的确，我既不想受伤也不想伤害别人。但是，戴面具并不仅仅是为了自保，更多的是和善！我们如果仅仅凭着本来面目和真心去生活，那就会伤害很多人。请您想象一下所有人都真心碰撞的社会会是什么样……大约会是一幅血腥恐怖的地狱图吧！！

哲人：但是，在挚友面前却可以摘下面具，即使因此伤害到对方，关系也不至于破裂？

青年：可以摘下面具，关系不会破裂。即使他做一两次不合情理的事情，我也不会因此就想和他断绝关系。因为，彼此之间的关系建立在完全接受了对方优点和缺点的基础之上。

哲人：多好的关系啊。

青年：重要的是能够让自己如此信赖的人世上也没有几个，一生能够遇上五个也许就算幸运了。

那么，接下来请您回答我的问题吧。先生您有真正的挚友吗？

听您说话感觉像是一个既没有朋友又不懂友情，整日只知道在空想中与书籍打交道的人。

哲人：当然，我也有好几个挚友。正是像你所说的"可以赤诚相见的朋友"或者"即使他做一两次不合情理的事情，我也不会因此就想和他断绝关系的朋友"。

青年：哦？是什么样的人呢？同学、哲学同仁、阿德勒研究的伙伴？

哲人：比如你。

青年：您……您说什么？！

哲人：以前我也跟你说过吧？对我来说，你是不可替代的朋友之一，我在你面前从未戴过任何面具。

青年：那么，这也可以说是对我无条件地信赖吗？！

哲人：当然。若非如此，咱们的对话也不会成立吧。

青年：……撒谎！

哲人：是真的。

青年：我可不是跟你开玩笑！打算这样操纵人心吗？你这个伪君子！我可不会被你这种花言巧语所骗！！

主动"信赖"

哲人：你究竟为什么如此固执地否定"信赖"呢？

青年：我还要问您呢！信赖陌生人而且是无条件地信赖，这究竟有何意义呢？无条件地信赖也就等于说是对他人不加批判地、盲目地信任吧，这不就等于说要让人成为温顺的羔羊吗？！

哲人：不是的，信赖并非盲信。质疑那个人的思想信条或者是他说的话。独立思考，保留自己的想法，这并不是什么坏事，而是非常重要的工作。在这个基础上应该做的是**即使那个人撒了谎，也依然相信撒了谎的那个人**。

青年：……啊？！

哲人：信赖他人，这并不是盲信一切的被动行为，**真正的信赖是彻彻底底的能动行为**。

青年：您在说什么呢？

哲人：比如，我希望能有更多的人了解阿德勒思想，想要传播阿德勒的学说。但是，这个愿望靠我一个人的努力根本无法实现。有了接纳我的话、愿意倾听我的人的"听的意愿"之后，才可能成立。

那么，如何才能让别人倾听并接纳我的话呢？不能强迫别人"相信我"，相不相信是那个人的自由。我能够做的唯有相信自己倾诉的对象，仅此而已。

青年：信赖对方？

哲人：是的。如果我对你不信赖，即使向你讲述阿德勒思想，你也不会听吧。这跟言论是否妥当无关，而是一开始就不愿意听。这是理所当然的事情。

但是，我却希望获得信赖，想要你信赖我，并听我讲阿德勒的学说。因此，**我要主动信赖你**，哪怕你并不信赖我。

青年：因为想要获得别人的信赖，所以主动信赖别人？

哲人：是的。例如，不信赖孩子的父母会处处提醒孩子。如此一来，即使他们的话有道理，孩子们也不愿意听。反而，越是有道理的话孩子越想排斥。为什么会排斥呢？因为父母根本不关注自己，也不信任自己，只是一味地说教。

青年：……有道理的话却行不通，这样的事情我也是天天都能体会到。

哲人：我们只相信"信赖自己的人"的话，而不是靠"意见的对错"来判断对方。

青年：这一点我也承认，但最终还是得看意见的对错啊！

哲人：小到普通人之间的口角，大至国家间的战争，一切纷争都源于"我的正义"的冲突。"正义"会随着时代、环境或立场而发生变化，哪里都不存在唯一的正义和唯一的答案。过于相信"正确"是一种危险。

在这种情况下，我们希望找到一致点，渴望与他人之间的"联系"，期待与他人联手……如果想要联手，就只有自己先伸出手。

青年：不，这也是一种傲慢的想法！因为，先生说您"信赖"

我的时候，其实是在想"所以，你也要信赖我"吧？

哲人：不是，这无法强求。**不管你是否信赖我，我都信赖你，继续信赖**。这就是"无条件"的意思。

青年：现在怎么样呢？我根本不信任您。遭到如此强烈的拒绝和反驳，您也依然可以信赖我吗？

哲人：当然。与三年前一样，我依然信赖你。若非如此，也不可能花费时间如此认真地与你交谈。不信赖他人的人就连正面辩论也做不到，更不可能做到像你所说的"对于他我可以推心置腹、无所不谈"。

青年：……不不不，不可能！这种话，我根本无法相信！

哲人：那也没关系。我会继续去信赖。信赖你，信赖人。

青年：别再说了！难道您还认为自己是宗教家吗？！

人与人永远无法互相理解

哲人：我再说一遍，我并不信奉特定宗教。不过，无论是基督教还是佛教，经过数千年磨炼出的思想中一定有不可忽视的"力量"。正因为其包含着一定的真理，所以才能不被淘汰留存下来。例如……哦，对了，你知道《圣经》中提到的"要爱你的邻人"这种说法吧？

青年：是的，当然知道，就是您非常喜欢的邻人爱学说嘛。

哲人：这一学说在重要部分缺失的情况下依然流传了下来。《新约圣经》之《路加福音》中提到**"像爱你自己一样爱你的邻人"**。

青年：像爱你自己一样？

哲人：是的。也就是说，不仅仅是爱邻人，还要像爱自己一样去爱。**如果不能爱自己也就无法爱他人，如果不能信赖自己也就无法信赖他人。**请你这样理解这句话。你之所以一直说"无法信赖他人"其实是因为你不能彻底信赖自己。

青年：您……您说得有些过分了！

哲人：以自我为中心的人并不是因为"喜欢自己"才只关注自己。事实恰恰相反，**正因为无法接纳真实的自己，内心充满不安，所以才只关心自己。**

青年：那么，您是说我因为"讨厌自己"所以才只关注自己？！

哲人：是的，可以这么说。

青年：……哎呀，这是多么令人不愉快的心理学！

哲人：关于他人也是一样。比如，人想起闹翻的恋人之时，往往很长时间内脑海中浮现的净是对方讨厌的地方。这是因为你想要令自己认为"分开真好"，其实也证明了自己依然没有真正下定决心。如果不对自己说"分开真好"，心就会再次动摇，请你想一想这样的阶段。

另一方面，如果可以平静地想起昔日恋人的优点，那就意味着你已经不需要特意去讨厌，已经从对那个人的感情中解脱出来了……总之，问题不在于"喜欢还是讨厌对方"，而在于"是否喜欢现在的自己"。

青年：不。

哲人：你还没有做到真正喜欢自己，所以你才无法信赖他人，也无法信赖学生并与之建立交友关系。

正因为如此，你才想要通过工作获得归属感，想要通过在工作方面有所成就来证明自己的价值。

青年：那又有什么不好呢？！通过工作获得认同，也就是被社会认同！

哲人：不对。原则上说来，通过工作获得认同的是你的"功能"，而不是"你"。如果有一个"功能"更好的人出现，周围的人就会转向他。这就是市场原理、竞争原理。结果，你总是无法摆脱竞争旋涡，也不可能获得真正的归属感。

青年：那么，怎么做才能获得真正的归属感呢？！

哲人："信赖"他人，建立交友关系，只有这一个办法。**我们**

如果仅仅是投身于工作的话，根本无法获得幸福。

青年：但是……即使我信赖别人，也并不知道别人是否信赖我并愿意与我建立交友关系啊！！

哲人：这里就需要"课题分离"。他人怎么想你、对你什么态度，这是自己根本无法控制的他人的课题。

青年：哎呀，这太奇怪了。但是，如果以"课题分离"为前提来考虑的话，我们与他人之间就会永远无法理解吧？

哲人：当然，我们根本不可能完全"理解"对方的想法。去相信作为"无法理解的存在"的他人，这就是信赖。**正因为我们人类是无法互相理解的存在，所以才只能选择信赖。**

青年：哎？！你说的不还是宗教吗？！

哲人：阿德勒是一位拥有信赖人勇气的思想家。不，从他当时所处的境况来看，也许只能选择信赖。

青年：什么意思？

哲人：这正是一个好机会，我们来回顾一下阿德勒倡导"共同体感觉"概念的经过。"共同体感觉"概念是在哪里怎样产生的呢？为什么阿德勒要下决心提倡这一思想呢？当然，其中有重大理由。

人生要经历"平凡日常"的考验

青年：共同体感觉产生的理由？

哲人：阿德勒与弗洛伊德断绝关系之后，将自己的心理学命名为"个体心理学"，那是在第一次世界大战爆发之前的 1913 年。可以说，阿德勒心理学一开始便被卷入了世界大战。

青年：阿德勒自己也上战场了吗？

哲人：是的。第一次世界大战一开始，当时 44 岁的阿德勒便作为军医被征召入伍，在陆军医院精神神经科工作。当时军医被委派的任务只有一个，那就是为住院的士兵们实施治疗，尽快把他们送回到前线。

青年：……竟然是送回到前线。既然如此，为什么还要治疗呢？！太不可思议啦！

哲人：正如你所说。治好康复的士兵被重新送回前线，如果治不好也不能回归社会。对于因幼年时失去弟弟而立志当医生的阿德勒来说，军医的任务实在是充满痛苦。后来阿德勒回顾军医时代的事情时说，"品味到了犯人一样的感觉。"

青年：哎呀哎呀，这种工作光想想就令人心痛。

哲人：就这样，作为"结束一切战争的战争"，第一次世界大战开始了。这是一场前所未有的大战，许许多多的非战斗人员也被卷入其中。这场战争为整个欧洲带来了巨大的灾难。当然，这场悲剧也给以阿德勒为代表的心理学家们带来了极大的影响。

青年：具体讲呢？

哲人：例如，弗洛伊德经过这场大战之后开始提倡被称为"毁坏冲动、攻击本能或死本能"的"死亡驱力"。这是一个有各种各样解释的概念，眼前我们可以把它看成"对生命的破坏冲动"之类的东西。

青年：如果不从人类具有这种冲动的角度考虑，也无法解释摆在眼前的悲剧。

哲人：也许是这样吧。另一方面，以军医的立场直接经历了这场大战的阿德勒则提倡与弗洛伊德完全相反的"共同体感觉"。可以说这是值得大书特书的一点。

青年：为什么会在这个时候提出共同体感觉呢？

哲人：阿德勒是一个彻底的实践主义者。可以说他并不是像弗洛伊德一样去思考战争、杀人以及暴力的"原因"，而是探索**"如何能够阻止战争"**。

人类渴望战争、杀人或暴力吗？并非如此。人类都具有视他人为同伴的意识也就是共同体感觉，如果能将这种共同体感觉培养起来就可以防止战争。并且，我们具备完成这一任务的力量……**阿德勒相信人类。**

青年：……但是，他这种追求空洞理想的主张当时就被批判为非科学的思想。

哲人：是的，他当时受到了很多批判也失去了许多同伴。但是，**阿德勒的主张并不是非科学的思想，而是建设性的思想。**因为他的原理中的原则是"重要的不是被给予了什么，而是如何去利用被给予的东西"。

青年：但是，至今世界依然战争不断。

哲人：的确，阿德勒的理想尚未实现，甚至不知道能否实现。不过，我们可以朝着这一理想前进。正如作为个体的人可以不断成长一样，**人类应该也可以不断成长**。我们不能因为眼前的不幸而放弃理想。

青年：您是说只要不放弃理想，总有一天将不再有战争？

哲人：特蕾莎修女被问到"为了世界和平，我们应该做些什么？"的时候，她这样回答，"回家之后请善待家人。"阿德勒的共同体感觉也是一样。不是为世界和平做什么，而是**首先信赖眼前的人，与眼前的人交朋友**。这样在日常生活中积累起来的信赖总有一日足以平息国家间的争斗。

青年：只考虑眼前的事就可以了吗？！

哲人：不管怎样**只能从这一点开始**。如果想要让世界远离战争，**首先必须自己从争斗中解放出来**。如果你想要获得学生们的信赖，首先自己必须信赖学生。不是高高在上地对大家指手画脚，而是**作为整体一部分的自己先迈出第一步**。

青年：……三年前您也说过"应该由你开始"这样的话吧？

哲人：是的。"必须有人开始。即使别人不合作，那也与你无关。我的意见就是这样。应该由你开始，不用去考虑别人是否合作。"这是被问到共同体感觉实效性时阿德勒的回答。

青年：世界会因为我的一步而改变吗？

哲人：可能会改变，也可能不会改变。但是，现在不必考虑结果如何。你能做的就只有去信赖最亲近的人。

人类并非只有在遇到考试、就职或结婚之类具有象征意义的人生大事的时候才需要面对考验及决断。**对于我们来说，平凡的日常生活也是一种考验，在"此时此刻"的日常中也需要做出许许多多的重大决断。**逃避这些考验的人根本无法获得真正的幸福。

青年：嗯。

哲人：在讨论天下大事之前，请首先去关心自己的邻人，关注平凡日常中的人际关系。我们能做的仅此而已。

青年：……呵呵呵，就是"像爱你自己一样爱你的邻人"吗？

付出，然后才有收获

哲人：好像你还有无法接受的地方吧？

青年：很遗憾，还有很多。确实如先生指出的一样，学生们都轻视我。不，不仅仅是学生们，世上的大多数人都不认可我的价值，无视我的存在。

如果他们尊重我，倾听我谈话，我的态度也会改变吧，或者甚至有可能去信赖他们。但是，现实并非如此，大家总是小看我。

在这种情况下能够做的事情只有一件，唯有通过工作证明自己的价值，信赖或尊重之类的事情都在这之后！

哲人：也就是说，他人应该先尊重我，为了获得他人的尊重，自己努力在工作上取得成就？

青年：正是如此。

哲人：也有些道理。那么，请你这样想。无条件地信赖他人、尊重他人，这是"给予"行为。

青年：给予？

哲人：是的。换成金钱也许更容易理解。能够"给予"他人一些财物的基本是比较富裕的人。假如自己手里没有相应的积蓄，那也就无法给予别人。

青年：哎呀，如果是金钱的话也许是这样。

哲人：而你现在不想有任何付出却只求"收获"，简直就像是乞丐一样。这不是金钱方面的贫困，而是心灵贫困。

青年：太……太没礼貌了……！！

哲人：我们必须保持心灵富裕，并将其中的积蓄给予他人。不是坐等他人的尊重，而是自己主动去尊重、信赖他人……绝不能成为心灵贫困的人。

青年：这种目标既不是哲学也不是心理学！

哲人：呵呵呵。那么，我再给你介绍一句《圣经》中的话吧，"祷告，然后才有收获"这句话你知道吧？

青年：是的，时常听到的一句话。

哲人：如果是阿德勒，他一定会说"**付出，然后才有收获**"。

青年：……什……什么！！

哲人：只有付出才能有收获，不能坐等"收获"，不能成为心灵的乞丐……这是继"工作"和"交友"之后人际关系方面又一个非常重要的观点。

青年：又……又一个，也就是……

哲人：今天一开始我就说过了，也许所有的讨论都将集中在"爱"这一点上。阿德勒所说的"爱"是一个最严肃、最困难、最考验人勇气的课题。另一方面，要想理解阿德勒，就必须步入"爱"的阶梯。不，甚至可以说唯有如此才可以理解阿德勒。

青年：步入阿德勒必经的阶梯……

哲人：你有继续攀登的勇气吗？

青年：如果您不先把这一阶梯解释清楚的话，我无法回答。是否攀登，了解清楚之后再决定。

哲人：明白了。那么，我们就来思考一下人生课题的最终关口、理解阿德勒思想的重要阶梯——"爱"。

第五章

选择爱的人生

　　青年想，的确如此。今天的辩论，哲人一开始就预告过了，一切问题或许都会集中到"爱"的讨论。谈了这么长时间，终于到"爱"的问题了。关于"爱"，究竟跟这个男人谈些什么好呢？关于"爱"，我又知道些什么呢？低头一看，笔记本上写满了就连自己也看不清的潦草字迹。青年有些不安，像是无法忍受这种沉默似的笑了一下。

爱并非“被动坠入”

青年：呵呵呵，即使如此依然很奇怪啊。

哲人：怎么了？

青年：真是太好笑了。在这狭小的书房里，两个邋里邋遢的大男人凑在一起谈论“爱”。而且是在这样的深夜里！

哲人：乍一想也许是不常见的。

青年：那么，我们要谈些什么呢？谈一谈先生的初恋故事吗？坠入爱情的红颜哲学青年，其命运如何？嘿嘿，看上去很有意思嘛。

哲人：……正面谈论恋情或爱的时候，人们往往会害羞。年轻的你像这样开玩笑的心情我也很理解。不仅仅是你，很多人都是一提到爱就闭口不谈，或者始终是一些枯燥的泛泛而谈。结果，社会上所谈论的爱大多都没有抓住其本质。

青年：嗬，您很从容啊。顺便问一下，您说的这个关于爱的“枯燥的泛泛而谈”是指什么呢？

哲人：比如，一味强调崇高、痛恨不纯洁、将对方神化的爱；或者与此正相反，受性冲动驱使的动物式的爱；还有，希望将自己的遗传基因留给下一代的生物学的爱。社会上所谈论的爱大致都以这些类型为中心吧。

的确，对于这些类型的爱我们都给予一定的理解，也承认爱具有这些侧面，但同时也应该注意到"仅仅如此还很不够"。因为，这些谈论的只是唯心的"神之爱"和本能的"动物之爱"，**根本不愿谈及具体的"人类之爱"**。

青年：……既不是神性也不是动物性的"人类之爱"。

哲人：那么，为什么人们不愿涉及具体的"人类之爱"呢？为什么人们不想谈论真正的爱呢？你怎么看这个问题？

青年：哎呀，谈论爱的时候人们会感到害羞，这一点正如您所指出的一样，因为这是最想隐藏起来的私人性的话题吧。当然，如果是带有宗教色彩的"人类之爱"，人们会很乐意谈。因为，从某种意义上来说，这只不过是他人的事，是空谈。但是，关于自己的恋爱，往往很难说出口。

哲人：因为这是进退两难的"我"的事情？

青年：是的，这好比脱掉衣服赤身裸体一样害羞。并且，还有一点，坠入爱情的一瞬间，大多是"无意识"的作用。所以，这实在很难用逻辑性的语言进行解释。

这就跟被戏剧或电影感动的观众无法解释自己哭泣的理由一样。因为，如果是语言能够说明的合理的眼泪，那眼泪也就不会流下来了。

哲人：的确。爱情是"被动坠入"，恋爱是无法控制的冲动，我们只能被其带来的风暴所摆弄……是这样吧？

青年：当然。恋爱无法计划，谁都不能控制。正因为如此，才会发生罗密欧与朱丽叶之类的悲剧。

哲人：……明白了。恐怕我们现在谈论的是关于爱的常识性见解。但是，**阿德勒就是一位质疑社会常识，挖掘其他角度，提倡"反常识"的哲学家**。比如，关于爱，他这么说，"爱并非像一部分心理学家所认为的那样，它**不是纯粹或者自然的功能**"。

青年：……什么意思？

哲人：也就是说，对于人来说的爱，既不是由命运决定的事情，又不是自发的事情。我们并不是"被动坠入"爱。

青年：那么，爱是什么呢？

哲人：爱需要培养起来。如果仅仅是"被动坠入"的爱，那谁都可以做到。这样的事情不值得称为人生课题。**正因为它需要在意志力的作用下从无到有慢慢培养起来，所以爱的课题才非常困难。**

很多人根本不懂这一原则就想去谈论爱，所以，也就只能说一些与人毫不相关的"命运"或者动物性"本能"之类的词。把对自己来说本应是最重要的课题看作意志或努力范围之外的事情，不加正视，进一步说就是**不"主动去爱"**。

青年：不主动去爱？！

哲人：是的。主张"被动坠入之爱"的你也一定是这样吧。我们必须思考既不是神性又不是动物性的"人类之爱"。

从"被爱的方法"到"爱的方法"

青年：关于这一点，可以提出很多反证。我们都有过坠入爱情的经历，先生也不例外吧，只要是活在这个世界上的人都经历过几次爱的风暴和无法抑制的爱的冲动。也就是说，"被动坠入的爱"确实存在。这一事实您承认吧？！

哲人：请你这么想。假设你想要一部相机，在商店橱窗里偶然看到的德国制双镜头反光照相机，你被它深深地吸引。虽然它是一部你从未碰过的、连对焦方式都不懂的相机，但你却特别想得到。你想随身携带着它任意拍照……也可以不是相机，包、车、乐器，什么都可以。那种心情你可以想象吧？

青年：是的，很明白。

哲人：这种时候，你简直就像是坠入爱情一样被这部相机所吸引，被无法抑制的欲望"风暴"所袭击。闭上眼睛就能浮现出它的样子，耳中甚至可以听到按动快门的声音，根本无心去想其他任何事情。如果是孩童时代，或许还会在父母面前撒娇耍赖百般央求。

青年：……哎……哎呀。

哲人：但是，一旦实际到手，半年不到就厌倦了。为什么一到手就厌倦呢？因为你原本就并不是想用德国制的相机"拍照"。**只是想要获得、拥有、征服它而已**……你所说的"被动坠入的爱"

其实就是这种拥有欲和征服欲。

青年：总而言之，"被动坠入的爱"就好比是被物欲迷住？

哲人：当然，因为对方是活生生的人，所以很容易赋予这种爱浪漫的故事。但是，**本质上和物欲一样**。

青年：……呵呵呵，这可真是杰作。

哲人：怎么了？

青年：……人可真是令人捉摸不透啊！主张邻人爱的您怎么能说出这么具有虚无主义色彩的话来？！什么是"人类之爱"？！什么是反常识？！这种思想趁早丢给满身污水的老鼠去吧！！

哲人：恐怕你对我们的辩论前提有两点误解。首先，你关注的是穿着水晶鞋的灰姑娘与王子结合之前的故事；但是，阿德勒关注的是电影拉上帷幕之后，**两个人结合以后的"关系"**。

青年：结合以后的……关系？

哲人：是的。即使从热烈相爱到结婚，那也不是爱的终点。结婚是真正意义上考验两个人爱的开始。因为，现实的人生从此拉开了序幕。

青年：……也就是说，阿德勒所说的爱是指婚姻生活？

哲人：这就是另一点。据说对热衷于演讲活动的阿德勒，被听众问得最多的是恋爱方面的问题。世上有很多提倡"被他人爱的方法"的心理学者。怎么做才能获得意中人的爱？或许人们期待阿德勒也能就此给出建设性意见。

但是，阿德勒所说的爱完全不同于此。**他一贯主张的是能动的爱的方法，也就是"爱他人的方法"**。

青年：爱的方法？

哲人：是的。要理解这一观点，不仅仅是阿德勒，最好也听听埃里克·弗洛姆的话。他出版了畅销世界的名为《爱的艺术》的著作。

的确，获得他人的爱很难。但是，**"爱他人"更是难上好几倍的课题。**

青年：这种玩笑话，谁会信呢？！爱这种事，即使坏人也会。困难的是被爱！即使说恋爱的烦恼全都集中在这一句话上也不为过。

哲人：曾经我也这么认为。但是，了解了阿德勒并通过育儿活动实践了其思想，懂得了更博大的爱的存在之后，现在的我持完全相反的意见。这是与阿德勒思想本质相关的部分……一旦懂得了爱的困难，你也就理解了阿德勒思想。

爱是"由两个人共同完成的课题"

青年：不，我绝不会让步！如果仅仅是爱，谁都能够做到，无论性格多么乖僻的人也无论是多么无能的人都能爱上别人，也就是说，人人可以爱他人。但是，获得他人的爱却极其困难。

我就是一个很好的例子。我外表就这样，而且在女性面前常常会满脸通红、声音变细、目光游离，既没有社会地位也没有经济实力，而且令人苦恼的是性格还很乖僻。哈哈，爱我的人在哪里呢？！

哲人：你在之前的人生中有没有爱过谁呢？

青年：……有……有啊。

哲人：爱那个人简单吗？

青年：根本不是困难或简单的问题！察觉到的时候就已经坠入爱中，不知不觉就爱上了，那个人终日在脑海中萦绕，怎么都挥之不去。这不就是爱这种感情吗？！

哲人：那么，现在你还爱着谁吗？

青年：……不。

哲人：为什么？爱不是很简单吗？

青年：哎，可恶！跟你谈话简直就像是在跟不懂感情的机器说话！"去爱"简单，肯定很简单。但是，"遇上值得爱的人"很难！！问题是"与值得爱的人相遇"！

　　一旦遇上值得爱的人，爱的风暴就会席卷而来，那可是你想阻止都阻止不了的激情风暴！

　　哲人：明白了。爱不是"艺术"问题，而是"对象"问题。对于爱来说，重要的不是"如何去爱"，而是"爱谁"。是这个意思吧？

　　青年：那是当然！

　　哲人：那么，阿德勒如何定义爱的关系呢？我们来确认一下。

　　青年：……总归是一些肉麻的理想论吧。

　　哲人：最初，阿德勒说："关于一个人完成的课题或者二十人共同完成的工作，我们都接受过相关教育。但是，关于**两个人共同完成的课题**，却并未接受过相关教育。"

　　青年：……两个人共同完成的课题？

　　哲人：例如，就连翻身都做不到的婴儿慢慢学会双腿站立、到处走动，这是谁都无法代替的"一个人完成的课题"。站立、走路、掌握语言并学会交流，或者是哲学、数学、物理学之类的学问，这一切都属于"一个人完成的课题"。

　　青年：是这样。

　　哲人：与此相对，工作是"与同伴共同完成的课题"。即使看似由一个人完成的工作，比如绘画之类的工作，其中也一定有协作者存在，制作画笔或颜料的人、生产画布的人、制造画架的人以及画商和购买者。根本没有任何工作可以脱离与他人之间的联系或协作。

　　青年：是的，正是如此。

哲人：并且，关于"一个人完成的课题"和"与同伴共同完成的课题"，我们会在家庭或学校里接受充分的教育。是这样吧？

青年：嗯，是的，我的学校也教给学生这些。

哲人：但是，关于"由两个人共同完成的课题"，我们却从未接受过相关教育。

青年：这个"由两个人共同完成的课题"……

哲人：就是阿德勒所说的"爱"。

青年：也就是说，**爱是"由两个人共同完成的课题"。但是，我们没有学习完成它的"方法"**……这样理解可以吗？

哲人：是的。

青年：……呵呵呵，您也知道这些我全都无法接受吧？

哲人：是的，这只不过是入口而已。对于人类来说，爱是什么？它与工作关系、交友关系有何不同？还有，我们为什么必须爱他人？……黎明将近，我们剩的时间不是很多了，咱们抓紧时间一起思考一下吧。

变换人生的"主语"

青年：那么，我就直截了当地问了。爱是"由两个人共同完成的课题"……这句话看似是说了些什么，但实际上什么也没说。究竟由"两个人"共同完成什么？

哲人：幸福，过上幸福生活。

青年：嗬，回答得倒很干脆啊！

哲人：我们都希望获得幸福，追求更加幸福的生活，这一点你同意吧？

青年：当然。

哲人：并且，我们为了获得幸福必须涉入人际关系之中。人类的烦恼全都是人际关系的烦恼，而人类的幸福也全都是人际关系的幸福。这也是我反复强调过的话。

青年：是的。正因为如此，我们才必须面对人生课题。

哲人：那么，具体来讲，对人类来说，幸福是什么呢？三年前的那个时候，我讲述了阿德勒关于幸福的结论，也就是**"幸福即贡献感"**。

青年：是的，这是相当大胆的结论。

哲人：阿德勒说过：**我们都是只有在感到"我对某人有用"**的时候才能够体会到自己的价值。体会到自己的价值之后，才能获得"可以在这里"之类的归属感。另一方面，我们无法知道自己的行为是否真的对别人有用，即使眼前的人表现得非常高兴，原则上我们也不可能知道他是否真的高兴。

在此就出现了"贡献感"这个词。**如果我们拥有"我对别人有用"之类的主观感觉也就是贡献感，这就足够了。**没有必要再继续寻求依据，从贡献感中寻找幸福，从贡献感中获得喜悦。

我们通过工作关系可以感受到自己对别人有用，我们通过交友关系可以感受到自己对别人有用，如果是这样，幸福就在其中。

青年：是的，这一点我认同。坦率地说，这是我目前为止接触过的幸福论中最简单也最容易理解的内容。正因为如此，对通过爱过上"幸福生活"的论调反而无法理解。

哲人：或许是吧。那么，请你想一想关于分工的讨论。分工的根本原理是"我的幸福"，也就是利己心。**彻底追求"我的幸福"的结果就是给别人带来幸福，**分工关系成立，可以说是健全的利益交换发挥作用。你还记得这些话吗？

青年：是的，非常有趣的讨论。

哲人：另一方面，使交友关系成立的是"你的幸福"。对于对方，不需要担保或抵押，无条件地信赖。这里并不存在利益交换的想法，**通过一味信赖、一味给予的利他态度，交友关系才会产生。**

青年：付出，然后才有收获？

哲人：是的。也就是说，我们通过追求"我的幸福"建立分工关系，通过追求"你的幸福"建立交友关系。那么，爱的关系成立又是追求什么的结果呢？

青年：……那应该是爱人的幸福、崇高的"你的幸福"吧？

哲人：不对。

青年：哦！那么，爱的本质是利己主义，也就是"我的幸福"？！

哲人：这也不对。

青年：那么，究竟是什么呢？！

哲人：既不是利己地追求"我的幸福"，也不是利他地期望"你的幸福"，而是建立**不可分割的"我们的幸福"。这就是爱。**

青年：……不可分割的我们？

哲人：是的。**阿德勒提出了比"我"或"你"更高一级的"我们"。**关于人生的所有选择，都遵循这一顺序。既不优先考虑"我"的幸福，也不只是满足"你"的幸福，只有"我们"两个人都幸福才有意义。"由两个人共同完成的课题"就是这么回事。

青年：既利己又利他？

哲人：不是。既"不"是利己又"不"是利他。爱并非兼顾利己和利他两个方面，而是两者都排除。

青年：为什么？

哲人：……因为**"人生的主语"发生了变化。**

青年：人生的主语？！

哲人：我们自出生以来一直都是用"我"的眼睛观察世界，用"我"的耳朵聆听声音，在人生中追求"我"的幸福，所有人都是如此。但是，当懂得真正的爱的时候，**"我"这一人生主语就变成了"我们"。**既不是利己心又不是利他心，而是在全新的准则下生活。

青年：但是，那"自我"岂不是有可能消失了？

哲人：正是。**为了获得幸福生活，就应该让"自我"消失。**

青年：什么？！

自立就是摆脱"自我"

哲人：爱是"由两个人共同完成的课题"，通过爱让两个人过上幸福生活。那么，为什么爱可以带来幸福呢？一言以蔽之，**因为爱就是从"自我"中解放出来**。

青年：从自我中解放出来？！

哲人：是的。一来到世上我们便君临了"世界中心"，周围的人都关心"我"，不分昼夜地哄我、喂我、照顾我，"我"笑世界也笑，"我"哭世界也动摇，简直就像是君临家庭这一王国的独裁者。

青年：哎呀，至少现代社会是这样。

哲人：这种类似于独裁者的绝对力量，其力量源泉是什么？阿德勒断言其为"脆弱"，**孩童时代的我们通过"脆弱"支配大人们**。

青年：……正因为是脆弱的存在，周围人都必须帮助？

哲人：是的，"脆弱"在人际关系中是极具杀伤力的武器，这是阿德勒在长期临床经验中得出的重大发现。

我介绍一位少年的例子。他害怕黑暗。到了晚上，母亲在卧室里把他哄睡，然后关上灯出去。然后，他总是哭。因为一直不停地哭，所以母亲就会回来问他"为什么哭啊"。停止哭泣的他就会细声回答"因为太黑啦"。觉察出儿子"目的"的母亲就会叹口气问"那么，妈妈来了之后就明亮些了吗"。

青年：呵呵，的确如此！

哲人：黑暗本身不是问题，这个少年最害怕、最想逃避的是母亲离开。阿德勒断言道："他通过哭泣、呼喊、不睡觉或者其他手段把自己变成一个累赘，借此努力将母亲留在自己身边。"

青年：通过展示脆弱来支配母亲。

哲人：是的。再次引用阿德勒的话就是："曾经他们生活在有求必应的黄金时代。于是，他们中有人依然认为：只要一直哭闹、充分抗议、拒绝合作，就能够再次得到想要的东西。他们并不把人生和社会看作一个整体，而是只聚焦于自己的个人利益。"

青年：……黄金时代！的确如此。对孩子们来说，那就是黄金时代！

哲人：选择他们这种生活方式的并不仅仅是孩子，**很多大人也试图以自己的脆弱或不幸、伤痛、不得志以及精神创伤为"武器"来控制他人**，想要让他人担心、束缚他人言行、支配他人。

阿德勒把这种大人称为"被惯坏的孩子"，并严厉批判这种生活方式（世界观）。

青年：啊，我也很讨厌这种人！他们认为哭可以了事，还认为摆出自己的伤痛就可以免罪。并且，他们还将强者看作"恶"，并企图把脆弱的自己扮成"善"！如果按照这些人的逻辑，我们根本不可以变得强大！因为，变强大就意味着把灵魂出卖给恶魔，陷入"恶"中！！

哲人：但是，这里必须考虑的是孩子们特别是新生儿身体上的劣势。

青年：新生儿？

哲人：原则上来说，孩子们无法独立生活。如果不通过哭泣也就是展示自己的脆弱来支配周围的大人，令其按照自己的愿望行动，那他们甚至会有性命之忧。他们并不是因撒娇或任性而哭泣，而是为了生存不得不君临"世界中心"。

青年：……嗯！的确。

哲人：所有人都是从几乎过剩的"自我中心性"出发，若非如此就无法生存。但是，**我们不能总是君临"世界中心"，必须与世界和解，明白自己是世界的一部分**……如果能理解这些，今天反复谈论的"自立"一词的意思也就会迎刃而解。

青年：……自立的意思？

哲人：是的。为什么教育的目标是自立？为什么阿德勒心理学把教育当作最重要的课题之一进行考虑？自立一词包含着什么样的意思？

青年：请指教。

哲人：**自立就是"脱离自我中心性"。**

青年：……

哲人：正因为如此，阿德勒才把共同体感觉叫作"social interest"，并称其为对社会的关心、对他人的关心。我们必须脱离顽固的自我中心性，放弃做"世界中心"，必须摆脱"自我"，**必须摆脱被娇惯的孩子时代的生活方式。**

青年：也就是说，当摆脱自我中心性的时候，我们才可以渐渐实现独立？

哲人：正是如此。人可以改变，可以改变生活方式，可以改变世界观或人生观。而爱就是将"我"这一人生主语变成"我们"。**我们通过爱从"自我"中解放出来，实现自立，在真正意义上接纳世界。**

青年：接纳世界？！

哲人：是的。懂得爱之后，人生的主语就会变成"我们"，这是人生新的开始。**仅仅开始于两个人的"我们"很快就会扩展到整个共同体乃至整个人类。**

青年：这就是……

哲人：共同体感觉。

青年：……爱、自立以及共同体感觉!! 什么？！如此一来，阿德勒思想的一切不都联结起来了吗？！

哲人：是的。我们目前正在接近一个重大结论，让我们一起跳入深渊吧。

哲人开始谈论的"爱"与青年预想的完全不同。爱是"由两个人共同完成的课题"，在这里必须追求的既不是"我"的幸福又不是"你"的幸福，而是"我们"的幸福。唯有如此，我们才可以脱离"自我"，才可以从自我中心性中解放出来，实现真正的自立。自立就是脱离孩童时代的生活方式，摆脱自我中心性。青年感觉自己将要打开一扇大门，门前等待自己的是辉煌的光明还是深邃的黑暗……无从知晓，唯一知道的就是自己已经触到命运的门把手。

爱究竟指向"谁"

青年：……深渊通向哪里？

哲人：思考爱和自立关系时一个无法回避的课题就是亲子关系。

青年：啊……明白，是的，是的。

哲人：刚出生不久的孩子无法靠自己的力量活下去，有了他人，原则上来说是母亲的不断献身才能维系生命。现在我们能够活在这里正是因为有母亲或父亲的爱和献身，认为"我的成长过程中没有得到过任何人的爱"的人不应该无视这一事实。

青年：是的，这是世上最美好、最无私的爱。

哲人：但换一个角度看，这里的爱也蕴含着妨碍美好亲子关系形成的非常麻烦的问题。

青年：什么？

哲人：虽说是君临"世界中心"，但孩童时代的我们只能依靠父母生存。"我"的生命由父母掌控，一旦被父母抛弃就有可能无法活下去。

孩子们能够非常充分地理解这一点。并且，有一天他们会察觉到，"我"正因为被父母爱着，所以才能活下去。

青年：……的确。

哲人：而正是在这个时期，孩子们会选择自己的生活方式。

自己生活的这个世界是什么样的地方？那里生活着什么样的人？自己是什么样的人？**这些"对待人生的态度"靠自己的意志选择**……你知道这一事实意味着什么吗？

青年：不……不知道。

哲人：我们选择自己生活方式的时候，其目标只能是"如何被爱"。**作为性命攸关的生存战略，我们都会选择"被爱的生活方式"。**

青年：被爱的生活方式？！

哲人：孩子是非常优秀的观察者。会思考自己所处的环境，摸清父母的性格、脾气，如果有兄弟姐妹就会衡量其位置关系、思量各自性格，在充分考虑什么样的"我"才会被爱的基础上来选择自己的生活方式。

例如，据此有的孩子会选择听父母话的"好孩子"生活方式；或者正相反，也有的孩子会选择事事排斥、拒绝、反抗的"坏孩子"生活方式。

青年：为什么？一旦成为"坏孩子"，不是就不会被爱了吗？

哲人：这是常常被误解的一点，通过哭闹、发怒、喊叫进行反抗的孩子并非不能控制感情。**他们是在充分控制感情之后选择的这些行为。**因为他们感觉如果不这样做就无法获得父母的爱和关注，进而自己的生命就会有危险。

青年：这也是生存战略？！

哲人：是的。**"被爱的生活方式"完全是自我中心式的生活方式，它一直在摸索如何集中他人的关注、如何站在"世界中心"。**

青年：……事情终于能够联系起来了。也就是，我的学生们做出各种各样的问题行为也是基于自我中心性。他们的问题行为源于"被爱的生活方式"，您说的是这个意思吧？

哲人：不仅仅如此。恐怕你自身目前采用的生活方式也是基于出自孩童时代生存战略的"如何被爱"这一基准。

青年：什么？！

哲人：你还没有做到真正意义上的自立，你依然停留在作为"某人的孩子"的生活方式上。如果想要帮助学生们自立、希望成为真正的教育者，首先你自身必须得自立。

青年：为什么你要说这种毫无根据的话？！我凭自己的能力获得这个教职并生活在社会之中，按照自己的意志选择工作，靠自己的劳动养活自己，根本不向父母要一分钱。我已经自立了！

哲人：但是，你依然不爱任何人。

青年：……哼！！

哲人：自立既不是经济方面的问题也不是就业方面的问题，**而是对待人生的态度、生活方式的问题**……今后你也一定会下定决心去爱某个人，那时候就能告别孩童时代的生活方式，实现真正的自立。因为，**我们通过爱他人能渐渐成熟起来。**

青年：通过爱变成熟……？！

哲人：是的。**爱是自立，是成熟。正因为如此，爱非常困难。**

怎样才能夺得父母的爱

青年：但是，我已经从父母那里独立出来了！根本不想获得他们的爱！不从事父母希望的职业，在低薪的大学图书馆里工作，现在又选择了教育者这条道路。我下定决心，即使亲子关系因此出现裂痕也无所谓，被父母讨厌也无所谓，至少对我来说，就职就是摆脱"孩童时代的生活方式"！

哲人：……你家是有哥哥和你兄弟两人吧？

青年：是的，哥哥继承了父亲经营的印刷厂。

哲人：恐怕你并不想与家人走一样的路。也许对你来说，重要的是"与大家不同"。如果从事与父亲和哥哥一样的工作，就无法获得关注，体会不到自己的价值。

青年：什……什么？！

哲人：不仅仅是工作。从幼年时代起，无论做什么，哥哥年长、力气大、经验也丰富，所以你难以取胜。那么，你怎么办呢？

阿德勒这么说："一般情况下，家里最小的孩子往往会选择与其他家人完全不同的道路。也就是说，如果是科学者家庭，那孩子也许会成为音乐家或商人。如果是商人家庭，那孩子也许会成为诗人。必须时常与其他人保持不同。"

青年：控诉！那是对愚弄人的自由意志的控诉！

哲人：是的。关于兄弟姐妹的位次，阿德勒也只说了这种"倾向"。但是，自己所处的环境具有什么样的"倾向"，还是可以了解一下。

青年：……那么，哥哥呢？哥哥具有什么"倾向"？

哲人：第一个孩子或是独生子女最大的特权是拥有"独占父母之爱的时代"。在第一个孩子之后出生的孩子没有"独占"父母的经历，常常有抢先的竞争者，很多情况下会被置于竞争关系之中。

不过，曾经独占父母之爱的第一个孩子由于弟弟或妹妹的出生，其地位不得不随之下降。无法平衡这种挫折的第一个孩子会认为有一天自己应该再次恢复原来的权力。用阿德勒的话讲就是，**他们往往会成为"过去的崇拜者"，形成保守的、对未来十分悲观的生活方式。**

青年：呵呵呵。的确，我哥哥就具有这种倾向。

哲人：十分理解力量和权威的重要性，喜欢行使权力，重视规矩约束，正是保守的生活方式。

不过，弟弟或妹妹出生的时候，如果已经接受了协作或援助方面的教育，第一个孩子也许会成为优秀的领导者，模仿父母照顾弟弟或妹妹，并从中获得喜悦、理解贡献的意义。

青年：那么，第二个孩子呢？我是第二个孩子也是最后一个孩子，第二个孩子有什么"倾向"？

哲人：阿德勒说典型的第二个孩子一眼就能看出来。第二个孩子往往有一个走在自己前面的领跑者，于是，第二个孩子内心深处往往存在"想要追上"的想法，想要追上哥哥或姐姐。为了追赶必须加快速度，他们甚至不断激励自己，努力追赶、超越、征服哥哥或姐姐。与重视规矩约束、比较保守的第一个孩子不同，他们甚至希望能够颠覆出生顺序这一自然法则。

因此，**第二个孩子希望革命**，他们并不像第一个孩子那样努力维护既有权力，而是企图颠覆既有权力。

青年： ……您是说我也有这种性急的革命家"倾向"？

哲人： 这我并不了解。因为，这种分类只是帮助理解人类，并不能决定什么。

青年： 那么，最后，独生子女又是怎样的情况呢？上下都没有竞争者，应该可以一直处于权力宝座之上吧？

哲人： 的确，独生子女没有作为竞争者的兄弟姐妹。但是，这种情况下，父亲也许会成为竞争者。过于希望独占母亲的爱，结果就会视父亲为竞争者。这种环境容易滋生恋母情结。

青年： 嗬，这种想法有点儿弗洛伊德的色彩。

哲人： 不过，阿德勒更加重视的是独生子女所具有的心理不安。

青年： 心理不安？

哲人： 首先，一边看着周围的人一边担心自己什么时候也会有弟弟或妹妹，怕自己的地位受到威胁，特别害怕新的王子或新的公主诞生。此外，更应该注意的是父母的怯懦。

青年： 父母的怯懦？

哲人： 是的。独生子女的父母中有的夫妇认为"无论是在经济方面还是精力方面，自己都没有能力再养育更多的孩子"才只要一个孩子，他们不管实际经济状况如何。

　　据阿德勒看来，他们中的许多人对人生充满胆怯、十分悲观。家庭氛围也会充满不安，对唯一的孩子施加过大压力，令其烦恼不堪。特别是在阿德勒时代，一般家庭都有多个孩子，所以，这一点就被着重强调。

　　青年：……父母们也不可以一味地爱孩子。

　　哲人：是的。毫无止境的爱常常会变成支配孩子的工具，所有的父母都必须树立"自立"这一明确目标，与孩子们建立平等关系。

　　青年：并且，无论生在什么样的父母身边，孩子们都不得不选择"被爱的生活方式"。

　　哲人：是的。你不顾父母反对坚持选择图书管理员的工作，现在又选择了教育者之路，但仅仅如此还不能说你已经取得了自立。也许是想要通过选择"不同的道路"赢得兄弟间的竞争，获得父母的关注。亦或许是想要通过在"不同的道路"上实现什么，让自己的人生价值获得认可。又或许是想要颠覆既有权力，登上新的王座。

　　青年：……如果是这样的话？

　　哲人：你被认同需求所束缚，活着只考虑如何被他人爱或者怎样获得他人的认同，就连自己选择的教育者这条路或许也是以**"获得他人认同"为目的的"他人希望的我"的人生**。

　　青年：……这条路？！作为教育者的人生？！

　　哲人：只要依然保持孩童时代的生活方式，就无法排除这种可能性。

青年：哎呀，你知道什么？！仔细听来，你是在任意捏造别人的家庭关系，甚至想要否定作为教育者的我吧？！

哲人：自立并不能通过就职来完成，这一点是肯定的。我们或多或少都活在父母爱的支配之下，在只能希求被父母爱的时代，我们选择了自己的生活方式。并且，**在不断强化"被爱的生活方式"中渐渐长大。**

要想摆脱被给予的爱的支配，只能拥有自己的爱。主动去爱，既不是等待被爱也不是等待命运安排，而是按照自己的意志去爱某个人。唯有如此。

人们害怕"去爱"

青年：……一般什么都还原为"勇气"问题的你这次打算用"爱"来处理一切吗？

哲人：爱和勇气密切相连。你还不懂爱，惧怕爱，回避爱，因此，依然保留着孩童时代的生活方式。因为你缺乏拥抱爱的勇气。

青年：惧怕爱？

哲人：弗洛姆说："人在意识上害怕不被爱，但事实是**无意识中惧怕爱**。"并且，他还说："爱是明明没有任何保证却依然会发起行动，抱着自己如果爱的话对方心中也一定会产生爱这样的希望，全心全意地自我奉献。"

例如，在察觉到对方好意的那一瞬间，就开始注意那个人，不久就会喜欢上对方，这种事经常有吧？

青年：是的，甚至可以说大部分恋爱都是这种情况。

哲人：这种状态就是即使自己判断失误，也能够确保"被爱的保证"，感到了担保之类的东西，例如"那个人一定喜欢自己"或者"应该不会拒绝自己的好意"等。并且，我们能够依靠这种担保逐渐加深爱。

另一方面，弗洛姆所说的"主动去爱"根本不需要这样的担保。**不管对方如何看自己，只是去爱，投身爱中。**

青年：……不可以为爱寻求担保。

哲人：是的。为什么人要为爱寻求担保呢？你明白吗？

青年：不想受伤，不愿伤心。是这样吧？

哲人：不，不是这样。是认为"肯定会受伤"，基本确信"一定会伤心"。

青年：什么？！

哲人：你还无法爱自己，做不到尊重自己、信赖自己。因此，你就会认为在爱的关系中"肯定会受伤"或"一定会伤心"，认为不可能有人爱这样的自己。

青年：……但是，这难道不是事实吗？！

哲人：我没什么优点，所以，无法与任何人建立爱的关系，不能涉足没有担保的爱……这种想法是典型的**自卑情结**，因为这是**把自己的自卑感当作不解决课题的借口**。

青年：但……但是……

哲人：分离课题。爱是你的课题，但是，对方如何回应你的爱，那是他人的课题，你根本无法掌控。你能做的唯有分离课题，**自己先去爱**。

青年：……哎呀，我先整理一下。的确，我还不能爱自己，抱着极大的自卑感，甚至发展成了自卑情结，本应该分隔开的课题也无法进行分离。倘若客观判断现在的辩论，也许是这样吧。

那么，怎样才能消除我的自卑感呢？结论只有一个——接纳"这样的我"，邂逅爱我的人！若非如此，根本不可能爱自己！

哲人：也就是说，你的立场是"如果你爱我的话，我就爱你"？

青年：……嗯，简单说的话，是这样。

哲人：结果，你只关注"这个人是否爱我？"看似是在关注对方，其实是只关注自己。谁会爱这种一直持观望态度的你呢？

如果说有满足我们这种自我中心需求的人，那或许只有父母。因为，父母的爱，特别是母亲的爱完全是无条件的。

青年：……你当我是小孩吗？！

哲人：好吧，那个"黄金时代"已经结束了。并且，世界也不是你的母亲。**你必须正视并更新自己隐含的孩童时代的生活方式，不可以被动等待爱自己的人出现。**

青年：啊，这完全是来回兜圈子！

不存在"命中注定的人"

哲人：不可以止步不前，咱们再前进一步。今天一开始，关于教育的辩论中，我说到了两件"无法强迫的事"。

青年：……是尊重和爱吧？

哲人：是的。无论什么样的独裁者都无法强迫别人尊重自己，在尊重关系中，只能自己主动去尊重别人。归根结底，无论对方态度如何，自己能做的仅此而已。这我已经说过了。

青年：而且，爱也一样？

哲人：是的，爱也不能强求。

青年：但是，有一个重大问题先生还没有回答。即使是我也想要去爱某个人，坦率地说，的确有。完全不同于对爱的恐惧，是渴望爱的心情。那么，为什么却不涉足爱呢？

重点是因为还没能遇到"值得爱的人"！因为没能遇到命中注定的人，所以无法实现爱！恋爱最大的难关就是"遇到对的人"！

哲人：你是说真实的爱始于命中注定的邂逅？

青年：当然。因为对方是自己将要奉上人生，甚至改变人生"主语"的人。绝不能将自己的一切交付给一个不可靠的人！

哲人：那么，什么样的人是"命中注定的人"呢？也就是说，如何察知命运？

青年：不知道……"那个时刻"到来的时候，一定能够明白吧。对我来说，这是一个未知的领域。

哲人：的确。那么，首先我来回答一下阿德勒的基本立场吧。无论是恋爱还是人生其他一切事情，**阿德勒根本不认可"命中注定的人"**。

青年：不存在"命中注定的人"？！

哲人：不存在。

青年：……等等，这一点我必须记清楚！

哲人：为什么很多人在恋爱中追求"命中注定的人"呢？为什么对结婚对象抱着浪漫的幻想呢？关于其中的理由，阿德勒认为是**"为了排除一切候选人"**。

青年：排除候选人？

哲人：即使像你这样感叹"没有邂逅"的人，实际上也几乎是每天都在遇到一些人。只要没有特殊情况，一年之中遇不到任何人的人根本没有……你也常常遇到很多人吧？

青年：如果仅仅是处在同一个场所也算的话。

哲人：但是，要将这种简单的"相遇"发展成某种"关系"的话，那需要一定的勇气。比如，主动搭腔或者写信。

青年：是的，的确如此。岂止需要一定的勇气啊？是需要最大限度的勇气。

哲人：所以，没有足够的勇气涉足"关系"的人会怎么做呢？沉迷于"命中注定的人"这一幻想之中……好比现在的你这样。

明明值得爱的人就在眼前，但却找各种理由退却，说什么"不是这个人"，并自欺欺人地认为"一定还有更理想、更完美、更有缘分的人"。根本不想进一步发展关系，亲手排除一切候选人。

青年：……不……不是。

哲人：就这样，通过设定一个过大的、根本不存在的理想来回避与现实的人交往，这才是感叹**"没有邂逅"的人的真实面目**。

青年：我在逃避"关系"？

哲人：并且**活在幻想之中**。你认为幸福会不请自来，常常在想："虽然现在幸福还没有到来，但只要遇到命中注定的人，一切都会好起来。"

青年：……可恶！啊，你的话太可恶了！

哲人：的确，这话不好听。但是，如果思考一下追求"命中注定的人"的"目的"，辩论自然而然就会归结到这一点上。

爱即"决断"

青年：那么，我来问问。假如不存在"命中注定的人"，我们靠什么决定结婚？结婚可是从这广大的世界选择独一无二的"这个人"吧？难道是靠容貌、财富或者地位之类的"条件"进行选择？

哲人：结婚不是选择"对象"，而是选择自己的生活方式。

青年：选择生活方式？！那么，"对象"是谁都无所谓吗？

哲人：归根结底是这样。

青年：别开玩笑了！！这种论调谁会承认呢？！请收回！马上收回！！

哲人：我承认这一说法会遭到很多人的反对，但是，**我们可以爱任何人。**

青年：别开玩笑了！如果是这样的话，在大街上随便找一位素不相识的女性，你可以爱上她并与之结婚吗？

哲人：如果我决心这么做的话。

青年：决心？！

哲人：当然，很多人都是感觉与某人的相遇是"命运安排"，然后凭着直觉决定结婚。但这并不是冥冥中被安排好的命运，而仅仅是自己决心"相信是命运安排"。

弗洛姆说："爱某个人并非单单出于激烈感情，**这是一种决心、**

决断、约定。"

　　相遇的形式如何都无所谓。如果下定决心从此建立真正的爱，面对"由两个人完成的课题"，那么，我们与任何人之间都有可能产生爱。

　　青年：……您注意到了吗？先生您正在贬低自己的婚姻！我的妻子并非命中注定的人，结婚对象是谁都可以！！您敢在家人面前这么说吗？！如果是这样的话，那您就是一个荒唐的虚无主义者！！

　　哲人：这并不是虚无主义，而是现实主义。阿德勒心理学否定一切决定论，排斥命运论。根本不存在"命中注定的人"，我们不可以被动等待那个人出现。被动等待的话，什么都不会改变。这一原则必须坚持。

　　但是，当我们回顾与伴侣一起走过来的漫长岁月时，往往会感觉是"命运的安排"。这里所说的命运并不是冥冥中被安排好的东西，也不是偶然降临的东西，而是由两个人的努力慢慢构建起来的东西。

　　青年：……什么意思？

　　哲人：你已经明白了吧……**命运靠自己的手创造出来**。

　　青年：……

　　哲人：我们绝不可以成为命运的仆人，必须做命运的主人。不是去追求命中注定的人，而是建立起可以称得上命运的关系。

　　青年：但是，具体怎么做呢？！

　　哲人：**跳舞**。不去想未知的将来也不去考虑根本不存在的命运，只是与眼前的伴侣一起**舞动**"现在"。

阿德勒认为舞蹈是"由两个人共同完成的游戏"，他也广泛地向孩子们推荐。爱情和婚姻正如两个人一起跳的舞蹈，不去想将会走向何处，牵着对方的手，关注今天的幸福与此时此刻的感动，不停旋转不停律动。你们跳动过来的长长的舞蹈轨迹，人们就会称其为"命运"。

青年：爱情和婚姻是由两个人跳动的舞蹈……

哲人：你现在只是站在人生这一舞场的角落里旁观着跳舞的人们。感叹"不会有人愿意与这样的自己跳舞"，并在内心深处焦急等待着"命中注定的人向自己伸出邀请之手"。就这样，咬紧牙关拼命守护着自己，以免更加伤心更加讨厌自己。

你应该做的只有一件事：**牵起身边人的手，尽情尽力地去跳舞。命运由此开始。**

重新选择生活方式

青年： 在舞场角落旁观的男人……呵呵呵，你依然还是这么瞧不起人啊……不过，即使我也有想要跳舞的时候，而且也实际去跳过。也就是说，我也有过恋人。

哲人： 嗯，是的。

青年： 但是，那并不是可以结婚的关系。我和她并不是因为相爱才交往，双方都只是想找一个"男朋友"或"女朋友"。两人也都很清楚那是迟早会结束的关系，一次也没有谈过未来，更不用说考虑结婚了。就是那种很短暂的临时关系。

哲人： 很多人年轻的时候都有这种关系吧。

青年： 并且，一开始我就对她不太满意。心想，"虽然有各种不满意，但自己也没有资格奢望太多。自己也就配这样的对象。"她也一定是这样选择的我吧。哎呀，现在想来那真是应该感到羞愧的想法，即使现实就是不能过多奢望。

哲人： 你能正视这种想法已经很了不起了。

青年： 所以，我一定要问一问。先生您究竟是如何下定决心结婚的？不存在"命中注定的人"，也不清楚两个人未来会如何，甚至很有可能会遇到更好的人。一旦结婚的话，这种可能性也就消失了。既然如此，我们，不，是先生您，又是如何下定决心与独一无二的"这个人"结婚的呢？

哲人：想要获得幸福。

青年：哎？

哲人：如果爱这个人的话，自己能够更幸福，下定决心结婚是出于这种想法。现在想来，那应该是一种追求超越了"我的幸福"的"我们的幸福"的心理。但是，当时的我根本不知道阿德勒思想，也从未理性地思考过爱情和婚姻，只是想要获得幸福，仅此而已。

青年：我也是这样！人都是渴望幸福才开始交往。但是，这和结婚是两回事吧！

哲人：……你渴望的不是"获得幸福"，而是更廉价的"获得快乐"吧？

青年：……什么？！

哲人：爱的关系中并非全是快乐，必须承担的责任很大，还会有辛苦和无法预料的苦难。**即使如此，你依然可以去爱吗？**无论遇到什么样的困难也要爱这个人并一起走下去，你有这个决心吗？你可以许下这样的诺言吗？

青年：爱的……责任？

哲人：例如，有的人一边说着"喜欢花"，一边却任其枯萎，忘记浇水，也不倒盆，把花摆在美观的地方，根本不考虑其向阳性。的确，这个人也喜欢观赏花，这是事实，但却称不上"爱花"。爱是一种更具献身精神的行为。

你的情况也一样。你一直在回避爱应该背负的责任，只是贪恋爱的果实，既不为花浇水又不修剪。这就是短暂的、享乐性的爱。

青年：……明白了！我并不爱她！只是巧妙地利用了她的好意！

哲人：不是不爱，是**不懂"主动去爱"**。如果懂得主动去爱，或许你也可以和那位女士建立"命中注定"的关系。

青年：和她？我和她？！

哲人：弗洛姆说，**"爱是一种信念行为，只有一点点信念的人就只能爱一点点。"**……如果是阿德勒的话，也许会把这里的"信念"换成"勇气"吧。你只有一点点勇气，所以，也就只能爱一点点。不具备爱的勇气，试图止步于孩童时代的被爱的生活方式。仅此而已。

青年：如果有爱的勇气，我和她……

哲人：……是的。爱的勇气，也就是**"获得幸福的勇气"**。

青年：您是说那时如果有"获得幸福的勇气"，我就会爱上她，面对"由两个人完成的课题"？

哲人：并且也已经实现自立了。

青年：……不……不明白！可是，只有爱，唯有爱吗？！我们要想获得幸福，真的只有爱吗？！

哲人：只有爱。只想"轻松"或者"快乐"地活着的人即使能够得到短暂的快乐，也无法获得真正的幸福。**我们只有通过爱他人才能从自我中心性中解放出来，只有通过爱他人才能实现自立。并且，只有通过爱他人才能找到共同体感觉。**

青年：但是，您那时不是已经说过了吗？！幸福就是贡献感，

"如果拥有贡献感，就能获得幸福"。这难道是谎言吗？！

哲人：不是谎言。问题是获得贡献感的方法或者说生活方式。本来，人的存在本身就会对某些人有贡献。不是看得见的"行为"，而是通过自己的"存在"做着贡献。根本没必要做什么特别的事情。

青年：撒谎！我根本没有这种体会！

哲人：那是因为你以"我"为主语活着。**如果懂得爱并以"我们"为主语活着，事情就会发生变化。你就会感受到仅仅活着就可以互相贡献，包括全人类在内的"我们"。**

青年：……您是说感受到不仅仅是同伴，而是包括全人类在内的"我们"？

哲人：也就是共同体感觉……好了，我不能进一步涉足你的课题了。但是，如果你要我给你个建议的话，我就会说"**主动去爱、自立起来、选择人生**"。

青年：主动去爱、自立起来、选择人生？！

哲人：……你看！东方的天空已经开始发白了。

青年现在真心理解了阿德勒所说的爱。如果我有"获得幸福的勇气"，我也许会爱上某个人，重新选择人生。也许会实现真正的自立，遮挡着视线的浓雾转瞬就会散去。但是，有些事情青年还不知道：云开雾散之后并非乐园一样的美丽草原；主动去爱、自立起来、选择人生，这是一条多么艰难的道路。

保持单纯

青年：……结论是什么？

哲人：到此结束吧。并且，今夜是最后一次会面。

青年：哎？

哲人：这个书房不该是你这样的年轻人常来的地方。并且，最重要的是你是个教育者，你应该待的地方是教室，你应该对话的对象是作为未来主人的孩子们。

青年：但是，问题还没有解决！如果就此结束，我肯定还会迷失方向。因为还没有到达阿德勒的阶段！

哲人：……的确还没有开始攀登。但是，你已经到达第一个台阶处了。三年前我就说过**"世界很简单，人生也是一样"**。然后，在结束这次讨论之前，我就只附加一点。

青年：什么？

哲人：世界很简单，人生也是一样。但是，**"保持单纯很难"**。因为这需要不断经受"平凡日常"的考验。

青年：啊！！

哲人：如果仅仅是了解阿德勒、赞同阿德勒、接受阿德勒，人生并不会因此改变。人"最初的一步"很重要。只要跨越了第一步，就没有问题。当然，最大的转折点也是"最初的一步"。

但是，实际的人生、平凡日常的考验始于踏出"最初的一步"

之后。**真正考验的是继续走下去的勇气。**这一点就像哲学一样。

青年：日常生活确实是一种考验！！

哲人：今后你也许还会多次与阿德勒发生冲突，可能也会产生怀疑。或许会想要停止步伐，也或许会因爱而疲惫，想要寻求被爱的人生。并且，也许会想要再次探访这个书房。

但是，到那时候，请你与孩子们——这些属于新时代的朋友们一起交谈。并且，如果可能的话，请用你们的手去更新阿德勒思想，而不是原封不动地继承。

青年：由我们来更新阿德勒思想？！

哲人：阿德勒并不希望自己的心理学被教条化地固定下来，只在专家中进行传承。他把自己的心理学定位为**"所有人的心理学"，并希望其作为人们的常识流传下去**，尽量远离学院世界。

我们并非手拿永久不变的经典的宗教人士。并且，阿德勒也不是神圣不可侵犯的教主，而是一位与我们平等的哲学者……时代在不断前进，新的技术、新的关系、新的烦恼也会随之而生，人们的常识也会随着时代慢慢变化。正因为我们珍惜阿德勒思想，所以才必须不断更新它。绝不可以成为原教旨主义者。这是生活在新时代的人被赋予的使命。

致将要创造新时代的朋友们

青年：……先生今后有什么打算？！

哲人：肯定还会有闻风而来的年轻人。因为，无论时代怎么变，人们的烦恼不会变……请你记住，我们所拥有的时间很有限。然后，既然时间有限，那么所有人际关系的成立都是以"分别"为前提。这话并不是虚无主义，现实就是我们**为了分别而相遇**。

青年：……是的，的确。

哲人：如果是这样，我们能做的事情也许就只有一件。**在所有的相遇与人际关系中，不断朝着"最佳分别"努力。**唯有如此。

青年：不断朝着最佳分别努力？！

哲人：不断付出努力，以便有朝一日分别的时候，可以无憾地说 "与这个人相遇、一起度过的日子很对很值得"。无论是在与学生们之间的关系中还是在与父母之间的关系中，以及与爱人之间的关系中，都是如此。

例如，假设你现在与父母之间的关系突然终止，或者是与学生们之间的关系、与朋友之间的关系突然终止，你能够把它当作"最佳分别"平静接受吗？

青年：不……不。这实在是……

哲人：那么，你只能今后努力建立起可以做到这一点的关系，"认真活在当下"就是这个意思。

青年：还来得及吗？现在开始还来得及吗？

哲人：来得及。

青年：但是，实践阿德勒思想需要时间。先生不也说过吗？"恐怕要花费人生一半的时间"！

哲人：是的。但这是阿德勒研究者的见解，阿德勒说了与此完全不同的话。

青年：什么话？

哲人：有人问"人的变化有期限吗"？阿德勒回答说"的确有期限"。然后他调皮地微笑了一下，又补充道"**直到生命的最后一天**"。

青年：……哈哈！太高明了！

哲人：开始去爱吧。然后，与爱的人一起不断朝着"最佳分别"努力。根本没必要去在意期限之类的问题。

青年：您认为我能做到吗？这种不断的努力？

哲人：当然。自从我们三年前见面以来，你一直在付出努力。并且，现在也正要迎来"最佳分别"。对于我们一起度过的时间应该也没有一丝后悔。

青年：……是的、是的！完全没有！

哲人：能够以如此神清气爽的心情告别，我感到很骄傲。对我来说，你是最好的朋友。谢谢！

青年：哎呀，我当然很感激。您能这么说我真的很感激。但是，自己能配得上您的话吗？我没有这个自信！这真的有必要成为永远的分别吗？咱们不能再见面了吗？

哲人：这是作为爱知者也就是作为哲学者的你的自立。三年前，我已经说过了吧？答案不是从别人那里获得，而是要靠自己的手去发现。你已经做好了这个准备。

青年：从先生这里自立起来……

哲人：这次我看到了一个重大的希望。你的学生们从学校毕业后，不久就会爱上某人、实现自立、成长为真正的大人。当这样的学生数十数百地增长的时候，或许时代就会追上阿德勒。

青年：……这正是三年前我立志走教育之路时的目标！

哲人：创造这种未来的是你，不要迷茫。看不清未来，这说明未来有无限可能。**正因为我们看不清未来，所以才能成为命运的主人。**

青年：是的，完全看不清！什么也看不到！

哲人：我从未收过弟子，即使对你也是倍加小心地接触，尽量避免产生师徒意识。但是，应该传达的全都传达之后的现在，我感觉终于明白了。

青年：明白了什么？

哲人：我一直寻找的既不是弟子也不是接班人，而是一个伴跑者。你作为一个具有相同理想的、无可替代的伴跑者，助我鼓起勇气继续前行。今后，无论你在哪里，我都会感受到你的存在。

青年：……先生！！跑！我和您一起跑！任何时候都一起跑！！

哲人：来，昂起头走回教室。学生们在等着你。新的时代，你们的时代在等着你！

在与外界隔绝的哲人的书房，踏出这扇门，外面又是混沌的世界，噪声、冲突、无尽的日常在等着。"世界很简单，人生也是一样。""但是，保持单纯却非常困难，那里有平凡日常的无尽考验。"的确如此。即使这样，我依然要再次投身于混沌世界，因为我的同伴、我的学生都生活在这广大的混沌世界之中，因为我生活的地方也在那里……青年深深地吸了一口气，下定决心打开了现实之门。

后记一　再一次发现阿德勒

古贺史健

本书是 2013 年出版的与岸见一郎先生的合著《被讨厌的勇气》一书的续篇。

原本介绍了作为阿德勒心理学的创始者而知名的思想家阿尔弗雷德·阿德勒，并未打算写续篇。因为感觉《被讨厌的勇气》一书即便没有将阿德勒思想讲尽，也成功阐释了其思想的核心部分。并且，当时也没有发现为已经完结的书设置"续篇"的意义。

然后，该书出版一年后的某一天，在随意的闲谈中岸见先生无意间说了下面这句话：

"假如苏格拉底或柏拉图生活在当今时代，也许他们会选择精神科医生之路，而不是哲学。"

苏格拉底或柏拉图会成为精神科医生？

希腊哲学思想会被带入临床现场？

震惊得我良久未语。岸见先生既是日本阿德勒心理学第一人，也是致力于柏拉图作品翻译的古希腊哲学精通者。当然，他的话并不是轻视希腊哲学。假如只列出一个本书《幸福的勇气》诞生的契机，那肯定就是岸见先生无意间说出的这句话。

阿德勒心理学根本不使用难懂的专业术语，而是用人人都能理解的浅显易懂的语言阐释人生的各种问题。与其说是心理学，其实它更是具有哲学特点的思想。恐怕《被讨厌的勇气》也并不是作为心理学方面的书，而是作为一种人生哲学而被人接受吧。

但另一方面，这种哲学性的特点是否也反映了其作为心理学的不完善，并意味着其作为科学的缺陷呢？是否正因为如此阿德勒才会成为"被遗忘的巨人"呢？是否正因为它作为心理学不够成熟，所以才没有植根于学院世界呢？抱着这些疑问，我开始进一步接触阿德勒思想。

此时给了我灵感的正是岸见先生前面说的那句话。

阿德勒选择心理学并不是为了分析人的心理。对于因弟弟的去世而立志于医学的他来说，其思想的中心课题常常是"人的幸福是什么？"并且，在阿德勒生活的 20 世纪初期，了解人类、探究幸福本质的最先进手法恰好是心理学。我们不可以仅仅去关注阿德勒心理学这一名称，一味致力于阿德勒与弗洛伊德或者荣格的比较。阿德勒如果生活在古希腊应该会选择哲学，而苏格拉底或柏拉图如果生活在现代也许会选择心理学……岸见先生经常说"阿德勒心理学是与希腊哲学处在同一水平线上的思想"，我感觉终于理解了他这句话的意思。

因此，把阿德勒的系列著作当成"哲学书"又重新读了一遍之后，我再次造访了位于京都的岸见先生的家，并进行了漫长的对话。主题当然是幸福论，也就是阿德勒一直探究的"人的幸福是什么？"

比上一次更加热烈的对话涉及教育论、组织论、工作论、社会论以及人生论，最终，"爱"和"自立"这一重大主题慢慢浮现出来。对于阿德勒所说的爱以及自立，读者朋友们会如何理解呢？如果能够像我这样感受到几乎大大动摇人生的震惊和希望，那我将不胜欢喜。

最后，对作为热爱知识的哲学者常常给予我指导的岸见一郎先生，在漫长的写作过程中提供了大力支持的编辑柿内芳文君和钻石社的今泉宪志君，以及广大的读者朋友们，致以衷心的感谢。

谢谢！

后记二　不要停下脚步，继续前进吧

岸见一郎

先于时代100年的思想家阿尔弗雷德·阿德勒。

自2013年《被讨厌的勇气》日文版出版以来，日本的阿德勒思想的环境发生了重大变化。例如，在演讲或者大学讲堂提到阿德勒的时候，如果是以前，必须从"100年前有一位名叫阿德勒的思想家"说起。

但是现在，到全国的任何一个地方都不必再说这样的话。质疑答辩中的提问也都是一些直触本质的尖锐问题。已经不用再说"100年前有一位名叫阿德勒的思想家"，可以强烈感受到阿德勒已经存在于很多朋友心中。

这一点在《被讨厌的勇气》一书打破史上最长纪录，连续51周销量第一、与日本一样销售额达百万册以上的韩国也可以感受到。

在欧美广为人知的阿德勒，其思想于100年之后在亚洲渐渐被接受，这对于长年致力于阿德勒研究的我来说，实在是感慨颇深。

上一部《被讨厌的勇气》对于了解阿德勒心理学、概括阿德勒思想来说，可谓是"地图"一样的作品。是我和合著者古贺史健君一起以"阿德勒心理学入门书"为目标，花费数年时间总结而成的重大地图。

另一方面，《幸福的勇气》是实践阿德勒思想、步入幸福生活的"指南"。也可以说是展示如何向着上部作品中提出的目标前进的行动指南。

很早以来，阿德勒就是容易被误解的思想家。

特别是他的"鼓励"研究，在育儿或学校教育以及企业等的人才培养现场被介绍的时候，往往出于"支配、操纵他人"的意图，远远偏离了阿德勒的本意。甚至可以说滥用阿德勒思想的事例也不断涌现。

或许这与阿德勒比其他心理学者更加热心"教育"有关。阿德勒立志于通过教育改革而不是政治改革来拯救人类，特别是发动维也纳市在公立学校设立可以说是世界最早的众多儿童咨询处，这是阿德勒的重大功绩。

并且，他还灵活运用儿童咨询处，不仅用于为孩子或父母实施治疗，还把它作为教师或医生以及心理咨询师们的训练场。可以说阿德勒心理学以学校为起点向世界推广。

对阿德勒来说，教育并不在于提高学习成绩或者矫正问题儿童。促进人类进步、改变未来，这才是阿德勒所认为的教育。

阿德勒甚至说："教师塑造孩子们的灵魂，担负着人类的未来。"

那么，阿德勒是仅仅对教职人员寄予期待吗？

不是。他把心理咨询定义为"再教育"，从这一点也可以看出，对阿德勒来说，生活在共同体中的所有人都处在既从事着教育又接受着教育的立场之上。实际上，通过育儿活动邂逅了阿德勒的我也从孩子们那里学到了许多"人格知识"。当然，你也既是一名教育者又是一名学生。

关于自己的心理学，阿德勒说："理解人类并不容易，个体心理学（阿德勒心理学）恐怕是所有心理学中最难学习和实践的。"

如果仅仅靠学习阿德勒，什么都不会发生变化。

如果仅仅是作为知识理解，根本不会进步。

并且，即使鼓起勇气踏出一步，也绝不可以止步不前，必须一直不断地一步一步走下去。这种无尽的积累就是"前进"。

看了地图也掌握了指南的你今后要选择什么样的道路呢？或者是，还会继续留在原地吗？如果本书能够帮助你鼓起"幸福的勇气"，那我将不胜欣喜。

作译者介绍

岸见一郎

哲学家。1956 年生于京都，现居京都。京都大学研究生院文学研究系博士课程满期退学。与专业哲学（西方古代哲学特别是柏拉图哲学）一起，1989 年起致力于研究阿德勒心理学。日本阿德勒心理学会认定心理咨询师、顾问。在畅销世界各国的阿德勒心理学新古典巨作《被讨厌的勇气》出版后，像阿德勒生前一样，为了让世界更加美好，在国内外针对众多"青年"大力进行演讲和心理咨询活动。译著有阿德勒的《人生意义心理学》《个体心理学讲义》，著作有《阿德勒心理学入门》等。本书由其负责原案。

古贺史健

株式会社顾问代表，作家。1973 年生于福冈，以书籍的对话创作（问答体裁的执笔）为专长，出版过许多商务或纪实文学方面的畅销书。2014 年获商务书大奖"2014 审查员特别奖"，获奖理由是"为商务书作者增光并大大提高了其地位"。上一部作品《被讨厌的勇气》出版后，在阿德勒心理学的理论与实践方面产生很多困惑，于是再次访问了京都的岸见一郎。在长达数十小时的探讨之后，整理出了这部"勇气两部曲"完结篇。独著有《给 20

岁的自己的文章讲义》等。

渠海霞

女，1981 年出生，日语语言文学硕士，现任教于山东省聊城大学外国语学院日语系。曾公开发表学术论文多篇，翻译出版《被讨厌的勇气》《感动顾客的秘密：资生堂之"津田魔法"》《平衡计分卡实战手册》《一句话说服对方》《日产，这样赢得世界》《简明经济学读本》《家庭日记：森友治家的故事》等书。